# 特种工业废水现代治理技术

关 伟 宋 丹 郭巨全 著

科学出版社

北　京

# 内 容 简 介

本书结合国家在生态环保领域的战略布局和行业绿色转型需求，重点梳理垃圾渗滤液、电镀废水、化工废水、制药废水等特种工业废水的水质特征、现有处理技术，同时针对不同水质特点提出适宜的处理方法，并通过大量实验论证处理效果，展望特种工业废水治理的发展方向，为特种工业废水的有效处理与资源化利用提供理论支撑。

本书可供环境工程、环境科学、化学工程等方面的研究人员及高校师生参考使用。

**图书在版编目（CIP）数据**

特种工业废水现代治理技术 / 关伟，宋丹，郭巨全著. -- 北京：科学出版社，2025.1. -- ISBN 978-7-03-080562-1

Ⅰ. X703

中国国家版本馆 CIP 数据核字第 2024NJ1756 号

责任编辑：武雯雯 / 责任校对：彭　映
责任印制：罗　科 / 封面设计：墨创文化

科　学　出　版　社 出版
北京东黄城根北街 16 号
邮政编码：100717
http://www.sciencep.com

成都锦瑞印刷有限责任公司印刷
科学出版社发行　各地新华书店经销

\*

2025 年 1 月第　一　版　　开本：787×1092　1/16
2025 年 1 月第一次印刷　　印张：13 1/2
字数：321 000

**定价：189.00 元**
（如有印装质量问题，我社负责调换）

# 特种工业废水现代治理技术
## 作 者 名 单

关　伟　宋　丹　郭巨全

梁　巧　谢志刚　杨肃博

郑旭煦　王晓雪　牛军峰　张　勇

何　莉　谈　涛　陈德容　胡　曦

赵　丽　刘　涛　肖克彪　阳　浩

王小平　董存兰　谢晓锋　孟　刚

吴　畏　高正源　胡朝溯　佘　敏

# 前　言

特种废水是工业产品生产加工、医疗机构日常运营以及垃圾处理等过程中产生的废水的统称。由于具有水量会变化等特殊性和水质会波动的特异性，特种废水的单元处理工艺和处理流程大相径庭，但不同种类的废水有一定的相似性。

垃圾渗滤液是指垃圾在堆放过程中由于发酵、被雨水冲刷、被地表水或地下水浸泡而产生的废水。垃圾渗滤液具有污染物浓度高、有机污染物含量多、成分复杂、水质变化大、金属含量较高等特点。电镀废水主要来自镀件清洗水、电镀废液等。电镀废水的水质复杂，成分不易控制，其含有铬、镉、镍、铜、锌、金、银等重金属离子和氰化物等，有些成分甚至属于致癌、致畸、致突变的剧毒物质。化工废水就是在化工生产中排放的工艺废水、冷却水、废气洗涤水、设备及场地冲洗水等废水。化工废水水质及成分复杂，副产物多，反应原料常为溶剂类物质或环状结构的化合物，这增加了废水的处理难度。近年来现代制药业的创新和发展日新月异，但随之产生的问题也层出不穷，制药废水排放量大、危害严重，是一直困扰着企业和政府的难题。由于组分复杂，且通常含有大量糖类、苷类、有机色素类、蒽醌、鞣质体等有机污染物和固体悬浮物，同时具有化学需氧量高、生化需氧量高、总氮浓度高和色度高等特点，制药废水的处理和脱色已成为目前医药企业关注的焦点。

以上四种废水虽然来源不同且成分有差异，但都具有污染物浓度高、有毒有害物质多、生物降解难、可生化性差、色度高、冲击负荷大等特点，一旦直接排放到大自然中，会对地面和地表水体中植物、动物的生长产生十分严重的危害。而且随着时间的推移，这些废水会逐渐通过食物链或生态圈的循环进入人体，危害人的健康。由于现代工业生产技术的发展，特种工业废水的成分日益复杂，尤其是化工合成的有机物，往往难以用传统的生物废水处理方法去除，因此如何处理这类难以进行生物降解的特种工业废水已成为我们面临的严峻挑战。

本书以垃圾渗滤液、电镀废水、化工废水、制药废水这四种典型的特种工业废水为例，介绍这四种废水的特点和实际工程中常用的吸附、萃取、高级氧化等预处理和深度处理技术。全书由层次递进的五大部分内容组成，即绪论、生物活性炭废水处理技术及其应用、电镀废水处理技术及其应用、化工废水处理技术及其应用、制药废水处理技术及其应用。第1章绪论着重介绍这四类典型的特种工业废水的特点和常用的处理技术，旨在方便读者熟悉特种工业废水的研究背景，了解国内外学者现有的研究成果。第2~5章分别介绍生物活性炭废水、电镀废水、化工废水、制药废水处理方面现有的一些技术和实际工程中使用的技术，旨在总结国内外先进的有学术价值和工程应用价值的创新理论和技术，拓宽读者的视野。本书以不同种类的废水单独成章，每章内容详尽、系统、全面，各章之间相互独立、自成体系，既体现了国内外最新研究成果，又展现了工程应用现状及应用前景，具有较强的针对性和实用性。

本书富有专业学科特色，各部分的内容相互呼应，力求构建完整的学术框架，反映学科前沿内容和国内外研究水平。本书内容涉及环境科学与工程、化学工程等领域。由于作者水平有限，书中难免有不足之处，敬请专家学者和广大读者批评指正。

# 目　　录

# 第1章 绪 论

随着现代工业的发展,人类赖以生存的环境遭受的污染日益严重,排入水中的污染物种类及数量逐渐增多。污染物一旦未经处理进入水体中,则会长期稳定地存在,对地面水体、地下水体以及土壤造成污染,继而通过饮用水和食物链危害人的健康,对人类社会的可持续发展造成严重威胁。

现有的污水深度处理方法有电化学氧化法[1]、膜分离法、辐射法、高级氧化法、臭氧氧化法、活性炭吸附法等,在一定程度上解决了不同种类污水的处理问题。本章主要介绍不同种类工业废水的处理技术[2],本章内容不仅对大力开发高效、稳定、先进的污水深度处理或后处理技术具有十分重要的科学意义和工程实践意义,同时也为环境保护工作提供了坚实的技术后盾。

## 1.1 垃圾渗滤液处理技术

垃圾渗滤液一般是指超过垃圾及其所覆土层持水量和表面蒸发潜力的雨水进入填埋场地后,沥经垃圾层而产生的高浓度污水。垃圾渗滤液主要来源于三个方面:①大气降水和径流;②垃圾中原有的水分;③在填埋垃圾后由微生物的厌氧分解产生的水。垃圾本身含有一定的水分,而且会因厌氧发酵而产生一定的水分,其性质随着填埋时间增加而逐渐变化[3]。我国垃圾渗滤液的水质特征见表1.1。

表 1.1 我国垃圾渗滤液的水质特征

| 项目 | 可变区间 | 项目 | 可变区间 |
|---|---|---|---|
| 颜色 | 黄褐色至黑色 | COD/(mg/L) | 3000～45000 |
| 嗅味 | 恶臭、略有氨味 | $BOD_5$/(mg/L) | 1000～38000 |
| 色度 | 500～10000 倍 | TOC/(mg/L) | 1500～40000 |
| pH | 4.0～8.5 | $NH_3$-N/(mg/L) | 200～5000 |
| 可溶性固形物/(mg/L) | 2500～35000 | $NO_3$-N/(mg/L) | 5～240 |
| 碱度/(mg/L) | 6000～15000 | $NO_2$-N/(mg/L) | 0.5～20 |
| 有机酸/(mg/L) | 46～24600 | TN/(mg/L) | 400～3000 |
| 氯化物/(mg/L) | 2500～10000 | TP/(mg/L) | 0.5～30 |

垃圾焚烧厂的渗滤液主要来源于垃圾本身的内含水以及垃圾在堆酵过程中厌氧发酵产生的水分。因为我国城市生活垃圾的含水率高,有机物含量高,且多采用混合收集的方式,所以焚烧厂的生活垃圾即便在储仓中短暂停留三天左右的时间也会产生规模可观

的渗滤液（占垃圾总量的 0%～10%）。垃圾焚烧厂储仓中污染物的溶出是在水分萃取和厌氧微生物的分解作用下产生的，因此，凡是影响垃圾层中厌氧微生物生长特性的因素都将成为影响渗滤液水质的主要因素。焚烧厂储仓中垃圾渗滤液的产生机制及其影响因素如图 1.1 所示。

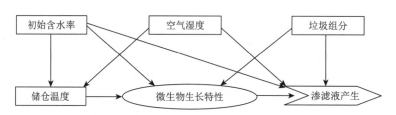

图 1.1　垃圾焚烧厂渗滤液产生机制及其影响因素

焚烧厂垃圾渗滤液属原生渗滤液，由于在储仓中的停留时间很短（通常不超过三天，大多是当天的渗滤液），渗滤液中的挥发性脂肪酸没有经过充分的厌氧发酵、水解、酸化，生化需氧量（biochemical oxygen demand，BOD）/化学需氧量（chemical oxygen demand，COD）高于填埋场，即此类渗滤液的可生化性较高。焚烧厂渗滤液含苯、萘、菲等杂环化合物，多环芳烃、酚、醇类化合物，以及苯胺类化合物等难降解有机物。

焚烧厂储仓渗滤液中的低分子量可溶性脂肪酸较多，以乙酸、丙酸和丁酸为主，这类物质容易降解；此外还有大量难以降解的高分子和溶解性腐殖质，以及较多含芳香族羧基的灰黄霉酸，这些化合物中含有可疑致癌物、促癌物、辅助致癌物以及被列入我国环境优先污染物黑名单的有机物等。

垃圾渗滤液的生物处理效果随季节不同而有很大差异，这主要是因为微生物活性在低温下受到较大程度的抑制。垃圾渗滤液尾水中的污染物浓度仍然较高，COD 和 NH$_3$-N（氨氮）含量仍分别高达 419～622mg/L、12.4～174.0mg/L，BOD$_5$（五日生化需氧量）/COD小于 0.012，且 C∶N∶P 值严重失调，因此难以进一步进行生物降解，仍然有很强的污染性。除有机物外，还有还原性无机类物质贡献了 COD。TN（总氮）大部分由无机氮组成，NH$_3$-N 和 NO$_3$-N 含量随季节不同而有很大变化，这是由硝化细菌和反硝化细菌的活性在低温下受到较大的抑制所致。生物处理工艺能除去渗滤液中的大部分有机物，但渗滤液尾水中仍含有数种环境优先控制污染物，对环境仍有很大威胁。

近年来，我国环卫行业专门从事垃圾渗滤液处理技术研究的单位和企业的工程技术人员在总结我国早期填埋场渗滤液污水处理工程经验、教训的基础上，进行了大量的科学研究和技术开发工作，并取得了一定的进展和成果，这些成果逐步应用到新建的垃圾渗滤液处理工程中。目前，较为普遍接受的技术观点如下。

（1）采用"生化＋物化"工艺技术处理渗滤液[4]，生化处理过程可以有效地降解、消除污染物，但受不可生化降解的残余污染物存在的限制。

（2）直接采用"高压膜分离"工艺技术处理渗滤液，膜分离处理过程可以有效地分离水与污染物，但由于膜分离处理不能降解、消除污染物，因此不利于将来浓缩液的处理。

（3）综合采用"生化＋物化＋膜分离"工艺技术处理渗滤液，生化处理过程可以有效地降解、消除污染物，膜分离处理过程可以有效地分离去除不可生化降解的残余污染物，虽然也会产生浓缩液，但是浓缩液中的污染物浓缩程度大幅度降低，有利于将来浓缩液的处理[5]。

现行的排放标准异常严格，要求多数垃圾填埋场必须去除99%以上的污染物，这显然对环境技术提出了更高的要求，渗滤液生化处理工艺往往难以实现达标排放，需要对渗滤液生化尾水进行深度处理或后处理，处理方法如下。

### 1. 化学氧化法

化学氧化法是指利用强氧化剂将废水中的有机物氧化成小分子的碳氢化合物或完全矿化成 $CO_2$ 和 $H_2O$。在垃圾渗滤液的处理中，国外常用的氧化剂有 $H_2O_2$ 和 $O_3$。$H_2O_2$ 的氧化能力较弱，一般需与催化剂（如废铁屑）作用才具有很强的氧化性。$O_3$（氧化电位为 2.076eV）的氧化能力比单质氯（氧化电位为 1.358eV）强，能迅速而广泛地氧化分解水中大部分有机物。Deng 等[6]利用 $ClO_2$ 的强氧化性，对经生物处理后的垃圾渗滤液出水进行后处理，发现采用 $ClO_2$ 对低浓度垃圾渗滤液进行深度处理在工艺技术上是可行的，但当渗滤液中的有机物浓度较高时，采用 $ClO_2$ 进行深度处理并不是最佳选择。

### 2. 化学混凝法

化学混凝法优先去除悬浮或胶体有机物，一般分子量大于 10000 的有机物通过胶体的脱稳凝聚、吸附架桥及卷扫沉淀等作用，用正常的药剂量即可完全去除。而溶解状态的分子量小于 10000 的有机物，其去除率只能达到 20%～30%。

### 3. 活性炭吸附法

若采用絮凝、活性炭吸附和电化学氧化的组合工艺处理 COD 初始浓度为 3500mg/L 的难生物降解垃圾渗滤液，其 COD 去除率可达 92%以上[7]。活性炭吸附法效果较好，在渗滤液的深度处理方面有优越的性能，但活性炭价格高，且缺乏一种简单、经济、有效的活性炭再生方法，故其推广使用受到限制。

### 4. 反渗透法

反渗透（reverse osmosis，RO）法的优势在于工艺简单、占地面积小和处理效果好。反渗透膜处理可同时高效地去除有机污染物和无机污染物，从而使渗滤液得到净化，达到相应的排放标准。由于具有能耗低、效率高、管理成熟的特点，反渗透法在渗滤液处理中得到重视，但是膜的成本高。

### 5. 光催化氧化法

光催化氧化法包括光激发氧化法[如 $O_3$/UV（ultraviolet，紫外线）]和光催化氧化法（如 $TiO_2$/UV）。光激发氧化法主要是以 $O_3$、$H_2O_2$、$O_2$ 和空气作为氧化剂，将氧化剂的氧化作用和光照射作用相结合产生具有强氧化能力的自由基；光催化氧化法则是在水溶液中加入一定量的催化剂，在紫外线照射下产生具有强氧化能力的自由基。常用的催化剂有 $TiO_2$（二氧化钛）、$CdS$（硫化镉）等。

$TiO_2/UV$ 法以 n 型半导体 $TiO_2$ 为催化剂，当能量大于禁带宽度的紫外线照射半导体时，半导体的满带电子会被激发到导带上，同时在满带上产生相应的空穴。当这种电子-空穴对迁移到离子表面后，由于空穴具有很强的得电子能力，水溶液中的有机物将因失去电子而被氧化。在水溶液中，半导体表面失去电子的主要是水分子，生成了氧化能力极强的 •OH，由其与有机物反应。但悬浮态 $TiO_2$ 光催化氧化法存在催化剂 $TiO_2$ 粉末难以分离回收、光能利用率低等问题，而固定光催化膜处理垃圾渗滤液的研究还不成熟。

### 6. 催化电解氧化法

催化电解氧化法[8]是指利用阳极的直接氧化作用和溶液的间接氧化作用。阳极直接氧化是指水分子在阳极表面放电产生 •OH，•OH 对被吸附在阳极表面的有机物进行亲电进攻而发生氧化反应；间接氧化是指在电解过程中电化学反应产生了强氧化剂（如 $ClO^-$、高价金属离子等），污染物在溶液中被氧化剂氧化。关于污染物的阳极直接氧化已有许多研究，其已成功地利用碳电极和钛片上涂活性物质（如 $RuO_2$、$IrO_2$、$SnO_2$）作为阳极来电解实际的废水（如制革废水和渗滤液）。

Domínguez 等[9]采用在电解渗滤液时引入铁盐（硫酸亚铁或硫酸铁）的铁促电解法，铁盐的引入增加了去除污染物的途径，并强化了电化学氧化有机物的能力，同时铁盐的引入提高了渗滤液的电导率，由此可提高电流效率、降低能耗，并且循环利用铁离子，可利用酸洗废水作为铁促电解过程的助剂，实现"以废治废"。但催化电解氧化法处理含 $Cl^-$ 的废水时，会产生氯代有机物，这方面有待进一步研究。另外该方法耗电量大，只有在电力充足的情况下才能使用。

上述几种方法对渗滤液的后处理都有一定效果，但在实际应用中还存在许多问题。从目前的研究来看，化学氧化法、光催化氧化法、催化电解氧化法对一些难生化降解的有机物的降解速率快，是很有效的方法，但在实际的氧化过程中，往往有氧化中间产物产生，它们对环境的危害可能更大。而技术上可行的处理工艺在经济上处于劣势，如反渗透法，其投资和运行费用均很高，且还有占原液体积 1/5～1/4 的浓缩液需进一步处理；活性炭吸附法和化学混凝法的运行成本则基本无法承受。

## 1.2　电镀废水处理技术

在化学镀行业的规模化发展中，生产所产生的废弃物和污水成分复杂，其中有高浓度难降解有机污染物和无机盐（磷酸盐、含氮物质等），金属离子（铬、铜、镍等重金属离子）浓度高达每升几千毫克，可生化性较差（$BOD_5/COD<0.3$），因此化学镀废水是一种典型的高浓度难降解废水[10]。

高浓度化学镀废水一旦排放到环境中，不仅会影响环境，还会造成废水中仍存在的原材料等资源被浪费。当含磷废水排放到水环境中时，会导致水体中溶解氧减少，大量水体微生物因缺氧而无法生长甚至窒息死亡，造成水体富营养化现象，若排放的含磷物质规模远远超出水体自净能力，则最终会恶化水体及整个生态环境。废水所含的污染物不仅直接影响水体，其中的毒性物质（如重金属离子）还会在土壤环境中不断积累，而微生物无法降解，于是通过食物链危害人体，严重影响人的健康。

化学镀[11]是指通过加入还原剂使金属离子在自催化作用下还原成金属沉淀，故化学镀液中主要成分是金属盐和还原剂，而次磷酸钠是化学镀最常用的还原剂。随着表面处理时间不断延长，镀液中金属离子和次磷酸盐等逐渐被消耗，但次磷酸盐氧化生成的亚磷酸根离子和添加剂产生的副产物不断积累，当其达到一定浓度时，镀液变得浑浊并自发分解，最终导致镀液报废。所以，不仅在清洗镀件产生的废水中次磷酸盐和亚磷酸盐的浓度较高，在报废的槽液中仍然有浓度达到每升几万毫克的次磷酸盐和亚磷酸盐，造成了废水含磷无机盐污染。

化学镀含磷废水中主要成分是次磷酸盐和亚磷酸盐。次磷酸盐和亚磷酸盐的溶解度较大，若直接投加 $Ca^{2+}$、$Fe^{3+}$ 进行沉淀，去除效果差，需先将其氧化成正磷酸盐，再加入沉淀剂进行沉淀回收。同时，次磷酸盐的结构较稳定（共用电子对连接），普通的氧化技术很难将其氧化，故需采用具有强氧化能力的技术来解决次磷酸盐氧化去除的问题，在处理化学镀废水时能够较好地处理含次磷酸盐废水的方法和技术有化学沉淀法、电渗析法、微电解法和高级氧化技术（advanced oxidation processes，AOP）[12]。

### 1. 化学沉淀法

化学沉淀法是处理化学镀废水时常用的方法。处理化学镀废水时，废水中的重金属离子可在投加沉淀剂后产生沉淀，pH 随之上升呈碱性，如果此时温度适宜，废水中的次磷酸盐可将金属离子还原，自身则氧化成亚磷酸盐，便于沉淀去除；也可以用强氧化剂处理已去除大部分金属离子的废水，使次磷酸盐或亚磷酸盐氧化成正磷酸盐，然后再加入沉淀剂以磷酸盐沉淀物形式去除正磷酸盐。工艺上常用的沉淀剂有 $Ca(Ac)_2$、$CaCl_2$、$Ca(OH)_2$ 等。采用 $Ca(OH)_2$ 沉淀去除废水中的亚磷酸根等无机盐离子的同时，实现了镀液再生。该方法的优点是操作简单，但镀液中残余的 $Ca^{2+}$ 会污染镀液，产生大量化学污泥，而且会影响镀液的性能，易造成二次污染。

### 2. 电渗析法

电渗析法是膜分离法的另一种形式，以压力差作为推动力，利用透过性较强的薄膜对混合物中的不同成分进行分离。在含次磷酸盐的废水受到电场力的作用时，选用能够透过大量亚磷酸根离子而只能透过少量次磷酸根离子的阴离子交换膜，可使镀液中有害的亚磷酸根离子因进入浓缩室而被去除，而次磷酸根离子和镀层金属离子等保留在镀液中继续使用。化学镀老化液可通过该方法进行再生，次磷酸盐可继续作为还原剂使用，并且可对去除的离子进行资源化利用，具有良好的经济效益和环境效益，减少了污染物的排放。有研究发现异相离子交换膜在电场力作用下能去除大量亚磷酸盐，而且该膜对亚磷酸盐和次磷酸盐具有高选择性和较高的脱盐率。在室温下，亚磷酸盐在电流密度为

$65mA/m^2$、流量为 1.3L/min、pH = 4.5 的条件下具有较高的去除率。虽然电渗析法对污染物的去除率高，能回收可利用的资源，但离子交换膜的选取和工艺条件的优化较难，此外设备等的运行费用较高，因此不便于广泛应用。

### 3. 微电解法

微电解法是指利用氧化还原、絮凝、吸附沉淀和微电场富集效应等来去除废水中的污染物。电解法能用于处理化学镀镍废水是因为镍可在不锈钢阴极上发生还原反应，并析出金属镍，而亚磷酸盐和有机酸可在不溶性阳极上被氧化去除。微电解研究发现在酸性条件下，制药废水中的总磷以吸附去除为主，去除率为 85%；在碱性条件下则以沉淀和吸附两种方式被去除，当 pH = 9 时，总磷去除率高达 99%。采用铁碳微电解法对含磷废水进行研究实验发现，当进水中磷为 16mg/L 时，铁碳体积比为 2∶1，总磷的去除率达到 88%。然而，针对用铁碳微电解法对化学镀废水进行除磷处理的研究还相对较少。另外，微电解法处理效率较高，但对电解电极材料要求较高，不利于该方法的推广。

### 4. 高级氧化技术

高级氧化技术（AOP）是一种能降解高浓度有机污染物的技术，其氧化原理是通过产生活性极强的羟基自由基（•OH），将废水中的难降解有机污染物降解成无毒性或低毒性的小分子物质，甚至直接矿化成 $CO_2$ 和 $H_2O$[13]。常用的氧化方法包括光催化氧化法、催化湿式氧化法、臭氧氧化法和 Fenton（芬顿）氧化法等。利用 AOP 处理含次磷酸盐废水的原理是产生的强氧化性自由基将次磷酸盐二次氧化成正磷酸盐，再沉淀去除正磷酸盐。

AOP 氧化能力强、反应速度快、不会对环境造成二次污染，在实际对含次磷酸盐废水进行处理时常采用联用技术。但 AOP 仍然存在一些缺点，如利用催化剂的处理工艺其问题在于如何回收利用催化剂以及催化剂容易失活，芬顿工艺对 pH 的要求较为严苛同时会产生大量含铁污泥，协同 $O_3$ 的工艺增加了设备的操作复杂性和损耗等。

## 1.3　化工废水处理技术

石油开采、机械制造、食品加工、能源化工等行业在当今社会的发展中仍然占据主导地位，尤其是石油作为工业的"血液"，与人类众多生产活动密切相关。然而，在这些工业活动中，大量含油废水源源不断产生并且未经妥善处理就排入自然水体和土壤，造成严重的环境污染。据统计，全国每年通过各种形式排放的含油废水最高达到 8.35 亿 t，每开采 1t 石油就有 0.5～1t 含油废水产生。机械行业、食品餐饮行业所使用的乳化剂、洗脱水直接排放后，在管道中经水力作用均匀混合，形成成分复杂的含油乳化液，对后续处理单元及流经的生态环境造成极大影响[14]。

含油乳化废水是指油在水中稳定分散而形成的一类污染物。通常，当油滴粒径为 2～

10μm 时，其在水中以乳化油形式存在，形成较为稳定的多相分散系统。为探究处理该类废水的有效技术，需要了解油滴在水中的分布情况及相应的性质，见表 1.2。

表 1.2　水中油滴粒径和基本性质

| | 溶解油粒 | 乳化油粒 | 分散油滴 | 自由油滴 |
|---|---|---|---|---|
| 粒径 $d$/μm | $d<2$ | $2\leqslant d<10$ | $10\leqslant d<100$ | $d\geqslant100$ |
| 基本性质 | 极为稳定 | 稳定 | 一般稳定 | 极不稳定 |

含油乳化废水因其乳化程度高、稳定性强、成分复杂和含有固态、液态或气态的污染物成分而不同于简单的含油废水，表现出更大的危害性。其成分包括含油废水中存在的铬（Cr）、铅（Pb）、镍（Ni）等重金属元素及芳香烃，它们进入土壤或水体后，会危及人和动物的健康。部分乳化液（如机械加工等使用的乳化液含有氰化物及其他可挥发的有害物质）若不及时处理，则可能会扩散到空气中，严重影响空气质量和人的安全。含油废水覆盖土壤时，会阻碍生物正常的呼吸作用，导致生物死亡，同时会降低土壤 N、P 含量，造成农作物减产。故对于此类废水，需要单独进行妥善处理后排放。

通常，处理含油乳化废水时需要完成破乳、油水分离两步才能彻底实现废水净化。常见的破乳及油水分离方法有混凝法、气浮法、重力沉降法、离心法、过滤法、化学法、生物法等。通常，处理一种含油乳化废水时需要联用几种方法才能达到较好的处理效果。但当乳化液中加入表面活性剂后，油水界面会变得更加稳定，常规方法难以完全实现破乳和油水分离，需针对表面活性剂的分离选用破乳方法。破乳后，乳化油缓慢聚结成颗粒较大的油滴分散于水中，若不及时分离，可能会造成二次乳化隐患，故需及时进行油水分离。在磁性粒子表面负载环糊精可制备 $Fe_3O_4@SiO_2$ 环糊精（M-CDs）破乳材料。其内部具有疏水性，外部具有亲水性，可以用来包裹油和表面活性剂分子，实现破乳和表面活性剂-油分离，而且可以通过外部磁场与水分离。将磁性碳纳米管与外加磁场结合，通过碳纳米管与油、水的不同作用方式，可分离出油-表面活性剂缔合物，实现破乳，取得较好的破乳效果。

含油乳化废水的破乳是指使油相从乳化状态失稳，稳定分散的油粒产生聚并的趋势，最后凝聚成大的油滴而被分离。含油乳化废水破乳的方法主要分为物理法、化学法、生物法，分别介绍如下。

1. 物理法

（1）过滤破乳脱油[15]。过滤破乳分为两类，一类是在通过粗糙干燥的填料（最好是疏水填料）时，含油乳化废水分散相中的微小油滴在填料表面润湿并铺展成液膜，随着过滤的持续进行，液膜积累到一定厚度时聚结成滴，从而实现破乳；另一类是应用膜材料对乳化废水进行"过滤"。有研究认为膜破乳与微滴膜的亲和性及乳化液的性质相关，当乳化液到达膜表面时，分散相中的微小液滴在膜表面润湿，并不同程度铺展开，随着压力的增大，液滴受力且相互之间发生聚结[15]。一方面，这种聚结效应发生在膜表面；另一方面，当液滴通过膜孔时，相对较小的液滴相互碰撞后凝聚成粒径较大的液滴，在水和油相通过膜之后，油粒开始发生聚结，这种聚结可以使得一些粒径相对较小的油粒参与其中，并逐渐形成油滴，最终发生分层，实现破乳和油水分离。

（2）高效吸油颗粒破乳脱油。高效吸油颗粒破乳是指利用疏水亲油的颗粒材料，通过其对油滴的吸附，将稳定分散于水相中的微小油滴吸附于固体颗粒表面，或通过微小油滴在固体颗粒表面聚结，逐步形成较大油滴，然后再次脱附到水相中，打破乳化液的稳定性，在重力作用下实现油水分离。在实际运用中，通常是吸附和聚结两种作用使得乳化液破乳，从而达到油水分离的目的。

（3）射流空化破乳脱油。射流空化破乳来源于超声空化破乳，其主要起作用的部件为射流管，射流管是一根用特定材料制成的两端粗中间细的圆管。当含油乳化废水在外加压力下高速通过射流管时，由于管径的变化，液体压力会经历低压—高压—低压的过程，在此过程中，生成的空穴会经历生成—发育—溃灭的过程。由于空化作用的产生，在乳化液中可以瞬间产生高温高压，破坏油水界面膜的稳定性，由此微小油滴发生聚结，并形成大粒径油滴，最终实现油水分离。

（4）超声破乳脱油。超声破乳利用超声波自身的机械振动和热效应来产生空化作用，由此可瞬间产生局部高温和局部高压，破坏乳化液的稳定性，从而实现油水分离。

（5）电场破乳脱油。电场破乳在实际运用中普遍用于原油脱水，并取得了相当好的效果。当施加高强电场于乳化液时，由于电场会对水滴产生力的作用，微小水滴两端产生拉伸作用直至变形，这种变形正好削弱了乳化液界面膜的机械强度，导致乳化液的稳定性被打破，同时水滴受静电力作用后相互碰撞的概率增大，易发生聚结，从而与油相分离。

此外，还可利用离心、气浮、微波等手段，通过施加均匀外力，使得分散在水中的油粒发生碰撞的机会增大，从而实现聚并、脱稳，在一定程度上产生破乳作用。值得注意的是，通过物理手段来打破乳化液稳定性具有相当的局限性，如当乳化液中的油滴因被某种介质捕获而稳定分散在水中时，物理破乳法则难以奏效。同时，物理法用于含油乳化废水破乳时存在能耗高、占地面积大、操作复杂等缺陷，故常与化学法联用。

**2. 化学法**

（1）混凝络合法。混凝络合法是•在总结以往处理含油废水技术的基础上开发出来的一种特殊破乳方法。当油滴在某种双亲分子（典型的为各种表面活性剂分子）作用下稳定分散于水中形成乳化液时，通过投加化学破乳剂，使破乳剂与该类介质和油滴竞争结合位点或直接与介质形成沉淀、络合物而实现分离，最终实现破乳。当前常用的化学破乳剂种类较多，大致可分为两大类，即无机型破乳剂和有机型破乳剂。无机型破乳剂主要有硫酸铝、聚合氯化铝、聚合硫酸铁、硫酸亚铁、氯化铁、聚丙烯酰胺、腐殖酸钠等；有机型破乳剂主要由脂肪醇、环氧丙烷、环氧乙烷等聚合而成。

（2）氧化法。当油滴以表面活性剂-油滴复合物形式大量分散在水中时，可通过氧化作用，破坏表面活性剂分子，从而使其失去与油滴结合的能力，脱落的油滴在外力作用下碰撞聚结，实现破乳。另外，有研究者利用 UV-Fenton（紫外-芬顿）高级氧化技术处理乳化柴油合成废水时发现，柴油中烃类物质易被降解，而成分复杂的乳化剂难以完全被降解，因为该技术直接以乳化液中的油为作用对象来净化含油废水。

3. 生物法

（1）投加生物破乳剂脱油。生物破乳剂是一种由天然微生物菌体经筛选、驯化、发酵等生化处理后制成的生物制品及其发酵培养液，其机理与化学破乳剂相似，而优势在于其可利用微生物代谢物或微生物作用使乳化液脱稳，不用投加化学药剂，绿色环保。

（2）活性污泥法。活性污泥法是指以活性微生物为主体对乳化废水施加氧化降解作用，从而实现乳化液脱稳破乳，其与生活污水的微生物处理法及氧化法相似。当前许多企业产生的含油乳化废水经过简单预处理之后随市政管网排入污水处理厂，在活性微生物作用下被净化。

## 1.4　制药废水处理技术

水环境中残留药物是一类微量有机污染物，存在于城镇污水和医院出水，以及地表水和地下水中。一直以来，我国化学合成类制药工业水污染物排放标准只对常规的水质指标[如普通物性指标、营养元素含量指标、重铬酸盐需氧量（$COD_{Cr}$）、五日生化需氧量（$BOD_5$）和重金属元素含量指标等]有控制要求，而对化学药物本身的排放浓度没有进行严格限制。制药工业污染物成分主要是化学合成药物，其在生产、运输等过程中都会产生污染物。化学合成药物包括非甾体抗炎药（nonsteroidal antiinflammatory drugs，NSAIDs）、抗生素、抗高血压药、激素、抗癫痫药、抗抑郁药、脂质调节药等，这些药物的大量使用和其在水中的持久性对水环境造成极大威胁[16]。而布洛芬（ibuprofen，IBP）和四环素（tetracycline，TC）是人和动物用来止痛和治疗细菌感染的惯用化学合成药物，以布洛芬（$C_{13}H_{18}O_2$）为例，其物化性质稳定、半衰期较长，在自然水体中的光化学转化几乎可以被忽略，因此进入水体中的布洛芬大多通过生物吸收或以底泥吸附状态长期存在于环境中，并随时间积累。这些积累的布洛芬会严重影响蓝细菌、绿藻类、腔肠动物、软体动物以及鱼类等多种水生物种的生长速率、繁殖速率和成活率，进而影响整个水生生态系统。这些化学合成药物在水中可降低水的可生化性，当通过市政管网进入污水处理厂时，生活污水中的微生物很难降解这些化学合成药物，当污水处理厂排出污水时，这些药物直接被排出，甚至会渗入地表水和地下水，所以在排入环境前，制药废水需经过严格处理以去除其中的药物成分。以布洛芬为例，目前处理方法主要有微生物法、物理法和高级氧化法三大类[17]，对比情况见表 1.3。

表 1.3　现有化学合成类制药废水处理方法

| 方法 | 代表技术 | 优势 | 不足 |
|---|---|---|---|
| 微生物法[19] | 普通活性污泥法[18]<br>生物膜法<br>高效菌种技术 | 能耗和运行成本低，而且更容易与现有的城市污水处理系统配合 | 反应时间长，城市污水处理厂的水力停留时间往往不能满足时间要求；出水和污泥中残留大量布洛芬，而且通常会产生很多中间产物（羟基布洛芬和羧基布洛芬等），部分中间产物被证实具有与布洛芬同等甚至更强的生物毒性；管道和构筑物吸附大量布洛芬，雨季被冲刷进水体，随后直接排放 |

| 方法 | 代表技术 | 优势 | 不足 |
|---|---|---|---|
| 物理法 | 吸附技术<br>过滤技术 | 不发生化学反应，不产生羟基布洛芬和羧基布洛芬等中间产物，安全性高 | 吸附剂和过滤材料需回收与再生，经物理法处理后富集的布洛芬需进行进一步处理，因此物理法必须配备再生装置和深度处理工艺，以实现吸附剂和过滤材料的循环使用以及布洛芬的彻底降解 |
| 高级氧化法[20] | 电化学技术<br>光催化技术<br>芬顿法<br>臭氧法 | 能彻底降解有机物 | 反应系统容易受外界环境和溶液条件影响。电化学技术的电极损耗严重；光催化技术需外设光源，反应速率一般较慢；芬顿法和臭氧法需外加药剂（过氧化氢、铁离子和臭氧等）。因此，高级氧化技术在大规模应用中受到很大限制 |

可以看出，现有的化学合成类制药废水处理技术尚存在一定不足，有必要开发新的备选工艺来满足日益迫切的化学合成药物去除需求。对比表 1.3 中的处理方法可以发现，高级氧化技术是目前最有效的工艺，其作用机理是在待处理废水中产生羟基自由基（•OH），利用此自由基的强氧化能力来彻底降解制药废水中的布洛芬。因此，可以从这一基本原理着手，采用更加直接、高效的手段在水中产生羟基自由基等高活性物质。近年来，高级氧化技术提升了废水的可生化性，同时能彻底降解污染物，如 UV/H$_2$O$_2$、光催化、光芬顿、催化臭氧等。然而，这些高级氧化技术在产生 •OH 时需要消耗较高能量。目前，出现了具有应用前景和可行的低温等离子体技术，该技术能有效降解有机污染物且对环境的适应性强。该技术不用加入其他药品，不会造成二次污染，能使污染物彻底矿化，具有很好的环境和经济效应。

# 参 考 文 献

[1] 张文存，王丽莉，张国辉，等. 电化学法处理垃圾渗滤液的技术研究进展[J]. 应用化工，2023，52（1）：283-286.

[2] 刘田田，叶蕾，周彦好，等. 垃圾渗滤物化法处理技术现状及进展[J]. 现代化工，2023，43（2）：74-79.

[3] Ragle N，Kissel J，Ongerth J E，et al. Composition and variability of leachate from recent and aged areas within a municipal landfill[J]. Water Environment Research，1995，67（2）：238-243.

[4] 贺勤琴. 务岭根垃圾填埋场渗滤液处理工艺[J]. 绿色科技，2017（24）：46-48.

[5] 李同旭. 垃圾渗滤液处理工艺研究[J]. 山东工业技术，2016（22）：6.

[6] Deng Y，Englehard J D. Treatment of landfill leachate by the Fenton process[J]. Water Research，2006，40（20）：3683-3694.

[7] 兰淑澄. 生物活性炭技术及在污水处理中的应用门[J]. 给水排水，2002，28（12）：1-5.

[8] 王敏，阳小敏. 垃圾渗滤液深度处理技术及其分析[J]. 江苏环境科技，2002，15（2）：32-34.

[9] Domínguez J R，González T，García H M，et al. Aluminium sulfate as coagulant for highly polluted cork processing wastewaters: removal of organic matter[J]. Journal of Hazardous Materials，2007，148（1/2）：15-21.

[10] 丁西明，闵海华，高波，等. 垃圾渗滤液处理节能增效技术措施探讨[J]. 工业水处理，2023，43（8）：193-197.

[11] 梁智聪. 电镀废水处理技术研究进展[J]. 山东化工，2021，50（22）：77-79.

[12] 林锦松. 电镀废水处理工艺发展现状与展望[J]. 化工设计通讯，2020，46（9）：58-59.

[13] 程君. 空化水射流结合 H$_2$O$_2$ 氧化处理苯酚废水实验研究[D]. 重庆：重庆大学，2007.

[14] 刘威. 基于多相界面反应的水包油乳化液破乳技术研究[D]. 重庆：重庆工商大学，2020.

[15] 骆广生，邹财松，孙永，等. 微滤膜破乳技术的研究[J].膜科学与技术，2001，21（2）：62-65，69.

[16] 陈义霞. 低温等离子体协同 g-C$_3$N$_4$ 光催化剂处理制药废水的机制研究[D]. 重庆：重庆工商大学，2019.

[17]　Yu Z R，Peldszus S，Huck P M. Adsorption characteristics of selected pharmaceuticals and an endocrine disrupting compound-Naproxen，carbamazepine and nonylphenol-on activated carbon[J]. Water Research，2008，42（12）：2873-2882.

[18]　Vansever S，Bossier P，Vanderhasselt A，et al. Improvement of activated sludge performance by the addition of Nutriflok 50 S[J]. Water Research，1997，31（2）：366-371.

[19]　Zhou P，Su C Y，Li B W，et al. Treatment of high-strength pharmaceutical wastewater and removal of antibiotics in anaerobic and aerobic biological treatment processes[J]. Journal of Environmental Engineering，2006，132（1）：129-136.

[20]　刘海军. 电镀废水治理现状与未来展望[J]. 云南化工，2021，48（10）：18-20，26.

# 第2章　生物活性炭废水处理技术及其应用

## 2.1　生物活性炭概述

### 2.1.1　活性炭

#### 1. 活性炭概述

活性炭是一种最常见的黑色大比表面积多孔性吸附剂、催化剂或催化剂载体，它是由各种含碳物质炭化，并经过活化处理而得到的。"多孔"是活性炭的主要特征，多孔决定了活性炭具有较大的比表面积和超强的吸附性能。一般来说，活性炭的孔隙结构比较复杂，孔径分布范围很宽。根据国际纯粹与应用化学联合会分类标准，活性炭孔隙结构可分为微孔（小于 2nm）、中孔（2～50nm）和大孔（大于 50nm）[1]。其孔隙结构模型如图 2.1 所示。活性炭不同孔径的孔隙具有不同的功能和作用。孔径小于 2nm 的微孔因为数目多、比表面积大，所以对气体分子、液体中的小分子或直径较小的离子具有良好的吸附作用。孔径在 2～50nm 范围内的中孔主要起输送被吸附物质使其到达微孔边缘的通道作用，以及在液相中吸附直径较大的吸附质的作用。孔径大于 50nm 的大孔主要起运输通道的作用。

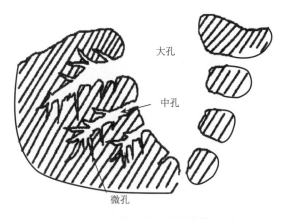

图 2.1　活性炭的孔隙结构模型

目前市场上的活性炭其孔隙主要由微孔组成，只含有少量的中孔和大孔，而用于水处理的活性炭要求中孔丰富，以提高活性炭对大分子污染物的吸附能力。

#### 2. 活性炭的制备

活性炭的制备通常经过炭化和活化两个阶段。炭化[2]是指在隔绝空气和较低温度（400℃左右）条件下，发生脱水、脱酸等分解反应，物料中的煤焦油分子物质挥发，沥青发生热分解和固化,即预先去除其中的挥发分,原料分子结构单元中的侧链和一些含氧官能团断裂,桥键、芳环分解聚合,培育能在活化过程中形成孔隙结构的炭结构。因此,炭化的目的是得到适宜活化的初始孔隙和具有一定机械强度的炭化材料,实质是原料中有机物进行热解的过程,包括热分解反应和缩聚反应。而活化是制备高比表面积活性炭的关键步骤,活化的目的是使炭具有活性,同时去除炭表面的有机物,增强炭的活性,使活性炭表面含大量官能团(如羧酸、内酯、芳烃等),增强活性炭对极性物质的吸附能力,常见的活化方法有物理活化法和化学活化法。

(1)物理活化法[3]。物理活化法是指利用 $CO_2$、水蒸气等氧化性气体与炭化材料内部的碳原子发生反应,通过开孔、扩孔和创造新孔形成丰富的微孔,进而在材料内部形成发达的微孔结构。炭化温度一般为 600℃,活化温度一般为 800～900℃。因为依赖氧化碳原子形成孔隙结构,故活化收率不高,且活化温度较高。在活化过程中,$CO_2$、水蒸气或者两者的混合物是常用的活化剂,它们在 800～950℃下都是温和的氧化剂,能在炭化材料中通过 $CO_2$ 或者 $C + H_2O$ 选择性地烧蚀颗粒内部的碳原子形成孔隙,使炭化材料的孔疏通,进而扩大、发展,形成活性炭特有的多孔结构。尽管利用空气可以降低活化温度,但是由于 $C = O$ 反应是放热反应,会导致热量失控而过度烧蚀,所以应用得较少。在用 $CO_2$ 进行活化处理时,温度要高于 900℃,以确保活化剂与碳有足够高的反应速率,同时含碳基体会在气化过程中不断被消耗,所以高比表面积的活性炭要通过烧蚀较大比例的碳才能制得,对应的产率较低。相对于在水蒸气中气化,在 $CO_2$ 中气化制得的活性炭具有更多微孔结构,而且比表面积随着气化程度增加而减小。不过,也有研究发现,同等烧蚀程度下,在水蒸气中气化制得的活性炭具有更好的吸附性能和更宽的孔径分布范围。

相对于化学活化法,物理活化法可以通过控制反应条件得到更好的微孔结构,同时通过在炭化之前进行空气预氧化处理可获得优良的吸附材料,阻止各向异性结构的形成,为之后在炭化和活化中形成良好的孔结构打下基础。此外,预氧化处理还有可能增加初始反应位置上碳的活性以及活性气体进入原料内部的通道,使活性炭的吸附性能得以改善。

(2)化学活化法[4]。化学活化法的原理主要是原料经 0.5～4 倍质量的化学药液浸泡后,在惰性气体中进行炭化、活化,炭化与活化一步完成,一般不需要像物理活化法那样在活化前进行单独的炭化。由于化学药品的脱水作用,原料中的 H 和 O 以 $H_2O$(g)形式释放出来,结果形成了孔隙发达的活性炭。与物理活化法比较,化学活化法具有明显的优点:①在较低温度(400～700℃)和较短时间条件下可以制得活性炭,制备步骤简单;②由于不需要进行原料的烧蚀,因此减少了煤焦油和其他挥发物质(如乙酸、甲醇等)的生成,产量更高。

化学活化法所用的化学药品多具有脱水作用。常见的可作为活化剂的化学药品见表 2.1。

表 2.1　常见的化学活化剂

| 类别 | 盐类 | 无机酸类 | 碱类 |
| --- | --- | --- | --- |
| 品种 | 氯化锌、硫酸钾、碳酸钙 | 硫酸、磷酸、硼酸 | 氢氧化钾、氢氧化钠 |

化学活化法要求原料的含氧量≥25%、含氢量≥5%，而能达到这个氧、氢含量指标的多是木材、稻壳、木屑以及泥煤、褐煤等材料。研究以木质素为原料制得的活性炭的孔隙变化后发现，磷酸活化导致原料中不同生物聚合物的组成发生变化，引起大量多孔结构出现。在200~450℃下，生物碎片相连，磷酸介入后形成了牢固而稳定的交联结构；温度升高后，这种交联结构开始膨胀，交联反应减少，取而代之的是裂解反应，当温度达到400~500℃时，磷酸交联系统的稳定性达到极限，温度再升高，交联系统发生断裂，导致孔隙减少、骨架收缩。

近年来，在物理活化法、化学活化法的基础上出现了一些新的加热方法，如微波加热法。与传统加热方式相比，微波加热显示出其独特的优势：高效、节能、均一、有选择性、污染程度低、热效率高、能耗低、工艺及设备简单，并且占地面积小、有利于自动化、炭损失小、可回收有用物质。关于微波炭化、活化的机理，一般认为，原料中的水、活化剂构成极性分子，其具有强烈吸收微波的介电特性，随微波频率激烈碰撞摩擦，产生大量的热量，从而使水、改性溶液急剧蒸发，并产生蒸气压，蒸气压由原料内部向外部爆炸般压出。这种急剧的作用，使得原料的纤维空间在扩大的同时急剧干燥，进而形成无数的裂缝与微隙。目前微波辐射制备活性炭还主要处于实验室研究阶段，较少进行放大性的中试试验研究。这一新领域的许多理论性问题特别是微波加热机理需要进行深入研究。

### 3. 活性炭吸附原理

吸附是指固体颗粒表面的分子或原子因受力不均衡而具有剩余的表面能，当某些物质碰撞固体颗粒表面时，其因受到不平衡力的吸引而停留在固体颗粒表面。溶质从水中移向固体颗粒表面时发生吸附，是水、溶质和固体颗粒三者相互作用的结果，产生吸附作用的主要原因在于溶质对水具有疏水特性且溶质对固体颗粒具有高度的亲和力，次要原因是溶质与吸附剂之间具有静电力、范德瓦耳斯力或化学键力，与此相对应，可将吸附分为以下三种基本类型。

（1）交换吸附：指溶质的离子由于静电力作用聚集在吸附剂表面的带电位点上，并置换出原先固定在这些带电位点上的其他离子。

（2）物理吸附：指溶质与吸附剂之间由于范德瓦耳斯力而产生吸附，其特点是没有选择性，吸附质分子并不固定在吸附剂表面的特定位置上，而是在界面范围内自由移动，可以是单分子层吸附或多分子层吸附。

（3）化学吸附：指溶质与吸附剂发生化学反应，形成牢固的吸附化学键和表面络合物，吸附质分子不能在表面自由移动。化学吸附有选择性，即一种吸附剂只对某种或特定几种物质有吸附作用，一般为单分子层吸附。

在实际的吸附过程中，上述几类吸附往往同时存在，难以明确区分，物理吸附和化学吸附在一定条件下可以互相转化。例如，某些物质的分子在经历物理吸附后，其化学键被拉长，甚至拉长到能够改变这个分子的化学性质，这实际上发生了化学吸附；同一物质，可能在较低温度下经历物理吸附，而在较高温度下经历化学吸附。

吸附分离的效果依赖于流体在多孔固态吸附剂上的吸附性能（吸附容量和选择性）以及在多孔固态吸附剂内的扩散传质行为，其中吸附容量和选择性主要是由流体在吸附剂上的吸附平衡特性决定的。从热力学意义上说，固体的吸附层是一种独特的相，它和周围流体的平衡符合热力学定律，可以用吸附等温方程来描述。随着吸附理论研究的不断深入，吸附模型得到了不断的发展。对于固-液相吸附，使用得最广泛的是 Langmuir（朗缪尔）和 Freundlich（弗罗因德利希）吸附等温式，而 Temkin（特姆金）等温式为单组分不均匀表面吸附等温方程，应用得很少。

1）Langmuir 等温式

根据 Everett（埃弗里特）导出二元溶液吸附等温式的类似方法，可以得到稀溶液吸附的 Langmuir 等温式。其基本假设是，吸附是单分子层吸附，溶液体相和吸附层均被视为理想溶液，溶质与溶剂分子体积相等或有相同的吸附位。

$$q_e = \frac{q_{max} b c_e}{1 + bc} \qquad (2.1)$$

或

$$\frac{c_e}{q_e} = \frac{1}{q_{max} b} + \frac{1}{q_{max}} c_e \qquad (2.2)$$

式中，$b$——Langmuir 吸附常数，与吸附热有关；

　　　$q_{max}$——极限吸附量，mg/g；

　　　$c_e$——吸附后溶液浓度，$mg/cm^3$；

　　　$c$——吸附前溶液浓度，$mg/cm^3$；

　　　$q_e$——溶质的平衡吸附量，mg/g。

Langmuir 等温式假定吸附类似于可逆的化学反应，但由于实际吸附过程比较复杂，吸附不能完全符合可逆反应，且一般存在多分子层吸附，所以它有一定的局限性。但很多稀溶液的吸附现象能够用 Langmuir 等温式来解释，并且其实验数据与模型拟合数据有较好的一致性。

2）Freundlich 等温式

若吸附剂表面不均匀，吸附平衡常数将与表面覆盖度有关，从而可导出 Freundlich 等温式：

$$q_e = a c_e^{\frac{1}{n}} \qquad (2.3)$$

或

$$\ln q_e = \ln a + \frac{1}{n} \ln c_e \qquad (2.4)$$

式中，$a$——Freundlich 吸附常数，可大致反映吸附能力的强弱；

　　　$n$——总是大于 1，$1/n$ 称为吸附指数，一般认为介于 0.1～0.5 则容易吸附；

　　　$c_e$——吸附后溶液浓度，$mg/cm^3$；

　　　$q_e$——溶质的平衡吸附量，mg/g。

Freundlich 等温式最初由实验获得，因此它是一个经验方程，在描述稀溶液的吸附过程时得到了广泛应用。在中等浓度区，它一般与 Langmuir 等温式一样和实验数据吻合得很好。但浓度很高时，它不能给出饱和吸附量。

此外，利用吸附热力学参数 $\Delta G$（吉布斯自由能变）、$\Delta H$（焓变）和 $\Delta S$（熵变）可以直接反映吸附剂与吸附质分子之间以及吸附剂与溶剂之间的作用。吉布斯自由能变可由式（2.5）计算：

$$\Delta G = -RT \ln K_L \qquad (2.5)$$

式中，$K_L$——Langmuir 常数；

　　　$T$——绝对温度，K；

　　　$R$——气体常数，J/(kg·K)。

由于 $K_L$ 和热力学参数 $\Delta H$、$\Delta S$ 满足 van't Hoff（范特霍夫）方程，$\ln K_L$ 与 $1/T$ 符合直线关系，这样可以求得 $\Delta H$ 和 $\Delta S$。

3）吸附动力学理论

一般认为，吸附过程由三个连续步骤组成：①吸附质在吸附剂周围流体界面膜内的扩散（膜扩散或外扩散）；②吸附质从吸附剂表面向孔隙内部的扩散（孔内扩散或内扩散），通常内扩散速率常数运用 Weber-Morris（韦伯-莫里斯）方程来获得；③吸附质在吸附剂孔隙内表面的吸附（吸附过程）。可见，吸附传递过程由三部分组成，即外扩散、内扩散和表面吸附。吸附过程总速率取决于最慢阶段的速率，通常表面吸附速率很快，即吸附质迅速在吸附位点上达到吸附平衡，因此吸附速率通常由外扩散、内扩散或二者联合控制。

拟一级动力学方程[Lagergren（拉格尔格伦）动力学方程]和拟二级动力学方程适合用于表达固态吸附剂在溶液中的吸附机制。Lagergren 动力学方程可表述为

$$\frac{dq}{dt} = k_1(q_e - q) \qquad (2.6)$$

式中，$q_e$——溶质的平衡吸附量，mg/g；

　　　$t$——时间，min；

　　　$q$——某一时刻的吸附量，mg/g；

　　　$k_1$——吸附速率常数，$\text{min}^{-1}$。

对式（2.6）进行积分，可以写成直线式：

$$\lg(q_e - q) = \lg q_e - \frac{k_1 t}{2.303} \qquad (2.7)$$

率先被提出的拟二级动力学方程已经广泛用于描述多种吸附体系，通常能得到较好的结果。拟二级动力学方程可表述为

$$\frac{dq}{dt} = k_2(q_e - q)^2 \qquad (2.8)$$

式中，$k_2$——吸附速率常数，g/(mg·h)。

将式（2.8）积分可得直线式：

$$\frac{t}{q} = \frac{1}{k_2 q_e^2} + \frac{t}{q_e} \qquad (2.9)$$

另外，Bangham（班厄姆）一级吸附速率方程也常用于描述固体吸附剂在溶剂中的吸附机制。

## 2.1.2　生物活性炭技术

生物活性炭（biological activated carbon，BAC）技术被定义为是一种利用具有巨大比表面积及发达孔隙结构的活性炭对水中的有机物及溶解氧有很强的吸附能力，将其作为载体，使其成为微生物聚集、繁殖、生长的良好场所，并且在适当的温度和营养条件下，同时发挥活性炭的物理吸附作用、微生物的降解作用和活性炭的再生作用的水处理技术。

### 1. 生物活性炭技术的发展

20 世纪 70 年代，Weber 和 Yimg[5]在用颗粒活性炭（granular activated carbon，GAC）处理废水时率先发现了微生物的降解作用，随后 Sontheimer 等[6]首次在饮用水的处理中研究了 GAC 上的微生物作用，并指出微生物对吸附在 GAC 上的有机物的降解作用延长了 GAC 的使用期限。而"生物活性炭（BAC）"一词是在 1978 年总结欧洲水处理经验时由 Miller 和 Rice[7]正式提出的，这一提法沿用至今。同时 Weber 和 Yimg[5]开始研究并验证 BAC 中生物降解与 GAC 吸附的关系，他们认为微生物的存在可以提高 GAC 的吸附容量，延长 GAC 的使用期限，并建立了数学模型来描述二者之间的关系，自此研究人员开始重视关于 BAC 的研究。

初期的生物活性炭主要用于水净化，常见的工艺为 $O_3$ 氧化 + 颗粒活性炭吸附。近年来，用生物活性炭技术处理污水的实例逐渐增多。在适宜的温度及营养条件下，生物活性炭可以同时发挥活性炭物理吸附和微生物生物降解的双重作用，即利用活性炭迅速吸附水中的有机物，利用在活性炭上的微生物促进有机物的降解。在同一装置内活性炭对有机物的吸附和微生物的氧化相互促进、协同进行，从而大大地提高了活性炭处理能力。兰淑澄[8]的研究表明，单纯的活性炭吸附，吸附量为 0.3～0.5kgCOD/kg 活性炭，而生物活性炭则可以达到 1.0～3.5kgCOD/kg 活性炭，处理能力成倍增加，并且增加了炭床达到"穿透"和"失效"时的通水倍数。

### 2. 生物活性炭降解机理

生物活性炭技术对污染物的强大去除能力，促进了生物活性炭去除污染物机理研究的发展。生物活性炭的去污机理由以下 7 个方面组成：①外扩散，即污染物通过液膜到达活性炭表面；②内扩散，即污染物从活性炭表面进入微孔道和中孔道，进而扩散至微孔和中孔表面；③吸附，即到达微孔、中孔表面的污染物被活性炭吸附固定；④水解，即污染物与菌胶团分泌的胞外酶发生反应，水解成分子量较小的物质；⑤内反应，即水解后的化合物由中孔道和微孔道扩散至外表面生物膜吸附区；⑥生物降解，即水解后的化合物进入细胞内，在酶的作用下进行氧化分解；⑦外反扩散，即降解产物通过液膜扩散至污水中。

与常规生物膜工艺相比，生物活性炭技术在低浓度、难降解的有机废水的处理方面有较大优势，即利用活性炭的吸附功能，将有机物富集在炭粒表面，从而延长了有机物与微生物的接触时间，为微生物的驯化提供了有利条件，使难降解物质得以去除。活性炭的吸附作用提高了炭粒周围有机物的浓度，有利于生物降解[9]。

有学者在分析对比 GAC 与无烟煤作为生物载体的特性后认为，具有吸附作用的 GAC 作为生物载体能刺激生物活性[10]，使反应器内的微生物具有更高活性，从而有效代谢难降解、难吸附的有机物，有机物的生物降解速率由无烟煤的 1.7g/h 提高到 4.9g/h。还有学者认为，活性炭的孔隙可作为吸附平衡的"仓库"，有机物浓度较高时，吸附质进入活性炭，液相浓度较低时，吸附质扩散出活性炭，被微生物降解。有研究表明，活性炭的存在减轻了水中有害物质对微生物的影响[11]。这可能是由于附着在活性炭上的微生物能够抵制难降解化合物的毒害作用以及自身的快速内源呼吸作用，并拥有不断增强的新陈代谢能力。

### 3. 活性炭微生物驯化及其衍生技术

#### 1）生物活性炭接种技术

在自然条件下，能降解有机物的微生物数量少且活性低，在这种情况下，针对难降解有机物，进行菌群筛选并培养优势菌群就成为提升污水降解效果的重要环节。目前，常用的优势菌群筛选方法有自然界筛选和构造基因工程菌。

（1）自然界筛选。对于自然界中固有的化合物，一般都能找到相应的降解菌种。但对于工业合成的一些化合物，由于它们的结构不易被自然界固有的微生物酶系识别，因此需要用目标污染物来驯化、诱导产生相应的酶系，然后筛选得到高效菌种，这种方法花费的时间较长。从自然界中筛选出来的菌种多是以目标污染物为单一基质驯化分离得到的，由于实际水质状况比较复杂，且含有多种成分，固定化后的微生物的降解能力可能会受到抑制。

（2）构造基因工程菌。当从自然界中筛选出来的菌株对污染物的降解能力及效果达不到工程处理要求时，可以根据遗传学基础理论和方法，借助现代分子生物技术（如诱变育种、杂交育种、原生质体融合、基因工程等技术）和人为诱导的菌种遗传变异或基因重组，将一些特性基因转移到微生物体内，构造基因工程菌。例如，Dennis 等[12]率先利用基因工程技术把降解萘、甲苯、辛烷和樟脑的四种质粒组合在一起，构成新的细菌，新的菌株具有能降解脂肪烃、芳烃和多环芳烃的功能，这种超级细菌降解石油的速度快，可降解海上溢油。

目前，采用基因工程菌对受污染的水体和土壤进行生物处理的研究多限于实验室，出于对安全性的考虑，各国政府严格限制基因工程菌用于实际污染源的治理，而固定化生物技术为基因工程菌的应用提供了可能。就生物活性炭的优势菌群而言，也主要在待处理水样或水样的污泥中进行筛选，以提高优势菌群的适应能力。

#### 2）微生物的固定化

固定化技术是通过化学或物理学的手段将游离细胞或酶定位于限定的空间区域内，使其保持活性并可反复利用的一项生物工程技术，在生物活性炭系统中就是利用微生物使活性炭变成固定化生物活性炭，其关键是微生物必须与活性炭结合在一起，但又不能影响活性炭的吸附性能和微生物的活性。

目前经常采用的生物固定化方法主要有吸附法(包括物理吸附和离子吸附)、包埋法、交联法和共价结合法。生物活性炭系统常用的微生物固定化方法有包埋法、共价结合法和物理吸附法,各种固定化方法和载体都有其特点,见表 2.2。微生物细胞的固定化方法常见的有吸附法和包埋法,而物理吸附法最为常见。物理吸附法不需要任何试剂,反应温和,这样能保证不影响活性炭及微生物的活性。实验证明,采用物理吸附法制备的固定化生物活性炭的微生物与活性炭之间连接牢固,可承受一定的水力冲击负荷,所以其被广泛应用和深入研究。

表 2.2　各种固定化方法的比较

| | 吸附法 | 包埋法 | 交联法 | 共价结合法 |
|---|---|---|---|---|
| 制备难易程度 | 易 | 适中 | 适中 | 难 |
| 结合力 | 弱 | 适中 | 强 | 强 |
| 活性 | 高 | 适中 | 低 | 低 |
| 固定化成本 | 低 | 低 | 适中 | 高 |
| 存活力 | 有 | 有 | 无 | 无 |
| 适用性 | 适中 | 高 | 低 | 低 |
| 稳定性 | 低 | 高 | 高 | 高 |
| 载体再生 | 能 | 不能 | 不能 | 不能 |
| 空间位阻 | 小 | 大 | 较大 | 较大 |

3) 臭氧-生物活性炭法

生物活性炭的不足之处是进水浊度高时,活性炭微孔极易被阻塞,从而导致活性炭的吸附性能下降,而长期的高浊度会造成活性炭的使用周期缩短、进水的 pH 适用范围变窄,以及抗冲击负荷能力降低等。同时微生物的繁殖会造成滤料被堵塞,反应器内的水头损失增加,反冲洗频率升高,而反冲洗需要水力反冲与气体冲刷共同作用,从而增加了运行与管理难度。

在臭氧与生物活性炭联用工艺(O$_3$-BAC)中,臭氧的主要氧化对象是大分子憎水性有机物,活性炭的主要吸附对象是分子量适中的有机物,微生物作用的对象是小分子亲水性有机物。臭氧氧化、活性炭吸附和生物降解三者相互促进、相互影响、相互补充。单纯的臭氧氧化有 12%～13%的 COD 去除率,说明臭氧氧化有一定的 COD 去除效果,臭氧氧化后水中的有机物更容易被活性炭吸附,生物活性炭的处理效果更好。臭氧氧化增加了水中的溶解氧,为生物活性炭中的微生物创造了良好的生长条件;氧化水中的有机物降低了活性炭的吸附负荷;使憎水性物质亲水化,从而提高了可生物降解性;氧化分解了螯合物,如乙二胺四乙酸(EDTA)和次氮基三乙酸(NTA)等。有学者采用 O$_3$-BAC 法处理城市生活污水,处理结果表明,该方法对烷基苯化合物及其降解产物等极性化合物的去除效果较好。有学者研究了臭氧-双级活性炭法,该方法对可同化有机碳(assimilable organic carbon,AOC)的处理效果较好,出水 AOC 小于 10μg/L。

难降解有机废水[13](如垃圾渗滤液生化尾水)主要含难降解的高分子有机物,水质变化大，不适宜采用活性污泥法处理。经臭氧氧化预处理后，其能提高可生化性，但臭氧降解率一般在 20%以下，难以满足活性污泥法的可生化要求。而生物活性炭生物量高，容积负荷高，对污染物有很强的吸附能力，微生物能将吸附在活性炭表面或孔隙里的污染物逐步降解。生物活性炭吸附不仅比单一吸附和生物降解更有效，而且其抗冲击负荷能力也强于传统的活性污泥法。

总的来说，臭氧与生物活性炭联用工艺集臭氧氧化、活性炭吸附、生物降解、臭氧消毒于一体，以去除污染物的独特高效性成为当今世界各国在进行污水深度处理或后续处理时采用的主流工艺之一，在欧美等地区已迅速从理论研究走向实际应用，而在我国正越来越受到重视。

### 4. 生物活性炭技术的特点

生物活性炭技术将活性炭的吸附作用与微生物的降解作用结合起来，与单独的活性炭吸附或微生物降解相比有以下优点。

（1）对于不同的水质，生物活性炭的 COD 吸附容量较单纯的活性炭提高了 4～20 倍，能高效去除水中的溶解性有机物和 $NH_3$，对色度、铁、锰、酚都有一定的去除效果，从而提高了出水水质。

（2）活性炭吸附法对 $NH_3$ 没有吸附去除能力，更不能将其转化为 $NO_3^-$，但生物活性炭技术可以将 $NH_3$ 进一步转化为 $NO_3^-$，甚至可能会发生生物脱氮。

（3）利用活性炭的吸附作用和活性炭内微生物对有机物的分解作用，改变活性炭的吸附方式，大大延长了活性炭的使用周期和再生周期，从而大幅度地降低了使用成本。

（4）工艺设备简单，占地面积小，易完全实现自动化控制，操作管理方便。

目前，大量研究和实际应用效果都表明，生物活性炭技术容积效率高、去除率高、不产生污泥、效果稳定、去除范围广[可去除悬浮物（suspended solid，SS）、无机物、有机物、色度等]。实际上，生物活性炭技术最大的优点是炭不必再生，仅经常反冲洗即可长期使用。在实际使用过程中，为避免进水处的悬浮物堵塞生物活性炭层，常在生物活性炭制备完成之前以适当的生化处理措施削减悬浮物和有机物负荷。

## 2.2　柑橘皮活性炭的静态吸附

### 2.2.1　柑橘皮活性炭对渗滤液生化尾水的静态吸附[①]

表 2.3 是实验用活性炭的主要性能参数。图 2.2 为柑橘皮活性炭和商品活性炭在 25℃下对垃圾渗滤液生化尾水的吸附曲线，活性炭投加量为 0.2g，渗滤液生化尾水为 50mL。图 2.3 是柑橘皮活性炭吸附渗滤液生化尾水后的透射电子显微镜（transmission electron microscope，TEM）图。图 2.4 是渗滤液生化尾水经柑橘皮活性炭吸附前后的三维荧光光谱（three-dimensional excitation emission matrix fluorescence spectroscopy，3DEEM）图。

---

① 此节内容参照文献[12]。

表 2.3　实验用活性炭的主要性能参数

| 参数 | 柑橘皮活性炭 | 商品活性炭 |
| --- | --- | --- |
| 粒径/mm | 3 | 2 |
| 比表面积/(m²/g) | 1477 | 960 |
| 平均孔径/mm | 3.87 | 2.02 |
| 微孔容积/(cm³/g) | 0.532 | 0.201 |
| 中孔容积/(cm³/g) | 1.440 | 0.616 |
| 总孔容积/(cm³/g) | 2.090 | 0.900 |

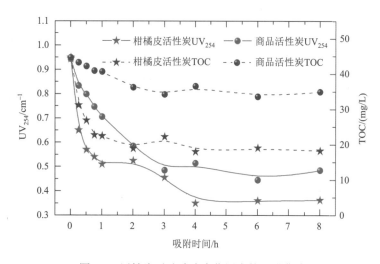

图 2.2　活性炭对渗滤液生化尾水的吸附曲线

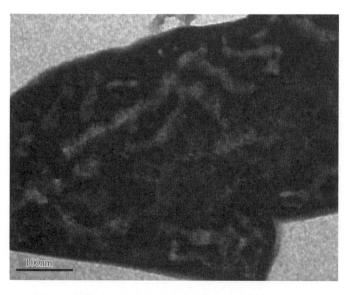

图 2.3　柑橘皮活性炭吸附渗滤液生化尾水后的 TEM 图

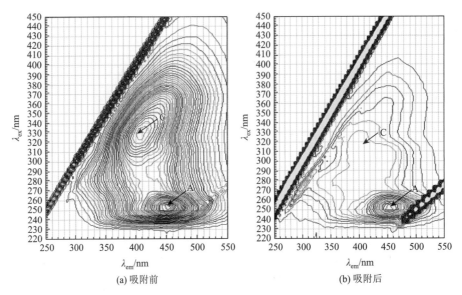

图 2.4　渗滤液生化尾水经柑橘皮活性炭吸附前后的 3DEEM 图

从图 2.2 中可以看出，实验所得的柑橘皮中孔活性炭对垃圾渗滤液生化尾水具有良好的吸附性能，$UV_{254}$（在波长为 254nm 的单位比色皿光程下的紫外吸光度）和总有机碳（total organic carbon，TOC）有相似的变化趋势，即 0.5h 内迅速降低，4h 时基本达到吸附平衡，$UV_{254}$ 值和 TOC 去除率分别为 63.0%、59.7%，柑橘皮活性炭对渗滤液中的有机物具有较好的吸附效果。商品活性炭对垃圾渗滤液生化尾水吸附 6h 后达到吸附平衡，$UV_{254}$ 值和 TOC 去除率分别为 52.9%、24.8%，吸附较慢，去除率也较低。根据表 2.3，商品活性炭的微孔容积、中孔容积以及平均孔径等孔结构性能参数都比柑橘皮活性炭的差，这可能是商品活性炭的吸附性能不及柑橘皮活性炭的原因。

由图 2.3 可以看出，吸附垃圾渗滤液生化尾水后，柑橘皮活性炭的孔隙被大量的有机物填塞，意味着柑橘皮活性炭的孔隙能够有效地吸附渗滤液生化尾水中的污染物。

由图 2.4 可以看出，渗滤液生化尾水中的溶解性有机质（dissolved organic matter，DOM）有两个明显的荧光峰：紫外光区类富里酸荧光（$\lambda_{ex}/\lambda_{em} = 255nm/455nm$，峰 A）和可见光区类富里酸荧光（$\lambda_{ex}/\lambda_{em} = 330nm/405nm$，峰 C），以含有大量的羧基和羰基为主要结构特征。经柑橘皮活性炭吸附后，水样紫外光区类富里酸荧光强度（$I_A$）从 2222 降低至 1132，降低49.1%；可见光区类富里酸荧光强度（$I_C$）从 1840 降低至 338.8，降低 81.6%。峰 A 的 $\lambda_{ex}$ 在吸附后蓝移至 250nm，峰 C 的 $\lambda_{ex}$ 和 $\lambda_{em}$ 均发生蓝移（$\lambda_{ex}/\lambda_{em} = 315nm/400nm$），且荧光峰中心消失，只有长长的谱带，说明柑橘皮活性炭对水样中的类富里酸等有机物具有良好的吸附性能。

1. 柑橘皮活性炭的吸附动力学研究

考察柑橘皮活性炭分别在 25℃、35℃和 45℃时对渗滤液生化尾水的吸附动力学，按照式（2.10）计算活性炭的吸附量：

$$q = V \times \frac{(c_0 - c)}{1000m} \tag{2.10}$$

式中，$q$——某一时刻的吸附量，mg/g；

　　$V$——吸附溶液体积，mL；

　　$c_0$、$c$——吸附前和吸附后水样中 TOC 的浓度，mg/L；

　　$m$——活性炭的质量，g。

柑橘皮活性炭的吸附量与吸附时间的关系如图 2.5 所示。

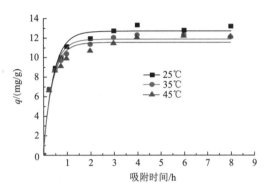

图 2.5　吸附时间对柑橘皮活性炭吸附 TOC 的影响

　　由图 2.5 可以看出，在不同的温度下，柑橘皮活性炭对渗滤液生化尾水中 TOC 的吸附量随吸附时间的变化趋势一致。在最初的 1h 内，活性炭对水样中 TOC 的吸附量上升得很快，在 4h 时基本达到吸附平衡。而随着温度的升高，吸附量略降低，说明较低的温度有利于活性炭的吸附。

　　分别采用式（2.6）和式（2.9）对从开始吸附至达到吸附平衡的实验数据进行拟合，拟合结果如图 2.6（a）和图 2.6（b）所示。

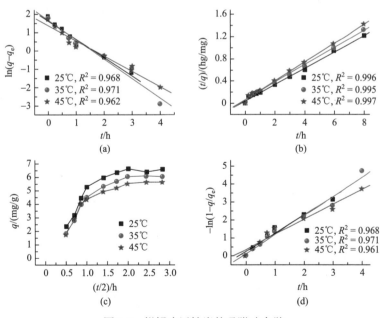

图 2.6　柑橘皮活性炭的吸附动力学

由图 2.6 可以看出，柑橘皮活性炭对水样的 TOC 吸附数据可以采用 Lagergren 动力学方程（拟一级动力学方程）和拟二级动力学方程进行拟合，Lagergren 动力学方程拟合的相关系数 $R^2$ 为 0.962～0.971，而拟二级动力学方程拟合的相关系数 $R^2$ 为 0.995～0.997，说明拟二级动力学模型适合描述活性炭对渗滤液生化尾水的吸附机理。随着温度升高，吸附质在溶液和活性炭孔内的扩散速率加快，从而使吸附速率增大，即拟二级动力学方程吸附速率常数增大。

活性炭的吸附过程包括液膜扩散、颗粒内扩散、吸附反应 3 个步骤，其中吸附反应是快速步骤[14]。用 $q$ 对 $t/2$ 作图[图 2.6（c）]，用 $-\ln(1-q/q_e)$ 对 $t$ 作图[图 2.6（d）]。由图 2.6（c）可以看出，用 $q$ 对 $t/2$ 作图时在 1.0～1.5h 处出现了拐点，说明除颗粒内扩散外还有液膜扩散的影响；而图 2.6（d）中 $-\ln(1-q/q_e)$ 对 $t$ 作图呈直线并偏离原点，说明液膜扩散是吸附初期的主要速率控制步骤。吸附质必须穿过液膜到达活性炭表面后才能被吸附，吸附初期穿过液膜的有机物分子较少，其很快被吸附在活性炭表面，因此，液膜扩散是吸附初期的主要速率控制步骤。当到达活性炭表面的有机物分子增加到一定程度时，吸附质的颗粒内扩散就成为吸附速率的主要控制步骤。

根据 4 种动力学模型拟合的结果，拟二级动力学模型更符合柑橘皮活性炭对水样的吸附过程。假设吸附过程中活化熵变 $\Delta S^{\ominus}$ 和活化焓变 $\Delta H^{\ominus}$ 受到的温度影响较小，可以忽略不计。将拟二级动力学模型中的吸附速率代入 Arrhenius（阿伦尼乌斯）方程[式（2.11）]，并将 $\ln k_2$ 与 $1/T$ 进行线性回归，如图 2.7 所示。由拟合的回归方程的斜率可以求得吸附过程中的活化能 $E_a$ 为 12.72kJ/mol。

$$\ln k_2 = -\frac{E_a}{RT} + \ln A \tag{2.11}$$

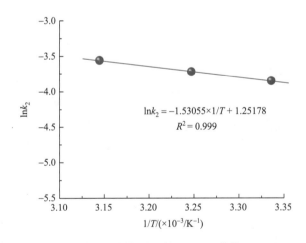

图 2.7　吸附 TOC 的 $\ln k_2$-$1/T$ 曲线

**2. 柑橘皮活性炭的 TOC 吸附等温线**

分别在 25℃、35℃、45℃下将 0.2g 活性炭和 50mL 不同浓度的渗滤液生化尾水加入 100mL 的锥形瓶中，以 120r/min 的速率恒温振荡吸附 4h。根据吸附前后测得的数据计算 TOC 平衡吸附量 $q_e$，并用 $q_e$ 对 $c_e$ 作图，如图 2.8 所示。

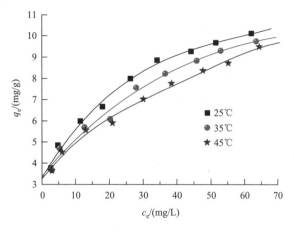

图 2.8　柑橘皮活性炭吸附 TOC 的等温线

　　由图 2.8 中曲线的形状可知，等温线起始段斜率较大，且为凸向吸附量轴的曲线，属于比较典型的 L 型吸附等温线，说明溶质比溶剂更易被吸附，即溶剂无强烈竞争吸附力。同时，活性炭在低浓度下有较大的吸附量，具有类似于化学吸附的特征，表明吸附质与吸附剂表面有较强烈的相互作用。从图 2.8 中还可以看出，随着温度的升高，吸附等温线逐步下移，说明活性炭不适宜在较高温度下处理渗滤液生化尾水中的有机物。根据 TOC 的初始浓度和吸附平衡浓度，可以计算活性炭在实际应用中的投加量，以满足经济成本和处理效果的要求。

　　用吸附平衡浓度与吸附量的比值 $c_e/q_e$ 对平衡浓度 $c_e$ 作图并进行线性回归，如图 2.9（a）所示，吸附平衡参数见表 2.4。从图 2.9（a）中可以看出，在低浓度下有两个点偏离直线，说明实验数据不完全符合 Langmuir 等温式。当吸附平衡浓度大于 10mg/L 时，数据具有较好的线性相关性，呈现单分子层吸附的特点。采用最小二乘法进行计算，柑橘皮活性炭在 25℃、35℃、45℃下的理论极限吸附量分别为 12.27mg/g、12.39mg/g、11.90mg/g，温度对吸附量有一定的影响。

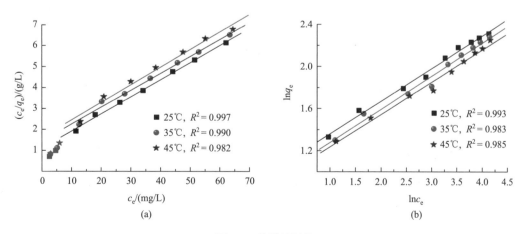

图 2.9　吸附等温线

表 2.4　柑橘皮活性炭对 TOC 的吸附平衡参数

| 温度/℃ | Langmuir 等温式 $[c_e/q_e = 1/(q_{max} \times b) + c_e/q_{max}]$ | | | Freundlich 等温式 $(\ln q_e = \ln a + \ln c_e \times 1/n)$ | | |
| --- | --- | --- | --- | --- | --- | --- |
| | $q_{max}/(mg/g)$ | $b$ | $R^2$ | $a$ | $1/n$ | $R^2$ |
| 25 | 12.27 | 0.0737 | 0.997 | 2.8553 | 0.3101 | 0.993 |
| 35 | 12.39 | 0.0585 | 0.990 | 2.6172 | 0.3147 | 0.983 |
| 45 | 11.90 | 0.0520 | 0.982 | 2.5270 | 0.3071 | 0.985 |

表 2.4 中 Langmuir 等温式的吸附常数 $b$ 越大，等温线在低浓度下越凸向吸附量轴，即等温线起始段的斜率越大。根据 $b$ 值可以按式（2.12）计算吸附热 $Q$：

$$\ln b = \ln b_0 + \frac{Q}{RT} \qquad (2.12)$$

由不同温度下求出的 $b$ 值，根据式（2.12）并利用作图法计算出柑橘皮活性炭处理渗滤液生化尾水时的吸附热为 13.782kJ/mol。需要说明的是，溶液吸附的吸附热只有表观性质，它既包含了溶质分子吸附的热效应，又包含了溶剂脱附和溶液冲淡的热效应。

实验还发现，吸附过程中实验数据以 $\ln q_e$ 与 $\ln c_e$ 进行线性回归，呈较好的线性关系，适宜采用 Freundlich 等温式描述柑橘皮活性炭对渗滤液生化尾水的吸附，如图 2.9（b）所示。由线性方程的斜率和截距可求出 Freundlich 吸附常数 $a$ 和组分因数 $n$，见表 2.4。

拟合结果表明，Freundlich 模型在实验范围内具有比 Langmuir 模型更好的相关性，说明固体表面可能不均匀，活性炭对渗滤液生化尾水的吸附既有物理吸附特征又有化学吸附特征。Freundlich 等温式的 $1/n$ 为 0.3071～0.3147，表明柑橘皮活性炭易吸附渗滤液生化尾水中的有机物。但温度升高时，$a$ 值减小，说明活性炭对有机物的吸附量减少，与实验数据及拟二级动力学方程的计算结果一致。

## 2.2.2　生物活性炭池的启动

生物活性炭技术[15]作为一种融活性炭吸附和生物降解于一体的污水处理技术，常用于对低浓度、难降解的有机废水的处理，主要利用活性炭吸附与微生物代谢的协同作用来完成对有机物的去除，并通过生物作用完成活性炭的再生。如何使微生物在活性炭上附着生长是生物活性炭反应器能否成功启动和高效运行的关键。目前，生物活性炭反应器的挂膜启动大多采用逐渐加大进水流量和污水浓度的方法来实现，挂膜时间（约为 20 天）较长。在这种情况下，活性炭的率先饱和往往会影响反应器的启动过程和生物活性炭协同作用的持续发挥。

渗滤液生化尾水 COD 值较高、可生化性差，其生态环境不适宜微生物的生长。本节采用生物强化技术驯化、培养优势菌群，通过动态挂膜和固定静态膜的方法实现生物活性炭池的快速启动，提高生物活性炭的性能，并初步探讨挂膜阶段菌液的流量、流向、生物量等因素对挂膜速度和挂膜效果的影响。

## 1. 菌种的培养

经过分离纯化，从渗滤液生物处理系统的曝气池污泥中得到 11 株菌株。为了淘汰一些不适用的菌株[有可能是致病菌（生长速度慢）或营养要求高的菌株]，采用微滤膜（0.22μm）将生化尾水中的微生物滤除，排除水样中微生物对实验的影响，将 11 株菌株分别接种于 TOC 初始浓度为 92.8mg/L、$UV_{254}$ 为 1.378cm$^{-1}$ 的 100mL 生化尾水中，30℃、100r/min 的摇床培养 24h，3000r/min 离心 10min，滤掉水中的菌体，取上清液用于测试，将对 TOC、$UV_{254}$ 的去除率均大于 40%的菌株定义为优势菌，实验共筛选出 3 株功能菌，其特性见表 2.5。

表 2.5　功能菌的特征

| 菌种 | 菌落性状 | TOC 去除率/% | $UV_{254}$ 去除率/% |
| --- | --- | --- | --- |
| Y1 | 无色透明，圆形，黏液状，生长旺盛 | 61.3 | 59.0 |
| Y2 | 浅土黄色，圆形，菌落较小，表面光滑 | 52.4 | 53.6 |
| Y3 | 黄色，圆形，表面光滑，边缘整齐 | 49.1 | 48.7 |

对分离纯化后的 3 株菌株提取基因组 DNA，利用聚合酶链式反应（polymerase chain reaction，PCR）扩增其 16SrDNA 序列，然后测序。利用 http://www.ncbi.nlm.nih.gov 提供的 BLAST 程序，将测序结果与 GenBank 序列数据库中的微生物 16SrDNA 序列进行对比分析，获得最相近的菌株的 16SrDNA 序列，并按照最大同源性原则进行排序。排序结果表明，菌株 Y1 与海杆菌属（*Marinobacter*）的 16SrDNA 核苷酸序列同源性达到 99.9%；菌株 Y2 与不动杆菌属（*Acinetobacter*）的 16SrDNA 核苷酸序列同源性达到 99.8%；菌株 Y3 与埃希氏菌属（*Escherichia*）的 16SrDNA 核苷酸序列同源性达到 99.7%。部分序列如图 2.10～图 2.12 所示。

```
CCTCTGCTGTACGTCATTATCTTCGGGTTGACTTAGCTTTACTTCCTCATGGCCGAAATCGCTTT
AGCGCCATGGCTAGACTTCACATGCCCCCATTGGCTGGATTCCCCATGGCTGCCTTGCGTAGG
AGTCTGGCTGCTGTCTCCCGTAAGAGTGGGGATCATCCTCTCAAACCATGTATGTGACCATCCT
CTGGTCCCCATTACCCCACCCACTACGTAATCCCATTAGCCCTAATCCTTTGTAATCAAATCTTT
CCCCCGAAGGGGCGATACGGTATTACCACCCCCTTCTTTCGACTATTCCGTACAAGAGGGAAT
ATTCCCACGCGCTACTCACCCGCCCCCCGCACAGCCCAAATTCCGAGCTCTAATTGAACGGGC
CACCCCTGCCCACAGCGTTCGATCTGAGCCAGGAGCAAACTCTCCTTGTATGTGTTAAACCTG
CCGCCAGCGTTCAATCTGAGCCAGGAGCAAAATCTCTA
```

图 2.10　海杆菌属 16SrDNA 序列

```
CTAACCCGTTCACTTGCGCTTCGTCATGGGTGAAGAGGTTTACAACCCGAAGGCCGTCAT
CCCTCACGCGGCGTCGCTGCATCAGGCTTGCGCCCATTGTGCAATATTCCCCACTGCTGC
CTCCCGTAGGAGTCTGGGCCGTGTCTCAGTCCCAGTGTGGCCGGTCGCCCTCTCAGGCC
GGCTACCCGTCGTCGCCTTGGTAGGCCATTACCCCACCAACAAGCTGATAGGCCGCGGGC
TCATCCTGCACCGAAAAACTTTCCACCCCTCGCCATGCATCAAGAGGTCATATCCGGTATT
AGACCCAGTTTCCCAGGCTTATCCACAGTGCAGGGCAGATCACCCACGTGTTACTCACC
CGTTCGCCACTAATCCACCCAGCAAGCTGGGCTTCATCGTTCGACTTGCATGTGTTAAGC
ACGCCGCCAGCGTTCGTCCTGAGCCAGGATCAAACTCTGA
```

图 2.11　不动杆菌属 16SrDNA 序列

CTAACCCGTTCACTTGCGCTTCGTCATGGGTGAAGAGGTTTACAACCCGAAGGCCGTCAT
CCCTCACGCGGCGTCGGCTGCATCAGGCTTGCGCCCATTGTGCAATATTCCCCACTGCTGC
CTCCCGTAGGAGTCTGGGCCGTGTCTCAGTCCCAGTGTGGCCGGTCGCCCTCTCAGGCC
GGCTACCCGTCGTCGCCTTGGTAGGCCATTACCCCACCAACAAGCTGATAGGCCGCGGGC
TCATCCTGCACCGAAAAACTTTCCACCCCTCGCCATGCATCAAGAGGTCATATCCGGTATT
AGACCCAGTTTCCCAGGCTTATCCCACAGTGCAGGGCAGATCACCCACGTGTTACTCACC
CGTTCGCCACTAATCCACCCAGCAAGCTGGGCTTCATCGTTCGACTTGCATGTGTTAAGC
ACGCCGCCAGCGTTCGTCCTGAGCCAGGATCAAACTCTGA

图 2.12　埃希氏菌属 16SrDNA 序列

**2. 功能菌在生物活性炭池中的固定**

将分离纯化后的 3 株纯菌株作为菌源，用混合培养基扩大培养，并逐渐提高混合培养基中待处理水样的比例，增强菌株的适应性，采用间歇式循环物理吸附法将菌液固定于生物活性炭池中。为了对比功能菌的效果，实验设置了 BAC1、BAC2 两套生物活性炭池。BAC1 不投加功能菌，采用自然挂膜，进水流量为 7mL/min。BAC2 采用间歇式循环物理吸附法接种挂膜，初始进水流量为 2mL/min，1 天后投加含有功能菌的菌液，将菌液以 1mL/min 的流量挂膜 2h，然后再停止 2h，如此循环 2 天，第 3 天将菌液放空，且开始以 3mL/min 的流量进水并逐渐增加进水流量，7 天后进水流量达到 7mL/min。BAC2 投加的功能菌菌液生物量为 100.6nmol/g，循环挂膜结束后放空菌液时生物量为 9.8nmol/g，90.3%的功能菌成功接种。

1）生物量和生物活性的变化

图 2.13 展示了两套生物活性炭池在挂膜期间的生物量和生物活性变化情况。启动运行 1 天后开始向 BAC2 投加功能菌的菌液，第 4 天首次测试活性炭的生物量。由图 2.13 可以看出，采用自然挂膜的 BAC1 的生物量在 16 天的培养过程中逐渐增加，最终为 41.3nmol/g；采用间歇式循环物理吸附法进行功能菌固定的 BAC2 的生物量却呈现出初期高，然后下降，最后稳定增加的趋势。

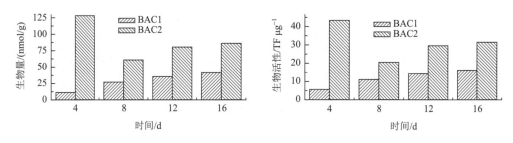

图 2.13　生物活性炭池的生物量和生物活性变化

值得注意的是，两套炭池的生物活性很接近（BAC1 为 TF 0.356μg/nmol，BAC2 为 TF 0.365μg/nmol），即生物活性炭池单位生物量具有相同的生物活性。这一研究结果说明，按照本实验所示的功能菌培养及筛选方法可以获得与自然挂膜下具有自生长优势的生物菌群一样的对难降解有机物具有较高降解活性的生物菌群。从图 2.13 中可以看出，通过投加功能菌群的人工强化挂膜方式可以快速启动生物活性炭反应系统，使生物活性炭反应系统具有较高的生物量。在生物活性炭池中，生物量越高，附着在活性炭上的难降解有机物越容易发生生物降解，进而越容易实现活性炭原位再生，使生物活性炭系统对难降解有机物的去除能力和抗冲击负荷潜能得到加强[16]。

此外，炭池启动过程中生物量和生物活性具有基本一致的变化趋势，说明微生物的活性对微生物在滤料表面的固定有重要影响。微生物在活性较高时分泌多聚糖的能力较强，而多聚糖类生物黏合剂可使微生物较容易地在滤料表面附着和固定。同时微生物活性增加会引起动能增加，而这些能量有助于微生物克服固定化时与载体表面间的壁垒。相反，低活性微生物代谢能力差，分泌的多聚糖等黏性物质较少，从而减小了对滤料的黏附力，在水力剪切力的作用下低活性的微生物易脱落。

2）出水 TOC 的变化

投加功能菌菌液后，生物活性炭池在启动过程中对 TOC 去除效果的变化过程如图 2.14 所示。

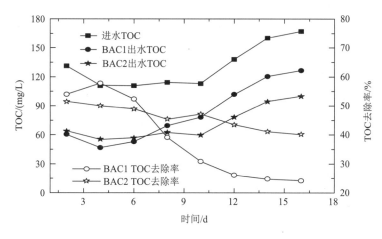

图 2.14　生物活性炭池对 TOC 的去除效果

从图 2.14 中可以看出，在启动运行阶段，两套炭池对 TOC 的去除率都经历了快速下降到趋于稳定的过程。虽然投加功能菌的 BAC2 初期的去除率低于 BAC1，但是它的去除率下降趋势趋缓，稳定运行时去除效果远优于 BAC1。究其原因，生物活性炭池启动初期，自生长微生物尚未形成或投加的功能菌活性尚未恢复，活性炭的简单物理吸附成了有机物 TOC 最主要的去除方式。显然，对于投加功能菌的 BAC2，由于功能菌在活性炭表面附着，占据了活性炭吸附位点，因此降低了活性炭对有机物 TOC 的吸附量，宏观上表现为运行初期 BAC2 的 TOC 去除率较低。然而，随着时间的延长，虽然活性炭吸附容量减小，但自生长微生物逐渐形成或投加的功能菌活性逐渐恢复，活性炭生物降解能力趋强，形成了活性炭吸附与生物降解的协同作用。从图 2.14 中可以看出，稳定运行时两套炭池对 TOC 的去除率差异较大，分别为 25% 和 40%，说明投加功能菌的 BAC2 具有较强的生物降解能力，更容易再生活性炭，获得了优异的难降解有机物去除能力。

3）出水 $UV_{254}$ 的变化

光密度 $UV_{254}$ 主要反映了具有芳香环结构或者双键结构的有机物的吸光度，一般包括腐殖质和富里酸等物质。投加菌液后，生物活性炭池在启动过程中对 UV$_{254}$ 的去除效果如图 2.15 所示。

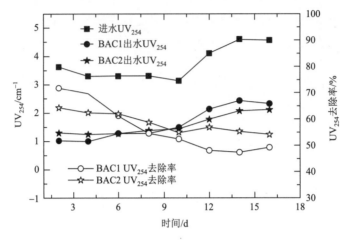

图 2.15　生物活性炭池对 UV$_{254}$ 的去除效果

生物活性炭池刚刚投入使用时，主要发挥活性炭的物理吸附作用，UV$_{254}$ 的去除率较高，随着进水的增加，活性炭吸附量逐渐趋于饱和，活性炭对 UV$_{254}$ 的去除率逐渐降低。BAC 接种微生物后，具有稳定的有机物去除效果，BAC1、BAC2 的 UV$_{254}$ 去除率分别稳定在 49%、54%以上，说明投加功能菌的 BAC2 对难降解有机物具有较强的生物降解能力。

4）出水色度的变化

投加菌液后，生物活性炭池对废水色度的去除效果很明显，如图 2.16 所示。在挂膜初期，活性炭的吸附在废水净化中占主导作用，BAC1、BAC2 对色度的去除率均在 70%以上。随着时间的推移，色度的去除逐渐转变为依赖微生物对致色有机物的降解，去除率逐渐下降。挂膜后期色度去除率基本稳定在 55%以上，而 BAC2 的色度去除率高于 BAC1。

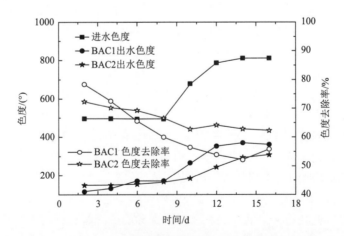

图 2.16　生物活性炭池对色度的去除效果

5）出水分子量分布的变化

采用 HM 系列平片超滤膜，用分子量切割法对水样中的有机物进行分离，不同分子量范围的有机物在生物活性炭池中的去除效果见表 2.6。

表 2.6　生物活性炭池对水中 $UV_{254}$ 的去除效果

| $M$/kDa | 进水 | BAC1 | | BAC2 | |
| --- | --- | --- | --- | --- | --- |
| | $UV_{254}$ | $UV_{254}$ | 去除率/% | $UV_{254}$ | 去除率/% |
| >100 | 0.533 | 0.305 | 42.8 | 0.102 | 80.9 |
| 30～100 | 0.414 | 0.213 | 48.6 | 0.099 | 76.1 |
| 10～30 | 0.401 | 0.187 | 53.4 | 0.159 | 60.0 |
| 5～10 | 0.387 | 0.044 | 88.6 | 0.122 | 68.5 |
| 1～5 | 0.151 | 0.101 | 33.1 | 0.116 | 23.2 |
| <1 | 0.148 | 0.080 | 45.9 | 0.090 | 39.2 |

从表 2.6 中可以看出，未投加功能菌的 BAC1 对分子量（$M$）为 5～10kDa（千道尔顿，1kDa 表示分子的相对分子质量为 1000）的有机物的去除效果很明显；而 BAC2 对 $M>$ 100kDa 的有机物的去除率最高，为 80.9%，其次是 $M$ 为 30～100kDa 的有机物，去除率达到 76.1%，说明本实验筛选出的功能菌群更容易降解大分子有机物。BAC2 出水中，$M$ 为 1～5kDa 和 <1kDa 的有机物的 $UV_{254}$ 比 BAC1 略高，其原因在于 BAC2 中的功能菌群使更多的大分子有机物降解为小分子有机物，增加了出水中小分子量组分的含量。测试结果表明，BAC2 的总 $UV_{254}$ 去除率达到 66.2%，而 BAC1 的总 $UV_{254}$ 去除率为 54.1%。

从图 2.17 中可以看出，就 $UV_{254}$ 分布而言，进水中的有机物其 $M$ 以大于 5kDa 为主，$M \leqslant 5kDa$ 的有机物只占 14.7%。经采用自然挂膜的 BAC1 降解后，BAC1 出水中 $M$ 为 5～10kDa 的有机物明显减少，含量从 19.0% 降至 4.7%，说明 BAC1 对 $M<10kDa$ 的有机物具有更显著的降解效果。BAC2 出水中，$M<10kDa$ 的有机物含量明显增加，尤其是 $M<$ 5kDa 的有机物含量从 14.7% 提高到 30.0%；而大分子有机物含量明显降低，$M>100kDa$ 的有机物含量从 26.2% 降至 14.8%，$M$ 为 30～100kDa 的有机物含量也从 20.4% 降至 14.4%。两种生物活性炭池出水的分子量分布差异表明，功能菌更容易将大分子有机物降解为小分子有机物，改善了生物活性炭池的降解性能。

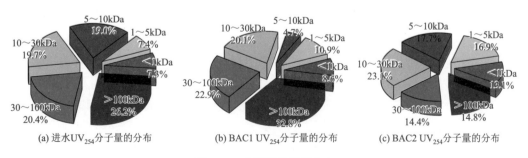

(a) 进水 $UV_{254}$ 分子量的分布　　(b) BAC1 $UV_{254}$ 分子量的分布　　(c) BAC2 $UV_{254}$ 分子量的分布

图 2.17　水样的分子量分布

**3. 生物活性炭池的固定**

采用功能菌的菌液挂膜，需要 15 天左右才能成功挂膜，挂膜时间较长。为此，用驯化污泥挂膜，以实现生物活性炭池的快速启动。

驯化过程中添加的营养物质的浊度可视为零，菌液的浊度完全由污泥决定。如果循环流出的菌液的浊度持续降低，则表明驯化污泥已经固定于 BAC 上；如果循环流出的菌液的浊度接近自来水浊度，则表明完成动态挂膜。用渗滤液生化尾水和生活污水的混合液培养的驯化污泥菌液动态挂膜阶段循环液剩余浊度的逐时变化过程如图 2.18 所示。对于驯化污泥固定化效果，只讨论 BAC1、BAC2、BAC3，而不讨论采用自然挂膜的 BAC4。

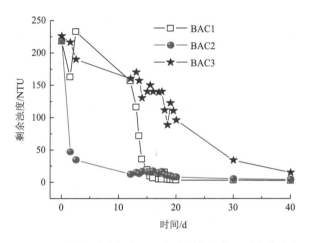

图 2.18　动态挂膜过程中污泥菌液剩余浊度逐时变化曲线

1）污泥菌液循环流向的影响

从图 2.18 中可以看出，采用下向流循环方式的生物活性炭池 BAC2 循环液剩余浊度降低得很快，12h 后浊度去除率已达到 94.6%。然而在该时段采用上向流的炭池 BAC1、BAC3 循环液浊度的去除率却分别只有 30.2% 和 28.9%，说明挂膜方向对挂膜速率具有重要的影响，且下向流循环挂膜方式有利于快速挂膜。这可能是由于在下向流循环挂膜方式下水流带动菌体接触炭粒，而上升的气流使炭层松动，从而促进了菌液向炭池纵深方向分布。

2）污泥菌液循环流量的影响

从图 2.18 中可以看出，12h 后将 BAC1、BAC3 的上向流循环挂膜方式改为下向流循环挂膜方式后，炭池 BAC3 的效果依然不够理想。这是因为炭池 BAC3 的挂膜流量小且污泥菌液多，导致污泥菌液循环次数（17h 时 BAC1、BAC2 为 21.7 次，BAC3 为 4.3 次）减少。17h 后将 BAC3 的挂膜流量从 160mL/min 增至 540mL/min，污泥菌液较快地在炭池中循环，再运行 3h 就使剩余浊度去除率从 38.2% 增加到 61.8%，去除效果较为明显。

挂膜结束时，3 套生物活性炭池的污泥残留量分别为 9.28g、9.23g、17.50g，炭池 BAC3 优势明显。值得注意的是，虽然炭池 BAC3 污泥残留量较多，但它的循环菌液剩余浊度始终较高，说明污泥菌液在循环过程中虽然被阻留，但并未实现真正的挂膜附着，污泥菌液容易再次析出。实际上，在实验过程中 BAC3 多次出现堵塞问题，采用下向流并加大挂膜流量也未能完全解决该问题。

3）活性炭性质的影响

从图 2.18 中可以看出，装填自制柑橘皮活性炭的炭池 BAC1 仅运行 19h，污泥菌液的剩余浊度就低于 4NTU（散射浊度），在后续循环运行过程中剩余浊度也始终低于该值，而装填新华活性炭（ZJ-15 型）的炭池 BAC2，在运行 40h 时污泥菌液的剩余浊度才低于 4NTU，表明驯化接种污泥在自制柑橘皮活性炭池中附着稳定、挂膜效果好，这和自制柑橘皮活性炭的理化性质紧密相关。与实验用商品活性炭相比较，自制柑橘皮活性炭不仅具有较大的比表面积，而且中孔、微孔发达。红外光谱进一步表明，自制柑橘皮活性炭附着了丰富的亲水性官能团，具有亲生物特性。这些性质表明，自制柑橘皮活性炭吸附容量大且有利于微生物附着，能促进生物活性炭反应器物理吸附和生物降解的协同进行。

据此可以认为，商品活性炭池采用驯化污泥可以在 2 天内完成循环动态挂膜，自制柑橘皮活性炭池的挂膜仅用 1 天即可完成，相比传统的循环进水自生长膜方式（通常需要 20 天以上），挂膜时间大大缩短。

**4. 生物活性炭池的初期运行**

驯化污泥循环动态挂膜可以在 1～2 天内实现生物活性炭池的快速启动，且在运行初期就表现出对渗滤液生化尾水具有良好的降解能力。

1）运行初期对 COD 的去除效果

启动运行过程中生物活性炭池对 COD 的去除效果如图 2.19 所示。

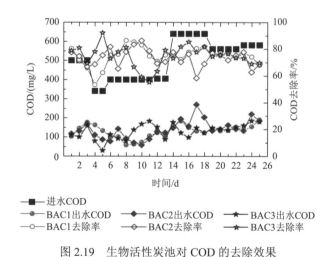

图 2.19　生物活性炭池对 COD 的去除效果

从图 2.19 中可以看出，在经历 3 天的动态适应后，第 4～13 天三套生物活性炭池的出水 COD 都处于相对较低的状态，基本在 100mg/L 左右波动；第 14～18 天，伴随着进水 COD 浓度增加，出水 COD 浓度也逐渐增加，其中 BAC2 表现得更明显，即受进水 COD

浓度变化的影响更大。在后续阶段，尽管进水 COD 始终处于较高的状态，但三套生物活性炭池的出水 COD 浓度都较稳定，平均浓度分别为 140mg/L、160mg/L、154mg/L，平均去除率大于 70%，远远优于 SBR（sequencing batch reactor，序批式活性污泥法）法的处理效果，甚至远远优于投加生活污水后的处理效果。

2）运行初期对 NH$_3$-N 的去除效果

启动运行过程中生物活性炭池对 NH$_3$-N 的去除效果如图 2.20 所示。

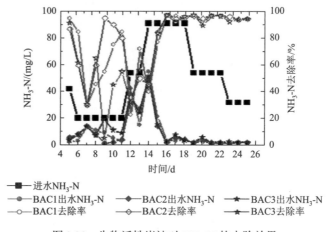

图 2.20　生物活性炭池对 NH$_3$-N 的去除效果

从图 2.20 中可以看出，启动初期，NH$_3$-N 去除效果呈现出毫无规律的态势。16 天后，出水 NH$_3$-N 浓度迅速下降，且稳定在 2mg/L 左右。这种变化规律和有机物去除情况差异较大，可能和生物活性炭池的物化吸附和生化降解协同过程有关。启动初期生物活性尚未恢复，活性炭尚有较多吸附容量，吸附是污染物的主要去除方式。氨是一个吸附能力很弱的物质形态，因此在硝化细菌活性尚未恢复的初期启动阶段，NH$_3$-N 呈现出相对较差且毫无规律的转化效果。启动后期，出水 NH$_3$-N 浓度低不仅表明生物活性炭池具有很好的硝化能力，同时也表明生物活性炭的生物活性得到了恢复。

结合图 2.20，可以认为初期 COD 为 100mg/L 左右、后期在 150mg/L 左右波动分别代表了活性炭物化吸附和生物活性炭的物化吸附与生化降解协同作用的平衡，后者促进了难降解有机物的持续降解。

5. 驯化污泥固定化的优势

国内外的 BAC 工艺大多将 COD 和 NH$_3$-N 能否获得较高的去除率作为生物膜是否成熟的标准。驯化污泥在培养过程中以渗滤液生化尾水和生活污水的混合液为培养基，而生活污水中含有大量可生化降解的有机污染物。向渗滤液生化尾水添加生活污水，可提高混合培养基的可生化性，使渗滤液生化尾水中残留的难降解有机物通过共代谢途径得到强化降解，并促进微生物的生长成熟，由此生物活性炭池的快速挂膜和快速启动得以实现。在本书的研究中，三套生物活性炭池都取得了良好的 COD 和 NH$_3$-N 去除效果，并对冲击负荷有良好的适应能力，通过投加驯化污泥启动生物活性炭池是成功的。

采用驯化污泥启动生物活性炭池，更加省时和方便。同时，所投加的污泥在待处理废水中进行了充分的驯化，能够有效地去除目标污染物，确保了生物活性炭池中微生物的去除能力。活性炭不仅为微生物提供了栖息的场所，避免了外界有毒物质的影响和水力条件的干扰，还通过富集有机物为微生物的生长提供了充足的营养。接种驯化污泥后活性炭的生物降解能力增强，活性炭吸附的有机物被微生物降解，且能实现微生物再生，保证工艺的稳定运行。

### 2.2.3　生物活性炭池性能的影响因素

#### 1. 活性炭性质对去除有机污染物的影响

BAC1、BAC2 对渗滤液生化尾水中 COD、$UV_{254}$ 和色度的去除效果分别如图 2.21～图 2.23 所示。根据图 2.21～图 2.23 计算出不同运行时段内 COD、$UV_{254}$ 和色度的平均去除率，见表 2.7。

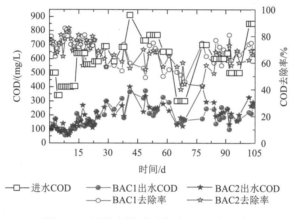

图 2.21　活性炭性质对去除 COD 的影响

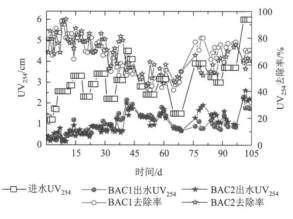

图 2.22　活性炭性质对去除 $UV_{254}$ 的影响

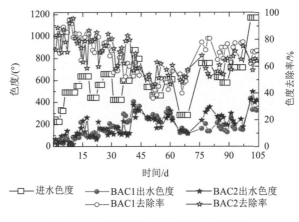

图 2.23　活性炭性质对去除色度的影响

**表 2.7　生物活性炭池对 COD、$UV_{254}$ 和色度的平均去除率（%）**

| | | 运行时间/d | | | | | | |
| --- | --- | --- | --- | --- | --- | --- | --- | --- |
| | | 1~15 | 16~30 | 31~45 | 46~60 | 61~75 | 76~90 | 91~105 |
| BAC1 | COD | 75.1 | 71.9 | 61.5 | 59.7 | 49.8 | 68.1 | 69.6 |
| | $UV_{254}$ | 80.9 | 75.1 | 60.7 | 49.7 | 48.3 | 72.7 | 70.8 |
| | 色度 | 82.7 | 76.5 | 57.3 | 45.7 | 50.7 | 73.8 | 71.7 |
| BAC2 | COD | 75.4 | 69.5 | 63.8 | 64.8 | 48.7 | 59.3 | 65.0 |
| | $UV_{254}$ | 80.6 | 77.2 | 66.6 | 52.0 | 51.8 | 58.1 | 65.4 |
| | 色度 | 80.3 | 76.2 | 68.0 | 52.8 | 53.3 | 58.9 | 65.2 |

　　BAC1 和 BAC2 在启动期间投加的菌液量和菌液浓度相同，炭池运行初期有机污染物去除效果的差异主要源自活性炭的性质不同。由图 2.21~图 2.23 和表 2.7 可以看出，BAC1 和 BAC2 在最初的 15 天内，其 COD 去除率均达到 70% 以上，进水 COD 浓度在 400mg/L 及以下时，出水能够满足《生活垃圾填埋场污染控制标准》（GB 16889—2008）[①] 的水污染物排放浓度限值（100mg/L）要求，但不能满足水污染物特别排放限值（60mg/L）要求，$UV_{254}$ 和色度的去除率达到 80% 以上。

　　生物活性炭池运行 30 天后，各指标的去除率都有一定程度的下降。实际上，生物活性炭池在经历了初期的高去除率后，部分初期生长的生物膜开始老化并随水流流出，从而影响出水水质，表现出去除效果缓慢下降到趋于稳定的趋势。60 天后，BAC1、BAC2 的进水由下向流改为上向流。改变进水流向后的初期，向上的水流和气流将炭池上部截留的悬浮物冲刷下来，使出水水质变差，因而 61~75 天 COD 的平均去除率比之前低。上部截留的悬浮物被冲刷干净后，生物活性炭池的有机物去除率回升，而 BAC1 的有机物去除能力恢复得更明显。第 76~90 天 BAC1 对 COD、$UV_{254}$ 和色度的平均去除率分别增加 18.3%、24.4% 和 23.1%，BAC2 对 COD、$UV_{254}$ 和色度的平均去除率分别增加 10.6%、6.3% 和 5.6%。

　　BAC1 的有机物去除能力恢复程度明显优于 BAC2，说明自制柑橘皮活性炭具有更好

---

① 由于本书相关实验数据等的完成时间较早，故采用 2008 年相关标准，该标准现已更新至 2024 版，但非本书依据版本。

的再生能力，其原因在于自制柑橘皮活性炭具有较大的粒径和比表面积，比较丰富的羟基、羧基、甲氧基及内酯基等亲水性官能团，以及良好的亲生物特性，能够附着更多的微生物，微生物也容易进入孔隙降解有机物。而商品活性炭的粒径和孔隙都比较小，再生能力有限。从生物活性炭工艺的运行稳定性和去除效果角度考虑，自制柑橘皮活性炭作为填料优于商品活性炭。

### 2. 活性炭性质对去除 $NH_3$-N 的影响

BAC1、BAC2 对渗滤液生化尾水中 $NH_3$-N 的去除效果如图 2.24 所示。

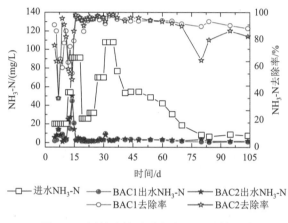

图 2.24　活性炭性质对去除 $NH_3$-N 的影响

在生物活性炭池运行的前 10 天，渗滤液生化尾水即生物活性炭池进水的 $NH_3$-N 浓度为 20mg/L，BAC1、BAC2 的出水 $NH_3$-N 浓度降至 10mg/L 以内，去除率达到 60%～90%。在运行 10 天后人为增加进水 $NH_3$-N 浓度，$NH_3$-N 去除率呈现迅速下降后再稳步提高的趋势。人为增加进水 $NH_3$-N 浓度 5 天后，尽管进水 $NH_3$-N 浓度达到 91mg/L，去除率仍恢复到 90% 以上。进水 $NH_3$-N 浓度达到 110mg/L 时，出水 $NH_3$-N 浓度保持在 10mg/L 以下，能够满足《生活垃圾填埋场污染控制标准》（GB 16889—2008）的水污染物特别排放限值要求。这说明生物活性炭池对 $NH_3$-N 具有良好的去除能力，同时也证明了渗滤液生化处理系统的污泥作为菌种源的有效性。

接种在生物活性炭上的驯化污泥来自渗滤液生化处理系统的曝气池，渗滤液原液的 $NH_3$-N 浓度远高于其生化尾水，污泥在驯化阶段虽然没有经历高 $NH_3$-N 浓度的污水驯化，但仍具有能处理高 $NH_3$-N 浓度进水的能力，因而人为增加 $NH_3$-N 浓度至 100mg/L 以上时，生物活性炭池对 $NH_3$-N 的处理效果仍非常理想。生物活性炭池运行 70 天后，停止向生物活性炭池进水中添加 $NH_3$-N，去除率反而有所下降，其原因在于低 $NH_3$-N 浓度的进水导致生物活性炭池内丰富的硝化细菌因缺少氮源而逐渐失效，同时高 COD 浓度的进水使得炭池里的异养菌成为优势菌。

实验表明，采用自制柑橘皮活性炭的 BAC1 与采用商品活性炭的 BAC2 在运行初期都具有良好的 $NH_3$-N 去除能力，二者对 $NH_3$-N 的去除效果没有明显差异，$NH_3$-N 的去除效果与活性炭性质没有直接关系，活性炭上附着的微生物是能否去除氨氮的关键，驯化污泥在生物活性炭上的固定化对于 $NH_3$-N 的高效去除具有重要作用。但采用自制柑橘皮活性炭的 BAC1 在运行后期有更好的稳定性，以及更好的耐冲击能力。

### 3. 驯化污泥

驯化污泥固定于生物活性炭池中，生物活性炭为微生物提供了栖息的场所并富集了营养物质，而微生物可通过降解活性炭吸附的有机物恢复其吸附能力。BAC2、BAC3 和 BAC4 均以商品活性炭为填料，进水为未臭氧化的渗滤液生化尾水，BAC2、BAC3 投加菌液后利用单位体积污泥浓度分别为 2g/L、4g/L 的驯化污泥来启动，而 BAC4 采用自然挂膜。

1）驯化污泥对去除有机物的影响

BAC2、BAC3 和 BAC4 对渗滤液生化尾水中 COD、$UV_{254}$ 和色度的去除效果如图 2.25～图 2.27 所示，其中 BAC4 是在 BAC2、BAC3 正式运行 7 天后才开始运行。根据图 2.25～图 2.27 计算出不同运行时段内 COD、$UV_{254}$ 和色度的平均去除率，见表 2.8。

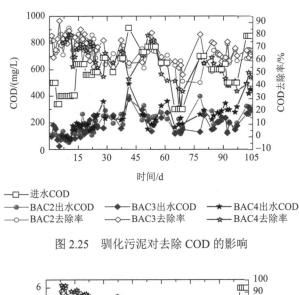

——□——进水COD
——●——BAC2出水COD　　——◆——BAC3出水COD　　——★——BAC4出水COD
——○——BAC2去除率　　——◇——BAC3去除率　　——☆——BAC4去除率

图 2.25　驯化污泥对去除 COD 的影响

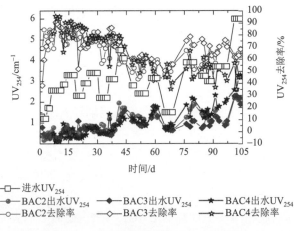

——□——进水$UV_{254}$
——●——BAC2出水$UV_{254}$　　——◆——BAC3出水$UV_{254}$　　——★——BAC4出水$UV_{254}$
——○——BAC2去除率　　——◇——BAC3去除率　　——☆——BAC4去除率

图 2.26　驯化污泥对去除 $UV_{254}$ 的影响

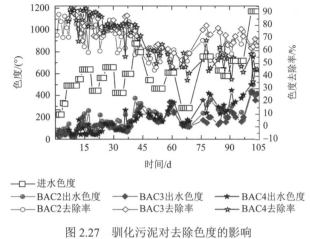

图 2.27　驯化污泥对去除色度的影响

表 2.8　生物活性炭池对 COD、$UV_{254}$ 和色度的平均去除率（%）

| | | 运行时间/d | | | | | | |
|---|---|---|---|---|---|---|---|---|
| | | 1~15 | 16~30 | 31~45 | 46~60 | 61~75 | 76~90 | 91~105 |
| BAC2 | COD | 75.4 | 69.5 | 63.8 | 64.8 | 48.7 | 59.3 | 65.0 |
| | $UV_{254}$ | 80.6 | 77.2 | 66.6 | 52.0 | 51.8 | 58.1 | 65.4 |
| | 色度 | 80.3 | 76.2 | 68.0 | 52.8 | 53.3 | 58.9 | 65.2 |
| BAC3 | COD | 77.5 | 70.8 | 62.5 | 69.7 | 55.6 | 69.0 | 66.0 |
| | $UV_{254}$ | 80.0 | 77.1 | 73.8 | 57.8 | 53.3 | 69.9 | 66.7 |
| | 色度 | 80.7 | 78.5 | 75.0 | 58.9 | 54.8 | 70.5 | 67.6 |
| BAC4 | COD | 72.0 | 60.8 | 64.7 | 60.0 | 43.2 | 50.3 | 44.0 |
| | $UV_{254}$ | 86.3 | 82.7 | 74.6 | 54.6 | 44.3 | 53.1 | 46.0 |
| | 色度 | 86.1 | 84.0 | 76.0 | 55.9 | 46.0 | 53.9 | 46.1 |

　　在初期的 15 天运行中，各生物活性炭池对 COD 的平均去除率能达到 70%以上，进水 COD 浓度在 400mg/L 及以下时，出水能够满足《生活垃圾填埋场污染控制标准》（GB 16889—2008）的水污染物排放浓度限值要求，但不能满足水污染物特别排放限值要求。$UV_{254}$ 和色度的平均去除率超过了 80%，且 BAC4 对 $UV_{254}$、色度的平均去除率高于 BAC2 和 BAC3，说明运行初期生物活性炭池对有机污染物的去除主要依靠活性炭的简单物理吸附。投加菌液的 BAC2、BAC3 由于微生物在活性炭表面附着，占据了活性炭吸附位点，降低了活性炭对有机物的吸附容量，因此宏观上表现为在运行初期对 $UV_{254}$、色度的去除率较 BAC4 低。

　　随着运行时间的延长，活性炭吸附容量减小，运行 61~75 天时生物活性炭池的有机物去除效果下降，此时微生物的降解能力没有完全形成，商品活性炭上较小的孔隙结构影响了微生物再生作用的发挥。当自生长微生物逐渐形成或投加的菌种活性逐渐恢复时，生物降解能力趋强，形成了活性炭吸附与生物降解的协同作用。尽管进水 COD 浓度、$UV_{254}$ 和色度增大，生物活性炭池的负荷增加，但 BAC2、BAC3 仍保持了较高的有机物平均去除率，投加的菌液发挥了比较明显的降解作用。

采用自然挂膜的 BAC4 随着运行时间的延长和水力负荷的增大,其有机物去除性能明显下降。另外,实验还发现,单位体积污泥浓度分别为 2g/L 和 4g/L 的 BAC2、BAC3 在运行的前 75 天其有机物去除性能没有差异,说明虽然 BAC3 投加了更多的菌液,活性炭表面附着了更多的微生物,但有更多的活性炭吸附位点被填塞,反而影响了活性炭的性能,高生物量的优势并没有得到发挥。

在实验的后期(76~90 天),微生物的生物降解作用得以充分发挥,BAC2 的 COD、$UV_{254}$ 和色度平均去除率保持在 60% 左右,投加了更多菌液的 BAC3 平均去除率达到 70% 左右。而采用自然挂膜的 BAC4 的 COD、$UV_{254}$ 和色度平均去除率基本维持在 45%~50%,比投加驯化污泥的 BAC2、BAC3 低 10%~20%,运行 90 天后开始失效。实验表明,BAC4 的自生长微生物对有机污染物的去除效果不及驯化污泥,同时自生长微生物的再生能力有限,导致 BAC4 的去除率明显下降且性能不能有效恢复;驯化污泥接种于生物活性炭,可以明显改善生物活性炭的有机物降解性能,对活性炭恢复再生能力的促进作用随着时间的推移变得愈发明显,有利于生物活性炭池长时间稳定运行。

2)驯化污泥对去除 NH3-N 的影响

BAC2、BAC3 和 BAC4 对渗滤液生化尾水中 $NH_3-N$ 的去除效果如图 2.28 所示。由图 2.28 可以看出,BAC2 和 BAC3 均取得良好的 $NH_3-N$ 去除效果,且 $NH_3-N$ 去除率相当,说明驯化污泥本身以异养菌为主。BAC2 中的 2g/L 驯化污泥已经足以完成渗滤液生化尾水的 $NH_3-N$ 去除,因而投加了 4g/L 驯化污泥的 BAC3 对 $NH_3-N$ 的去除效果并不比 BAC2 突出。

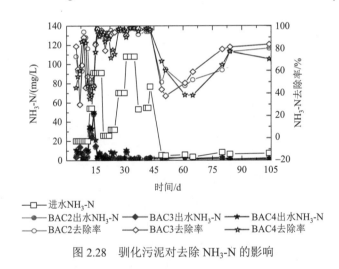

图 2.28　驯化污泥对去除 $NH_3-N$ 的影响

在 BAC4 运行初期,自生长微生物还在逐渐形成,$NH_3-N$ 的平均去除率低于 BAC2 和 BAC3。当进水负荷增加时,BAC4 的去除率明显下降,耐水力负荷冲击能力不及 BAC2 和 BAC3。随着自生长微生物的生长成熟,BAC4 的 $NH_3-N$ 去除效果稳步提升,运行 30 天后,BAC4 的 $NH_3-N$ 去除率接近 BAC2、BAC3,说明 BAC4 的自生长生物膜已经成熟。

如图 2.28 所示,生物活性炭成熟后,人为增加 $NH_3-N$ 浓度至 100mg/L 以上,各生物活性炭池都可以有效地完成对 $NH_3-N$ 的降解,出水都能满足《生活垃圾填埋场污染控制标准》(GB 16889—2008)的水污染物特别排放限值要求。需要说明的是,采用自然挂膜的 BAC4 表现出性能稳定性不足的问题，$NH_3-N$ 去除率波动较大，说明自生长微生物的水质适应能力比驯化污泥差。

3）进水流向对生物活性炭池性能的影响

生物活性炭池的运行方式，有上向流和下向流两种。下向流需将进水提升至顶端，然后水流会在重力作用下自动流至炭池底部。下向流有利于气水对流，能增强传质效果。上向流属于气水同向流，传质效果不如下向流，出水端的溶解氧浓度比较低。

由菌液的挂膜实验结果可知，下向流可以起到加速微生物固定的作用，炭池运行过程中进水受到重力影响，炭池滤速较大，老化的生物膜或水中的悬浮物（SS）会集聚在炭池底部，导致出水水质变差；上向流可以通过控制进水流量来控制滤速，若操作失误（如进水流量过大），上向流可能会将活性炭从炭池顶部冲出，导致炭池运行失败。

实验中各生物活性炭池在运行的前两个月均采用下向流，两个月后均改为上向流，各生物活性炭池在运行期间对 COD、$UV_{254}$、色度和 $NH_3-N$ 的平均去除率见表 2.9。根据表 2.9，各生物活性炭池在运行的前 15 天，其 COD、$UV_{254}$ 和色度平均去除率都能保持在 70%～80%，此时活性炭有较强的吸附能力；因为有丰富的营养供给，微生物活性较高，老化脱落的生物膜较少，出水中 SS 也较少。

表 2.9　生物活性炭池对 COD、$UV_{254}$、色度和 $NH_3-N$ 的平均去除率（%）

| | | 运行时间/d | | | | | | |
| --- | --- | --- | --- | --- | --- | --- | --- | --- |
| | | 1～15 | 16～30 | 31～45 | 46～60 | 61～75 | 76～90 | 91～105 |
| COD | BAC1 | 75.1 | 71.9 | 61.5 | 59.7 | 49.8 | 68.1 | 69.6 |
| | BAC2 | 75.4 | 69.5 | 63.8 | 64.8 | 48.7 | 59.3 | 65.0 |
| | BAC3 | 75.5 | 70.8 | 62.5 | 69.7 | 55.6 | 69.0 | 66.0 |
| | BAC4 | 72.0 | 60.8 | 64.7 | 60.0 | 43.2 | 50.3 | 44.0 |
| $UV_{254}$ | BAC1 | 80.9 | 75.1 | 60.7 | 49.7 | 48.3 | 72.7 | 70.8 |
| | BAC2 | 80.6 | 77.2 | 66.6 | 52.0 | 51.8 | 58.1 | 65.4 |
| | BAC3 | 80.0 | 77.1 | 73.8 | 57.8 | 53.3 | 69.9 | 66.7 |
| | BAC4 | 86.3 | 82.7 | 74.6 | 54.6 | 44.3 | 53.1 | 46.0 |
| 色度 | BAC1 | 82.7 | 76.5 | 57.3 | 45.7 | 50.7 | 73.8 | 71.7 |
| | BAC2 | 80.3 | 76.2 | 68.0 | 52.8 | 53.3 | 58.9 | 65.2 |
| | BAC3 | 80.7 | 78.5 | 75.0 | 58.9 | 54.8 | 70.5 | 67.6 |
| | BAC4 | 86.1 | 84.0 | 76.0 | 55.9 | 46.0 | 53.9 | 46.1 |
| $NH_3-N$ | BAC1 | 61.5 | 94.3 | 94.2 | 93.3 | 93.2 | 91.7 | 87.0 |
| | BAC2 | 68.5 | 64.9 | 95.4 | 52.9 | 50.1 | 69.1 | 80.3 |
| | BAC3 | 58.5 | 93.4 | 96.7 | 53.4 | 54.1 | 80.0 | 83.6 |
| | BAC4 | 60.0 | 88.9 | 96.3 | 55.8 | 39.8 | 71.3 | 70.2 |

运行 30 天后，生物活性炭池的曝气气流受到炭池内物料和水流的阻滞，生物活性炭池出现气塞现象，进一步阻滞实验用水向下流动。此外，实验还发现，炭池的部分断面出现较严重的气体聚集现象，使过水断面面积减小，水流经过这些断面时流速加快，因而实验用水在生物活性炭池里的停留时间大为缩短。生物活性炭池从上到下的有机物数

量逐渐减少，炭池下部的微生物能够获得的营养物质较少，微生物活性降低，过高的水流流速易使生物膜脱落，出水的有机物浓度明显增加，有机物去除效果下降。

生物活性炭池运行 45 天后，炭池内气塞现象更明显，底部出现了比较明显的 SS 堆积现象，出水水质继续恶化，除采用臭氧化水作为进水的 BAC4，其余生物活性炭池的底部都出现明显的 SS 堆积现象，有机物平均去除率比前 30 天下降了 15%～30%。

运行 60 天后，生物活性炭池的实验进水均改为上向流。进水采用上向流可以有效控制滤速，使水气同向，避免出现气塞现象，微生物能够比较牢固地固定于活性炭上，从而改善生物活性炭池的降解性能，生物活性炭池的有机物平均去除率逐步恢复到 60%以上，而 BAC1 运行 75 天后的有机物平均去除率稳定在 70%以上。

从表 2.9 中还可以看出，BAC1 改变进水流向对 NH$_3$-N 的去除率并没有产生明显影响，进水 NH$_3$-N 浓度提高到 100mg/L 以上时，平均去除率基本维持在 90%左右，出水满足《生活垃圾填埋场污染控制标准》（GB 16889—2008）的水污染物特别排放限值要求。生物活性炭池运行 45 天后，BAC2、BAC3 和 BAC4 对 NH$_3$-N 的去除效果明显降低，这一方面与突然降低了进水 NH$_3$-N 浓度，从而导致硝化细菌因缺乏营养物质而活性下降有关，另一方面与活性炭被填塞有关。改变流向后，BAC2、BAC3 和 BAC4 对 NH$_3$-N 的去除效果并没有立即恢复，因为生物活性炭生物降解性能的恢复需要一个过程，到运行后期，BAC2 和 BAC3 的 NH$_3$-N 平均去除率基本恢复到 80%～90%，但采用自然挂膜的 BAC4 只有 70%左右的平均去除率。

根据改变流向对生物活性炭池性能的影响，可知采用上向流有利于促进生物活性炭池的稳定运行，使炭池保持较好的生物降解性能。

增大水力负荷即增加进水流量时，生物活性炭池在单位时间内需要处理的有机物增加。生物活性炭池运行 75 天后，通过改变进水 COD 浓度和进水流量，研究水力负荷对生物活性炭池降解性能的影响，见表 2.10。

表 2.10　生物活性炭池水力负荷对去除 COD 的影响

| | | COD 浓度/(mg/L) | | | | | | | | |
| | | 700 | | | 600 | | | 500 | | |
| | | 76d | 78d | 79d | 84d | 85d | 86d | 91d | 92d | 96d |
|---|---|---|---|---|---|---|---|---|---|---|
| BAC1 | 流量/(mL/min) | 10 | 20 | 10 | 20 | 10 | 10 | 15 | 10 | 10 |
| | 水力负荷/[m³/(m²·d)] | 4.62 | 9.24 | 4.62 | 9.24 | 4.62 | 4.62 | 6.93 | 4.62 | 4.62 |
| | COD 去除率/% | 76.7 | 75.3 | 79.7 | 60.0 | 77.0 | 74.2 | 61.5 | 80.8 | 68.2 |
| BAC2 | 流量/(mL/min) | 10 | 20 | 20 | 20 | 10 | 15 | 15 | 10 | 10 |
| | 水力负荷/[m³/(m²·d)] | 4.62 | 9.24 | 9.24 | 9.24 | 4.62 | 6.93 | 6.93 | 4.62 | 4.62 |
| | COD 去除率/% | 67.2 | 42.9 | 42.3 | 51.7 | 68.3 | 66.7 | 62.8 | 73.4 | 68.6 |
| BAC3 | 流量/(mL/min) | 10 | 10 | 10 | 6 | 6 | 20 | 15 | 10 | 10 |
| | 水力负荷/[m³/(m²·d)] | 4.62 | 4.62 | 4.62 | 2.77 | 2.77 | 9.24 | 6.93 | 4.62 | 4.62 |
| | COD 去除率/% | 75.4 | 80.9 | 73.1 | 74.7 | 73.8 | 31.8 | 62.7 | 75.0 | 70.0 |
| BAC4 | 流量/(mL/min) | 10 | 10 | 20 | 10 | 6 | 10 | 15 | 10 | 10 |
| | 水力负荷/[m³/(m²·d)] | 4.62 | 4.62 | 9.24 | 4.62 | 2.77 | 4.62 | 6.93 | 4.62 | 4.62 |
| | COD 去除率/% | 52.1 | 62.3 | 44.1 | 57.8 | 62.5 | 54.5 | 45.9 | 40.6 | 44.0 |

由表 2.10 可知，在运行的第 76～96 天，BAC1 进水流量为 10mL/min、水力负荷为 4.62m³/(m²·d)时，COD 的去除率可以保持为 70%～80%，进水 COD 浓度为 700mg/L 及以下时，出水能够满足《生活垃圾填埋场污染控制标准》（GB 16889—2008）的水污染物排放浓度限值要求，但不能满足水污染物特别排放限值要求。当进水流量提高至 15mL/min、20mL/min，水力负荷达到 6.93m³/(m²·d)、9.24m³/(m²·d)时，COD 去除率相对降低 10%～20%。

水力负荷由 4.62m³/(m²·d)提高到 9.24m³/(m²·d)时，BAC2、BAC3 对 COD 的去除率下降 20%～35%，部分去除率下降 50%左右。进水流量为 6mL/min、水力负荷为 2.77m³/(m²·d)时，BAC3 的 COD 去除性能恢复得不明显，说明商品活性炭的吸附容量下降得比较严重。对于 BAC2 和 BAC3 来说，水力负荷增加时，单位时间内有更多的有机物通过炭层，但并不能得到有效降解，要实现有效降解，水力负荷需要维持在 4.62m³/(m²·d)以下。商品活性炭和自制柑橘皮活性炭的主要差别在于自制柑橘皮活性炭的孔隙容积大于商品活性炭，并且容易被微生物再生，能保持良好的吸附性能；而商品活性炭吸附容量相对较小，流量加大时水中的有机物停留时间变短，来不及被活性炭有效吸附，便被微生物降解，尽管 BAC3 附着了更多的微生物，但并没有发挥有效的降解作用。

采用自然挂膜的 BAC4 的进水流量为 10mL/min、水力负荷为 4.62m³/(m²·d)时，COD 的去除率能够保持为 40%～60%；进水流量降低至 6mL/min、水力负荷降低至 2.77m³/(m²·d)时，COD 的去除率只提高到 62.5%，说明采用自然挂膜的 BAC4 只能承受较小的水力负荷。进水流量提高到 20mL/min、水力负荷增加至 9.24m³/(m²·d)时，BAC4 的 COD 去除率下降至 40%左右，与 BAC2、BAC3 的 COD 去除率接近，说明无论是人造 BAC，还是自然 BAC，水力负荷超过一定程度时，过高的流速会导致有机物来不及被有效吸附和降解，去除率会明显下降。然而，在进水流量为 10mL/min、水力负荷为 4.62m³/(m²·d)时，BAC2、BAC3 的 COD 去除率比 BAC4 高，说明人造 BAC 的性能优于自然 BAC。

## 2.3　臭氧-生物活性炭池对渗滤液生化尾水的后续处理

由生物活性炭对渗滤液生化尾水的后处理性能可知，渗滤液生化尾水直接采用生物活性炭进行后处理时，出水仍难以满足《生活垃圾填埋场污染控制标准》（GB 16889—2008）的水污染物排放浓度限值要求，更不能满足水污染物特别排放限值要求，因此对渗滤液生化尾水进行预处理以降低生物活性炭池的负荷、提高炭池对污染物的去除能力显得尤为重要。基于臭氧-生物活性炭（O₃-BAC）工艺[17]可以提升污染物去除效果，本节将进一步研究 O₃ 对渗滤液生化尾水的氧化特性，构建渗滤液生化尾水的 O₃-BAC 处理技术。

### 2.3.1　臭氧对水中污染物的作用机理

#### 1. 臭氧的反应特性

臭氧是氧的同素异形体，分子式为 $O_3$，常呈气态，淡蓝色，有特殊气味，在水中的溶解度比纯氧高 10 倍，比空气高 25 倍。臭氧的化学性质极不稳定，在空气和水中都会分解产生氧气并释放热量。臭氧是自然界中氧化性最强的氧化剂之一，在水中的氧化还原位点数量仅次于氟而居第二位。臭氧之所以表现出强氧化性，是因为其分子中的氧原子具有强烈的亲电子性或亲质子性，臭氧分解产生的新生态氧原子也具有很高的氧化活性。

臭氧能迅速且广泛地氧化某些元素和有机化合物，即使在低浓度条件下，也能瞬间完成。它对烯烃类化合物的双键的氧化能力最强，其次是胺类和一些碳氮双键，再次是炔烃三键、含苯环或杂环的芳香族化合物，以及硫化物、磷化物等。臭氧对醇、醛及碳氢化合物的单键的氧化能力较弱，但是即使在常温条件下，如果没有其他基团与之竞争，其也能进行氧化。溶解于水中的臭氧在酸性条件下比较稳定，但当 pH 或水温升高时，臭氧会发生分解。臭氧的分解过程是一个自由基连锁反应过程，可以用图 2.29 所示的 SBH（臭氧自我分解连锁反应）模式描述。

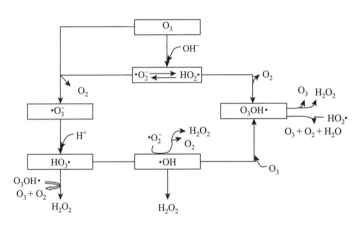

图 2.29　SBH 模式

在这个连锁反应中，臭氧（$O_3$）与 $OH^-$ 反应生成超氧自由基（$\cdot O_2^-$）和超氧化氢自由基（$HO_2\cdot$），$\cdot O_2^-$ 再与 $O_3$ 发生反应并与 $H^+$ 结合生成氢化臭氧自由基（$HO_3\cdot$），然后 $HO_3\cdot$ 又分解为 $O_2$ 和氢氧自由基（$\cdot OH$）。$\cdot OH$ 具有比 $O_3$ 更强的氧化能力，在臭氧氧化过程中起着重要的作用，一部分 $\cdot OH$ 与 $O_3$ 结合生成臭氧氢氧自由基（$O_3OH\cdot$），$O_3OH\cdot$ 分解出 $O_2$ 分子转化为 $HO_2\cdot$，它与 $\cdot O_2^-$ 之间有化学平衡关系。这样，连锁反应便形成一个循环，生成的 $\cdot O_2^-$ 再与 $O_3$ 作用并开启下一个循环。另外，连锁反应过程还伴随有过氧化氢（$H_2O_2$）分子的生成。

2. 臭氧与水中有机物的反应

有学者认为臭氧通过两条途径与水中的有机物进行反应：①臭氧直接反应，称为 D 反应；②臭氧通过自由基连锁反应分解产生羟基自由基（$\cdot OH$）的间接反应，称为 R 反应。

臭氧对有机物的去除主要通过 D 反应实现，其原理是通过亲核或亲电作用打开带有多余电子的原子核双碳键。D 反应具有高度的选择性，反应限于不饱和芳香族、不饱和脂肪族及某些特殊官能基团（如双键）。R 反应的反应速度快，反应能力强，但是选择性差，不仅能与有机物发生反应，还能与水中的碳酸根 $CO_3^{2-}$ 和重碳酸根 $HCO_3^-$ 反应生成次生自由基 $CO_3\cdot$ 和 $HCO_3\cdot$。次生自由基也能与有机物发生反应，但是反应速度慢得多，如果产生的羟基自由基迅速被 $CO_3^{2-}$ 和 $HCO_3^-$ 捕集，那么会减弱羟基自由基对臭氧的催化分解作用。

臭氧去除有机物时 D 反应与 R 反应共同发挥作用，这两种反应进行的程度取决于反应条件。羟基自由基 $\cdot OH$ 的产生受溶液 pH 的影响较大，pH<8 时，$\cdot OH$ 会大大削减，而投加碳酸氢盐作为 $\cdot OH$ 的捕集剂会减弱 $\cdot OH$ 的反应强度。因此，可以通过控制溶液 pH 达到控制臭氧反应途径的目的。在高 pH 或低碱度情况下，臭氧分子迅速分解，强化了羟基自由基的氧化作用，反之在低 pH 或高碱度情况下则强化了臭氧直接反应的作用，有利于臭氧被充分利用，增强其脱色、去除有机物及杀菌的效果。

渗滤液及其生化尾水中含有相当数量的碳酸根和重碳酸根，而且 pH 为 8.5，因此可以推断对于渗滤液的后处理，臭氧仍然通过 D 反应为主、R 反应为辅的途径去除污染物。臭氧氧化有机物的机理大致包括以下三大类。

（1）夺取氢原子，并使链烃羟基化，生成醛、酮、醇或酸。芳香族化合物先被氧化为酚，再被氧化为酸。

（2）打开双键，发生加成反应。

$$R_2C{=\!=}CR_2 + O_3 \longrightarrow R_2C\!\!\begin{array}{c} {}^{\displaystyle OOH} \\ {}_{\displaystyle G} \end{array} + R_2C{=\!=}O$$

式中，G 代表 OH、$OCH_3$、$OCOCH_3$ 等基团；R 代表羟基。

（3）氧原子进入芳香环发生取代反应。

3. 实验方法

采用自制的立柱踏板式臭氧反应器作为渗滤液生化尾水的臭氧化装置，研究不同臭氧投加量对不同浓度的渗滤液生化尾水的臭氧化效果，以重庆市某垃圾焚烧厂垃圾堆场渗滤液生化尾水作为实验用水样。

实验采用两套相同规模的臭氧-生物活性炭池，分别为 BAC5、BAC6，其中 BAC5 装填自制柑橘皮活性炭，BAC6 装填商品活性炭。微生物固定化方式如前所述，挂膜完成后，两套炭池单位体积污泥浓度均为 2g/L。生物活性炭池采用向上流方式运行，污水从底部进入炭池，空气由底部的曝气头进入炭池。生物活性炭池的进水流量为 6～20mL/min，进水 COD 浓度为 300～1000mg/L，容积负荷为 2～5kg/($m^3\cdot$d)，气水比为 1:5。

## 2.3.2  渗滤液生化尾水污染物的臭氧化特性分析

臭氧预氧化是臭氧-生物活性炭工艺的关键之一，它在一定程度上决定着工艺对污水中有机物的去除效果[18]。在臭氧-生物活性炭工艺中臭氧的作用并不是将有机物彻底氧化为无机物，但能使有机物的结构和性能发生改变，改善有机物的生化性能，从而提高生物活性炭池对有机物的去除能力。下面首先针对臭氧预氧化对渗滤液生化尾水的氧化特性进行分析，然后综合评价有机物分子量与性质发生的变化。

1. 臭氧对渗滤液生化尾水 COD 的影响

图 2.30 展示了投加臭氧后，渗滤液生化尾水 COD 随臭氧投加量的变化。经臭氧氧化处理后，渗滤液生化尾水的 COD 浓度逐渐降低，但降低的幅度很小，约为 20%，说明臭氧只能将渗滤液生化尾水中的部分有机物氧化生成中间产物。

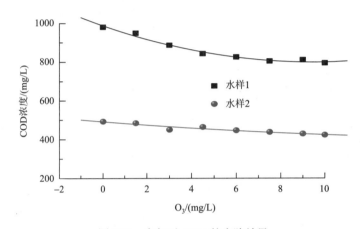

图 2.30　臭氧对 COD 的去除效果

2. 臭氧对渗滤液生化尾水色度的影响

臭氧对污水有很好的脱色效果，特别是能够有效地去除由不饱和化合物着色的色度，这是因为臭氧对不饱和化合物有较强的反应作用。向不同浓度的渗滤液生化尾水中投加一定的臭氧进行臭氧化处理，色度的去除效果如图 2.31 所示。

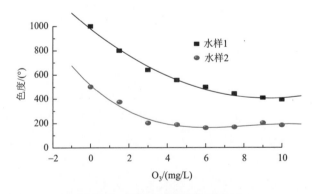

图 2.31　臭氧对色度的去除效果

从图 2.31 中可以看出，随着臭氧投加量的增加，水样的色度逐渐降低。臭氧化前色

度为 500°的水样 2，臭氧投加量从 1.5mg/L 增加到 6mg/L 时，色度降低，而臭氧投加量
继续增加时，色度不再继续下降，说明渗滤液生化尾水的发色物质并不能完全被臭氧氧
化。因此，臭氧的投加量并不是越多越好，对于色度来说，投加 3～6mg/L 的臭氧能够
获得较好的去除效果，色度去除率达到 40%～70%。

### 3. 臭氧对渗滤液生化尾水生化性能的改善

臭氧氧化会改变有机物的结构和性质，对有机物的分子量分布、亲水性、憎水性都
有一定的影响，对有机物的可生化性也有较明显的改善作用。图 2.32 展示了经臭氧氧化
后渗滤液生化尾水生化性能（$BOD_5$、COD）的变化。

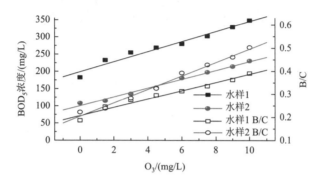

图 2.32　臭氧对 $BOD_5$/COD 的影响

具有不饱和结构的有机物往往不易生化降解，而脂肪酸类等具有饱和结构的有机物
容易生化降解。一般认为水中具有不饱和结构的碳碳双键、碳碳三键和芳香族单环、缩
环容易与臭氧发生反应，其分解产物多为脂肪酸类。

渗滤液生化尾水经臭氧氧化时，臭氧化反应的生成物仍然是有机物，水中的 COD 浓
度不会显著降低。$BOD_5$ 浓度随着臭氧投加量的增加而逐渐增加，且 $BOD_5$ 浓度随臭氧投
加量的变化趋势与 COD 浓度相反，因而可生化性指标 $BOD_5$/COD（B/C）随着臭氧投加
量的增加而增大，水样的可生化性逐渐增强。实验表明，臭氧化可以明显改善渗滤液生
化尾水的可生化性。

由图 2.32 可以看出，渗滤液生化尾水臭氧化前的浓度较低时，其可生化性受臭氧化
的影响更明显。水样 1 的 COD 初始浓度为 980mg/L，臭氧投加量为 6mg/L 时，其 B/C 值
从臭氧化前的 0.186 增至 0.313，升高 68.3%；臭氧投加量为 10mg/L 时，B/C 值为 0.390，
升高 109.7%。水样 2 的 COD 初始浓度为 490mg/L，投加 6mg/L 的臭氧于水样 2 中时，
其 B/C 值从臭氧化前的 0.222 增至 0.392，升高 76.6%；臭氧投加量为 10mg/L 时，B/C 值
达到 0.503，升高 126.6%，可生化性的改善效果明显优于水样 1。

### 4. 臭氧投加量对分子量分布的影响

图 2.33 展示了渗滤液生化尾水经臭氧氧化后不同分子量的分布情况。渗滤液生化尾
水未经臭氧氧化时，分子量以大于 5kDa 为主，其中分子量大于 100kDa 的占 25% 以上，

分子量为 30～100kDa、10～30kDa 和 5～10kDa 的有机物均占 20%左右，而分子量为 1～5kDa 和小于 1kDa 的有机物均不到 10%。

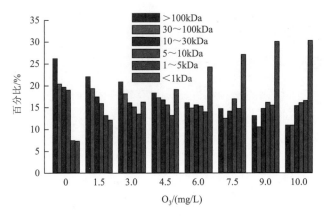

图 2.33　臭氧投加量对分子量分布的影响

臭氧可以将部分有机物直接氧化成无机物，但这并不是臭氧化的主要作用，臭氧化的主要作用是使有机物的结构和性质发生改变，使有机物由大分子有机物变为小分子有机物，由不饱和有机物变为饱和有机物，提高有机物的可生化性。由图 2.33 可知，随着臭氧投加量的增加，渗滤液生化尾水的大分子有机物含量逐渐减少，而小分子有机物逐渐增加，说明臭氧对水样中小分子有机物的直接氧化量远小于小分子有机物的增加量。投加臭氧后，分子量为 1～5kDa 和小于 1kDa 的有机物含量迅速增加，当臭氧投加量为 4.5mg/L 时，分子量小于 1kDa 的有机物含量（19.1%）超过分子量大于 100kDa 的有机物含量（18.3%），分子量为 1～5kDa 的有机物含量也从臭氧化前的 7.4%增加至 13.1%。

由图 2.33 还可以明显看出，当臭氧投加量从 4.5mg/L 增加至 6.0mg/L 时，分子量小于 1kDa 的有机物含量突然增大，从 19.1%增至 24.2%；臭氧投加量继续增加时，小分子有机物的含量增加趋势开始变缓。臭氧投加量从 9.0mg/L 增加至 10.0mg/L 时，分子量小于 1kDa 的有机物含量仅增加了 0.2%，而分子量为 1～5kDa 和 5～10kDa 的有机物含量也没有发生明显变化，说明臭氧氧化过程中需要有效控制臭氧的投加量，本书认为渗滤液生化尾水适宜的投加量为 6mg/L，由此可以获得较好的大分子有机物降解效果。

5. 臭氧化过程中 DOM 的荧光光谱

从分级过滤得到的水样中，选取臭氧投加量分别为 0mg/L、3mg/L、6mg/L、9mg/L 的样品，经由 F-7000 型荧光分光光度计（Hitachi）获得样品的荧光发射光谱和三维荧光光谱。为了避免出现内滤效应，测试前水样均稀释了 10 倍。

1）臭氧对 DOM 荧光发射光谱的影响

溶解性有机质（DOM）是由许多荧光基团组成的复杂混合物，在 $\lambda_{ex} = 335nm$ 下激发水样，得到谱带较宽的荧光峰，荧光强度的最大值为 430 左右，这种荧光是由水样中 DOM 的不饱和羟基和羧基引起的。图 2.34 展示了臭氧投加量分别为 0mg/L、3mg/L、6mg/L、9mg/L 的样品经 0.45μm 的玻璃纤维滤膜过滤后在 $\lambda_{ex} = 335nm$ 处的荧光发射光谱。

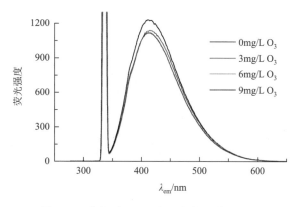

图 2.34　臭氧对 DOM 荧光发射光谱的影响

臭氧投加量为 0mg/L（即未投加臭氧的原液）的 DOM 荧光峰位于激发波长 $\lambda_{em}=411.6$nm 处，荧光强度为 1231。由图 2.34 可知，渗滤液生化尾水经臭氧氧化后，荧光强度明显减弱。臭氧投加量为 3mg/L 时，DOM 的荧光强度为 1141，比臭氧化前减小 7.3%。臭氧投加量为 6mg/L、9mg/L 的样品 DOM 荧光发射光谱基本重叠，臭氧投加量为 6mg/L 的样品经臭氧氧化后的 DOM 荧光强度为 1123，而臭氧投加量为 9mg/L 的样品经臭氧氧化后的 DOM 荧光强度为 1119，分别比臭氧化前减小 8.8%、9.1%，说明投加 6mg/L 和 9mg/L 的臭氧对渗滤液生化尾水中不饱和羟基和羧基的影响没有明显差异。由图 2.34 还可以看出，渗滤液生化尾水经臭氧氧化后，荧光峰位置发生偏移，说明臭氧化使得部分 DOM 的结构和性质发生变化。

2）臭氧对 DOM 三维荧光光谱的影响

图 2.35 展示了臭氧投加量分别为 0mg/L、3mg/L、6mg/L、9mg/L 的样品经膜过滤后，不同分子量的 DOM 的三维荧光光谱。渗滤液经过生化处理后，其三维荧光光谱以紫外光区类富里酸荧光峰（峰 A）和可见光区类富里酸荧光峰（峰 C）为主。各样品的紫外光区类富里酸荧光峰强度如图 2.36 所示，可见光区类富里酸荧光峰强度如图 2.37 所示。

图 2.35 展示了臭氧投加量为 0mg/L、分子量大于 100kDa 的样品（未经臭氧氧化的渗滤液生化尾水）的 DOM 三维荧光光谱，该图谱以峰 A 和峰 C 为主；同时，在 $\lambda_{ex}/\lambda_{em}=220\sim230$nm/$280\sim310$nm 处出现了较弱的低激发波长类酪氨酸荧光谱带，但并没有出现明显的荧光峰中心，其荧光峰消失在峰 A 和峰 C 较强荧光等高线的斜坡处。由图 2.35 可以看出，经过不同投加量的臭氧氧化后，同一分子量范围的 DOM 的三维荧光峰并没有发生明显变化，但荧光强度随臭氧投加量的增加有所减弱。这表明，在该实验条件下，臭氧并不能完全氧化腐殖类物质，但可以降解部分溶解性有机物。由图 2.35 还可以看出，不同臭氧投加量的水样中，大分子量 DOM 的三维荧光光谱以峰 A 和峰 C 为主，没有出现低激发波长类酪氨酸荧光峰，只有较弱的谱带；但小分子量 DOM 的三维荧光光谱在 225nm/305nm 附近出现了低激发波长类酪氨酸荧光峰，这可能是因为大分子溶解性有机物的存在导致产生内滤效应，低激发波长类酪氨酸荧光峰被屏蔽。

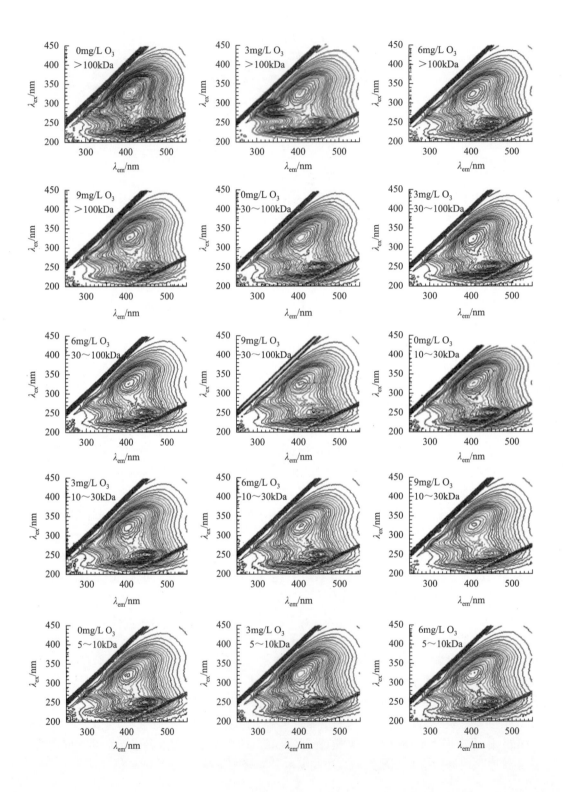

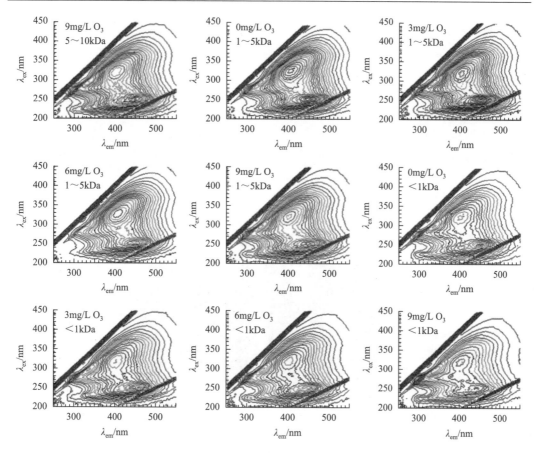

图 2.35　臭氧对 DOM 三维荧光光谱的影响

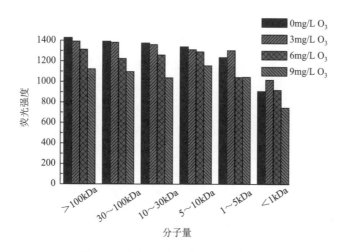

图 2.36　臭氧对峰 A 荧光强度的影响

由图 2.36 和图 2.37 可以看出，随着臭氧投加量的增加，可见光区类富里酸荧光峰（峰 C）强度与紫外光区类富里酸荧光峰（峰 A）强度有基本一致的变化趋势，分子量大于 100kDa 和分子量为 30～100kDa、10～30kDa 的 DOM 类富里酸荧光强度呈现逐渐减弱的趋势，说明渗滤液生化尾水的部分大分子溶解性有机物被臭氧氧化成分子量较小的有机物。臭氧投加量为 3mg/L 时，分子量为 1～5kDa 和＜1kDa 的 DOM 类富里酸荧光强度大多比原液高，这也是臭氧化使大分子溶解性有机物减少、小分子有机物相应增加的结果。不过，值得注意的是，随着臭氧投加量继续增加，分子量为 1～5kDa 和小于 1kDa 的 DOM 类富里酸荧光强度并没有继续增强，表明臭氧投加量较高时，臭氧化使小分子有机物变为没有荧光发色团的更小的分子或无机物占了优势，程度超过了大分子有机物被氧化成小分子有机物的程度，结果表现为荧光强度减弱。

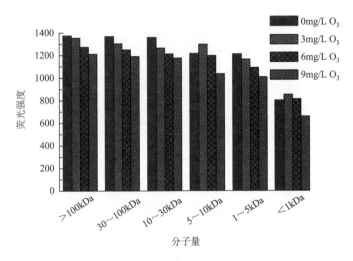

图 2.37 臭氧对峰 C 荧光强度的影响

### 2.3.3 臭氧-生物活性炭池的运行性能

臭氧可以使有机物的结构和性质发生改变，使有机物由大分子有机物变为小分子有机物，由不饱和有机物变为饱和有机物，提高有机物的可生化性。渗滤液生化尾水适宜的臭氧投加量为 6mg/L，由此可以获得较好的大分子有机物降解效果。荧光光谱研究表明，渗滤液生化尾水经臭氧氧化后，溶解性有机物的荧光强度明显减弱，但投加 6mg/L 和 9mg/L 的臭氧对渗滤液生化尾水的影响没有明显差异。因此，选择投加 6mg/L 的臭氧进行渗滤液生化尾水预处理，经预处理后的臭氧化水再用 BAC5 和 BAC6 进行后续处理。在炭池运行的最初 20 天内直接采用渗滤液生化尾水作为炭池的实验进水，20 天后渗滤液生化尾水经 6mg/L 的臭氧预处理后再进入炭池。

1. 臭氧预处理对有机物去除效果的影响

臭氧-生物活性炭池对渗滤液生化尾水中 COD、$UV_{254}$ 和色度的去除效果分别如图 2.38～图 2.40 所示。根据图 2.38～图 2.40 计算出不同运行时段内 COD、$UV_{254}$ 和色度的平均去除率，见表 2.11。

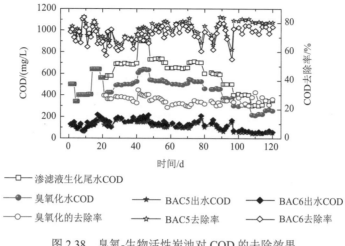

图 2.38　臭氧-生物活性炭池对 COD 的去除效果

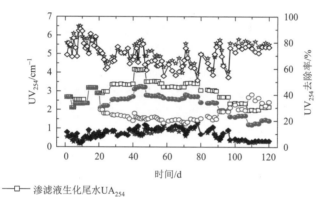

图 2.39　臭氧-生物活性炭池对 $UV_{254}$ 的去除效果

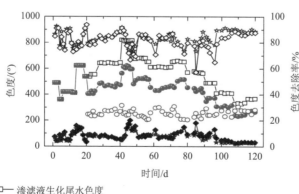

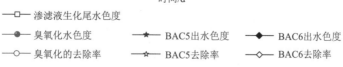

图 2.40　臭氧-生物活性炭池对色度的去除效果

**表 2.11　臭氧-生物活性炭池对 COD、UV$_{254}$ 和色度的平均去除率（%）**

| | | 运行时间/d | | | | | | |
|---|---|---|---|---|---|---|---|---|
| | | 1～20 | 21～30 | 31～45 | 46～60 | 61～75 | 76～96 | 97～120 |
| BAC5 | COD | 75.5 | 69.2 | 72.3 | 77.9 | 79.0 | 74.1 | 81.1 |
| | UV$_{254}$ | 81.8 | 68.6 | 74.6 | 70.1 | 66.6 | 67.2 | 79.5 |
| | 色度 | 83.9 | 81.4 | 85.1 | 80.8 | 82.7 | 80.3 | 89.6 |
| BAC6 | COD | 72.8 | 65.0 | 68.4 | 73.1 | 75.6 | 70.4 | 75.7 |
| | UV$_{254}$ | 78.9 | 66.3 | 72.2 | 66.2 | 63.1 | 64.5 | 75.4 |
| | 色度 | 82.6 | 80.5 | 84.4 | 79.5 | 82.0 | 74.5 | 85.7 |

由图 2.38～图 2.40 可知，渗滤液生化尾水经过臭氧预处理后，有机物浓度降低了 20%～30%，减轻了后续 BAC 工艺的负荷。

炭池在运行的前 20 天，直接采用渗滤液生化尾水作为进水，活性炭有充足的吸附容量，吸附性能良好，BAC5 和 BAC6 都有较好的有机物去除能力。运行 20 天后，渗滤液生化尾水经臭氧氧化，在第 20～30 天活性炭对有机物的去除率低于前 20 天，这是因为微生物直接采用渗滤液生化尾水驯化，不能及时适应臭氧化水的生物环境。随着炭池继续运行，微生物逐渐适应臭氧化水，使用自制柑橘皮活性炭的 BAC5 对 COD、UV$_{254}$ 的去除率基本稳定在 66%～82%，使用商品活性炭的 BAC6 对 COD、UV$_{254}$ 的去除率基本稳定在 63%～79%。臭氧-生物活性炭池的去除率没有明显地波动，其降解性能没有因为渗滤液生化尾水的水质突然发生变化而发生突变。这说明，渗滤液生化尾水经过臭氧预处理后，可生化性确实得到了改善；同时，经臭氧氧化后渗滤液生化尾水的水质更为稳定，这将减轻渗滤液生化尾水对生物活性炭池的负荷冲击，减少活性炭被填塞的情况，生物活性炭的良好吸附能力和高效生物降解性能得以保持，臭氧-生物活性炭池稳定运行。

由图 2.38 可以看出，渗滤液生化尾水经过臭氧处理和生物活性炭生化降解后，COD 的去除率可以达到 80%～90%。在运行后期，当进水 COD 浓度低于 400mg/L 时，BAC5 最终的出水 COD 浓度能够满足《生活垃圾填埋场污染控制标准》（GB 16889—2008）的水污染物特别排放限值要求，而 BAC6 最终的出水 COD 浓度能够满足该标准的水污染物排放浓度限值要求。

由表 2.11 可以看出，渗滤液生化尾水经臭氧氧化后，BAC5 对臭氧化水色度的去除率稳定在 80%～90%，而 BAC6 对色度的去除率也达到 74%～86%，说明色度极易被去除。

2. 臭氧预处理对 NH$_3$-N 去除效果的影响

如图 2.41 所示，渗滤液生化尾水即生物活性炭池进水的 NH$_3$-N 浓度较低，在炭池运行的前 10 天，渗滤液生化尾水的 NH$_3$-N 浓度为 20mg/L，BAC1、BAC2 的出水 NH$_3$-N 浓度降至 10mg/L 以内，NH$_3$-N 去除率达到 60%～90%。

生物活性炭池运行 10 天后，人为大幅增加 NH$_3$-N 浓度，并用臭氧进行预处理，但 NH$_3$-N 浓度并没有发生明显变化，说明用臭氧氧化并不能去除 NH$_3$-N；同时还有臭氧化水的 NH$_3$-N 浓度反而比未臭氧化的生化尾水高的情况出现，这是因为臭氧把尾水中的有机氮氧化成 NH$_3$-N，但 NH$_3$-N 没有被继续氧化成硝态氮。人为增加 NH$_3$-N 浓度后，BAC5 和 BAC6 的 NH$_3$-N 去除率即迅速下降，生物活性炭不能立即适应高浓度的 NH$_3$-N，随着硝化细菌逐渐适应进水和生长，NH$_3$-N 去除率迅速恢复。稳定运行后，BAC5 和 BAC6 仍保持了很高的去除率，分别为 90.8%～98.8%、80.0%～98.5%。进水 NH$_3$-N 浓度达到 110mg/L 时，出水 NH$_3$-N 浓度保持在 10mg/L 以下，能够满足《生活垃圾填埋场污染控制标准》（GB 16889—2008）的水污染物特别排放限值要求。

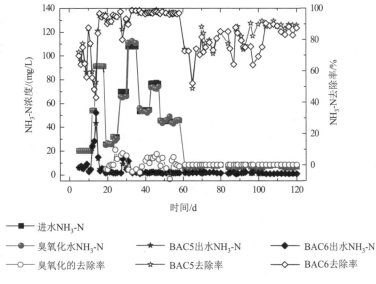

图 2.41　臭氧-生物活性炭池对 NH$_3$-N 的去除效果

值得注意的是，运行 60 天后，停止增加进水 NH$_3$-N 浓度，生物活性炭池的 NH$_3$-N 去除率有明显下降的过程，其原因在于低 NH$_3$-N 浓度的进水导致生物活性炭池内丰富的硝化细菌因缺少氮源而逐渐失效，同时高 COD 浓度的进水使得炭池里的异养菌成为优势菌，微生物适应新的生态环境后炭池的去除性能得以恢复。

**3. 水力负荷对臭氧-生物活性炭池性能的影响**

臭氧-生物活性炭池处理渗滤液生化尾水的前 75 天中，进水流量为 10mL/min，水力负荷为 4.62m$^3$/(m$^2$·d)。由图 2.38～图 2.40 可以看出，虽然进水浓度波动明显，但臭氧-生物活性炭池对 COD、UV$_{254}$ 和色度的去除效果稳定，表现出较强的抗负荷冲击能力，进水 COD 浓度低于 500mg/L 时，出水 COD 浓度可以达到 100mg/L 以下，满足《生活垃圾填埋场污染控制标准》（GB 16889—2008）的水污染物排放浓度限值要求，但并不稳定。进水 NH$_3$-N 含量进行人为调控后，浓度变化较大，且臭氧预处理对 NH$_3$-N 的去除效果没有产生明显影响，所以臭氧-生物活性炭池对 NH$_3$-N 的去除效果有较大的波动。

在炭池运行的第 71～96 天，将进水流量调整为 6～20mL/min，研究水力负荷对臭氧-生物活性炭池性能的影响。不同水力负荷下，臭氧-生物活性炭池对 COD 的去除情况见表 2.12。

表 2.12　臭氧-生物活性炭池水力负荷对 COD 去除效果的影响

| 进水 COD/(mg/L) | | 流量 /(mL/min) | 水力负荷 /[m³/(m²·d)] | BAC5 | | BAC6 | |
| --- | --- | --- | --- | --- | --- | --- | --- |
| 生化尾水 | 臭氧化水 | | | COD /(mg/L) | 去除率 /% | COD /(mg/L) | 去除率 /% |
| 700~710 | 546 | 6 | 2.77 | 91 | 83.3 | 129 | 76.4 |
| | 540 | 10 | 4.62 | 115 | 78.7 | 122 | 77.4 |
| | 525 | 15 | 6.93 | 137 | 73.9 | 152 | 71.0 |
| | 525 | 20 | 9.24 | 177 | 66.3 | 208 | 60.4 |
| 590~610 | 455 | 6 | 2.77 | 72 | 84.2 | 92 | 79.8 |
| | 458 | 10 | 4.62 | 101 | 77.9 | 120 | 73.8 |
| | 456 | 15 | 6.93 | 116 | 74.6 | 132 | 71.1 |
| | 452 | 20 | 9.24 | 158 | 65.0 | 174 | 61.5 |
| 500~505 | 369 | 6 | 2.77 | 60 | 83.7 | 75 | 79.7 |
| | 370 | 10 | 4.62 | 85 | 77.0 | 92 | 75.1 |
| | 370 | 15 | 6.93 | 107 | 71.1 | 115 | 68.9 |
| | 370 | 20 | 9.24 | 142 | 61.6 | 167 | 54.9 |

　　由表 2.12 可知，随着水力负荷的增加，臭氧-生物活性炭池对 COD 的去除率呈现明显的下降趋势，当进水 COD 浓度大于 600mg/L、流量大于 10mL/min 或水力负荷超过 4.62m³/(m²·d) 时，出水 COD 浓度不能满足《生活垃圾填埋场污染控制标准》（GB 16889—2008）的水污染物排放浓度限值要求，过高的流速会导致有机物来不及被有效吸附和降解，从而致使去除率下降。

　　由图 2.38~图 2.40 可以看出，水力负荷变化时，BAC5 去除率的波动没有 BAC6 明显，BAC5 具有更好的抗负荷冲击能力和稳定性，说明自制柑橘皮活性炭易被微生物再生，能保持良好的吸附性能。而商品活性炭吸附容量相对较小，流量加大时水力停留时间变短，水中的有机物来不及被活性炭有效吸附便被微生物降解，去除率下降得比较明显。

　　在臭氧-生物活性炭池运行的第 97~120 天，将进水 COD 浓度降至 300~400mg/L，流量稳定为 6mL/min，即水力负荷为 2.77m³/(m²·d)，此时 BAC5 对 COD 的去除率可以稳定在 80%以上，出水 COD 浓度低于 60mg/L，满足《生活垃圾填埋场污染控制标准》（GB 16889—2008）的水污染物特别排放限值要求；BAC6 的出水 COD 浓度为 50~84mg/L，不能满足《生活垃圾填埋场污染控制标准》（GB 16889—2008）的水污染物特别排放限值要求，但可以满足标准的水污染物排放浓度限值要求。

　　根据表 2.12，当进水流量稳定为 6mL/min 即水力负荷为 2.77m³/(m²·d) 时，进水 COD 浓度低于 700mg/L，BAC5 出水 COD 浓度低于 100mg/L，满足标准的水污染物排放浓度限值要求，而进水 COD 浓度低于 500mg/L 时，BAC5 出水 COD 浓度低于 60mg/L，满足标准的水污染物特别排放限值要求；进水 COD 浓度低于 600mg/L 时，BAC6 出水 COD 浓度低于 100mg/L，满足标准的水污染物排放浓度限值要求；而进水 COD 浓度低于 500mg/L 时，仍不能满足标准的水污染物特别排放限值要求。

## 2.4　臭氧-生物活性炭池的沿程性能及动力学

在处理低浓度、难降解的有机废水时，生物量、生物活性的分布与臭氧-生物活性炭池的运行性能具有密切的关系。臭氧-生物活性炭池沿程微生物的分布及活性因进水水质的不同而发生变化，从而影响不同高度炭层的性能。有机污染物经过臭氧-生物活性炭池时其活性和总量如何变化决定着臭氧-生物活性炭池的运行性能。本节通过研究臭氧-生物活性炭池中污染物的沿程去除情况，建立底物浓度与炭层高度之间的关系，确定适宜的臭氧-滤池活性炭高度，为降低工艺成本打下坚实的基础。

### 2.4.1　生物量及生物活性的分布特征

1. 臭氧-生物活性炭池中生物量的分布特征

微生物细胞几乎能在水环境中任何载体的表面牢固地附着，并在载体上生长，由细胞内向外伸展的胞外多聚物使微生物细胞形成纤维状的缠结结构，即生物膜。生物膜由微生物细胞和它们所产生的胞外多聚物组成，通常具有孔状结构，并具有一定的吸附性能。

生物活性炭中聚集的活性生物是去除水中有机物的核心力量，生物量的多少决定了生物降解速率，进而决定了有机物去除效果的好坏。图 2.42 展示了臭氧-生物活性炭池 BAC5 和 BAC6 稳定运行后沿炭层高度从下至上的生物量分布情况。

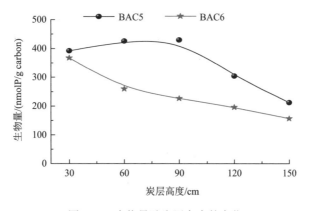

图 2.42　生物量随炭层高度的变化

如图 2.42 所示，从对各臭氧-生物活性炭池沿炭层的生物量分布情况的监测结果来看，BAC5 的微生物在 90cm 的炭层内沿炭层高度逐渐增加，最高达到 429.9nmolP/g carbon（1nmolP 相当于 $10^8$ 个大肠杆菌大小的细胞），明显高于 BAC6 的 366.4nmolP/g carbon，说明自制柑橘皮活性炭具有良好的亲生物特性；BAC6 的微生物主要集中在炭池进水端 120cm 炭层内，120cm 以上微生物的生物量迅速降低。根据活性炭结构参数比较结果可知，与实验用商品活性炭相比较，自制柑橘皮活性炭不仅具有较大的比表面积，而且中孔、微孔发达，因富含羟基、羧基、甲氧基及内酯而具有亲生物特性。这些性质表明，自制柑橘皮活性炭吸附容量大，对水中的溶解性有机物和溶解氧具有富集作用，为微生物提供了良好的生存环境，能够使其较快地适应生存环境且有利于微生物附着，促进臭氧-生物活性炭池物理吸附作用和生物降解作用的协同进行。

臭氧-生物活性炭池的微生物分布总体趋势是从进水端到出水端生物量逐渐减少，这与基质被微生物降解导致基质浓度逐渐降低有关，基质浓度降低后，微生物会因生长所需的营养物质减少而逐渐消亡；另外还与溶解氧的浓度有关，溶解氧在滤床中也是从进水端到出水端逐渐减少，因此沿程的微生物在生长时可利用的溶解氧减少，生物量也随之减少。

### 2. 臭氧-生物活性炭池中生物活性分析

生物活性是生物膜分析中的另一个重要参数，它表示单位载体中所附着生长的生物进行新陈代谢活动的强度。生物膜中微生物的活性除与微生物的生物量有关以外，还受到水中溶解氧含量、pH、水温以及生物处理装置运行情况等多种因素的影响，所以微生物的生物活性与生物量在数值上往往不成比例。同微生物的生物量相比，微生物活性能够更准确地表示生物膜中的微生物对水中基质的降解能力。微生物沿炭层的生物活性分布情况如图 2.43 所示。

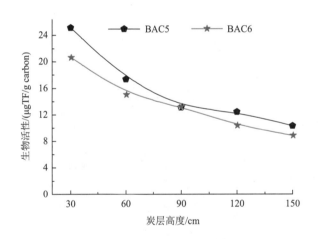

图 2.43　生物活性随炭层高度的变化

由图 2.43 可知，微生物的生物活性沿炭层高度的变化十分明显，生物活性高的位置主要集中于臭氧-生物活性炭池的底部，而顶部生物活性较低。这一变化趋势与炭层上生物量的分布情况密切相关，由于营养物质和溶解氧随炭层高度发生变化，炭床各断面的微生物种群会因其所处环境的不同而发生变化，导致各断面炭层上微生物的活性发生变化。在炭池进水端，有机物浓度最高，随废水进入的细菌及脱落的生物膜也最多，大量的细菌吸附于生物截留物质上生长并保持一定活性，生物截留物质对有机物具有降解能力。随着炭层高度的增加，溶解氧含量逐渐降低，有机物不断分解减少，而炭池出水端的生物截留物质主要由丧失活性的老化生物膜与部分 SS 组成，不具有生物活性，这部分生物体的增多会降低炭池的截留纳污能力，导致出水的 SS 含量增加，降低出水水质。由图 2.43 可以看出，距炭池底部 90cm 处，生物活性已降至距进水端 30cm 处的 50%左右。

在臭氧-生物活性炭池的进水端，BAC5 的生物活性为 25.14μgTF/g carbon，明显高于 BAC6 的 20.60μgTF/g carbon，这与自制柑橘皮活性炭具有发达的孔隙结构和更大的比表面积、孔容积有关，也与其丰富的亲水性官能团有关。微生物与具有强烈吸附作用和亲生物特性的柑橘皮活性炭牢固结合，尽管生物膜内的微生物细胞会受到破坏，但因炭粒的吸附，其仍能够保留一定的生物活性。自制柑橘皮活性炭的生物活性比商品活性炭高 10%～20%。

## 2.4.2　炭层高度对臭氧-生物活性炭池降解性能的影响

臭氧-生物活性炭池沿程活性炭上微生物的种类和数量因进水水质的不同而发生变化，从而影响臭氧-生物活性炭池不同沿程高度处的运行性能。本节通过研究臭氧-生物活性炭池中污染物的沿程去除情况，确定适宜的炭层高度，为降低工艺成本打下基础。

### 1. 不同沿程高度的 COD 去除效果

为了研究 COD 受炭层高度的影响，选取炭池运行的第 6 天、第 28 天、第 37 天、第 89 天和第 97 天各取样口出水的 COD 进行分析，分析结果如图 2.44 所示。

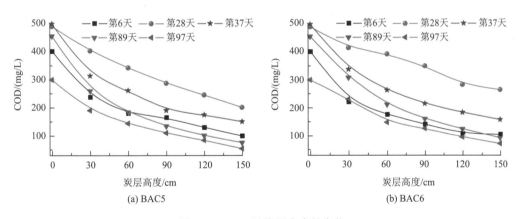

图 2.44　COD 随炭层高度的变化

由图 2.44 可以看出，臭氧-生物活性炭池运行初期，距炭池底部 60cm 处，COD 已去除 50%以上，这是因为炭池运行初期活性炭吸附能力强且底部微生物丰富，有机物首先被底部的生物活性炭吸附和降解。炭层高度在 60cm 以上时，COD 沿程变化曲线变得较平缓，COD 去除率明显下降，说明臭氧-生物活性炭池的上部对有机物的去除能力有限，这与生物量不多和生物活性较低有关，活性炭不能进行有效的再生。

由臭氧-生物活性炭池运行 28 天的 COD 沿程变化曲线可以看出，微生物不能及时适应臭氧化水下的生存环境，COD 沿程变化曲线趋于平缓，出水 COD 浓度高于 200mg/L，COD 去除率不到 60%。随着炭池继续运行，微生物逐渐适应臭氧化水，37 天后，沿程 COD 浓度下降趋势明显，根据 COD 沿程变化曲线可计算出 BAC5 和 BAC6 的去除率基本稳定在 70%~80%，性能稳定，其降解性能没有因为渗滤液生化尾水的水质突然发生变化而发生突变。

由 COD 沿程变化曲线还可以看出，生物活性炭池稳定运行后，COD 的去除主要在距进水端 90cm 的炭层内得以实现。在第 37 天、第 89 天和第 97 天，在距炭池进水端的 90cm 炭层内，BAC5 的 COD 浓度分别从 498mg/L、455mg/L、300mg/L 降至 220mg/L、155mg/L、111mg/L，COD 去除率分别为 55.8%、65.9%、63.0%，而 90~150cm 这 60cm 范围的炭层只分别去除了 13.9%、20.4%、18.7%的 COD，进水端的优势明显。BAC6 的前 90cm 炭层在第 37 天、第 89 天和第 97 天的 COD 浓度分别从 498mg/L、455mg/L、300mg/L 降至 261mg/L、191mg/L、127mg/L，COD 去除率分别为 47.6%、58.0%、57.7%，而 90~150cm 这 60cm 范围的炭层只分别去除了 20.7%、21.8%、18.3%的 COD。这是因为炭池底部首先接触废水中的有机物，底部的微生物因为营养充足而旺盛地生长，能够实现更好的生物降解；同时，废水中能够被有效吸附和降解的有机物在底部被去除，进入炭池上部区域的废水中有机物的可吸附性和可生化性均降低，所以上部的去除率较低。在本实验条件下，臭氧-生物活性炭池可有效去除 COD 的炭层高度为 90cm。

比较而言，BAC5 的进水端优势更明显，在前 90cm，BAC5 的去除率比 BAC6 高 5.0%以上，这与其使用孔隙结构发达的自制柑橘皮活性炭和具有较强的亲生物特性有关，这些优势有利于维持生物活性炭的吸附能力和促进生物活性炭的再生。自制柑橘皮活性炭作为臭氧-生物活性炭池填料，以较低的装填高度即可达到商品活性炭的去除效果，能够节约成本。

### 2. 不同沿程高度的 $UV_{254}$ 去除效果

$UV_{254}$ 可以作为水处理中多种有机物控制指标的替代参数。图 2.45 展示了两套臭氧-生物活性炭池沿炭层高度的 $UV_{254}$ 变化曲线。

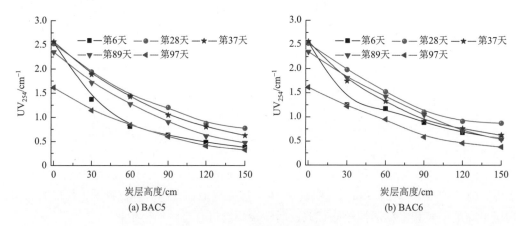

图 2.45  $UV_{254}$ 随炭层高度的变化

由图 2.45 可以看出，$UV_{254}$ 的沿程变化曲线与 COD 有相似的变化趋势。运行初期，$UV_{254}$ 主要在炭池的底部被炭层去除，距炭层底部 60cm 处，$UV_{254}$ 已被去除 50%以上。炭池运行 28 天的 $UV_{254}$ 沿程变化曲线趋于平缓。

微生物适应臭氧化水后，臭氧-生物活性炭池的运行逐渐稳定，第 37 天及之后 $UV_{254}$ 的去除主要在距进水端 90cm 的炭层内得以实现，去除率为 55.5%～64.2%；而 90～150cm 这 60cm 范围的炭层只去除了 9%～20%的 $UV_{254}$。

根据炭层高度对臭氧-生物活性炭池降解性能的影响可知，当进水流量为 10mL/min 时，各臭氧-生物活性炭池有效去除有机物的高度为距进水端 90cm。当进水流量继续增加时，水力停留时间缩短，相当于降低了炭池的有机物有效去除高度，臭氧-生物活性炭池的有机物有效去除高度增加。活性炭的孔隙结构对去除效果有明显影响，采用平均孔径大的活性炭能够获得更好的去除效果。而微生物是保证生物活性炭吸附能力和降解性能的关键，可以促进活性炭的再生，增加臭氧-生物活性炭池的菌液投加量有利于提高生物活性炭的有机物去除能力。

## 2.4.3  生物活性炭池去除渗滤液生化尾水有机物的动力学模型

生物活性炭池降解有机物依靠炭池内活性炭所附着的微生物的氧化分解作用、活性炭及生物膜的吸附截留作用、沿水流方向形成的食物链的分级捕食作用以及生物膜内环境的反硝化作用等，活性炭的简单物理吸附动力学特征不能描述生物活性炭对有机物的降解。

反应器需要根据处理的流量和其中发生的反应所要求的完成程度求出它的容积来设计。反应器分为连续流反应器和间歇式反应器，连续流反应器的设计必须把反应过程和液体的流动联系起来。连续流反应器又分为恒流搅拌反应器和活塞流反应器。恒流搅拌反应器又称为返混反应器，其特点是反应物受到了极好的搅拌，因此反应物是均匀的；而活塞流反应器通常由管段构成，其特征是流体以队列形式通过反应器，流体元素在废水流动方向上无混合现象，但在垂直于废水流动方向上可能有混合现象。由此可见，生物活性炭池在流态上与连续式活塞流反应器最为接近，所以用活塞流反应器的模型作为生物活性炭池模型是合适的。

### 1. 生物活性炭池反应器

为了便于建立动力学模型，将生物活性炭池看作理想的活塞流反应器。假设在垂直于废水流动方向上存在混合现象，而在废水流动方向上完全不存在混合现象，因而生物活性炭池内的水流流动可表示为图 2.46。

生物活性炭池高度为 $L$，横断面面积为 $A$，流量为 $Q$，滤速 $U = Q/A$，进水浓度为 $c_0$，反应速率为 $r_z$，出水浓度为 $c_1$。当液体在反应器中流经的距离为 $z$ 时，所经历的时间 $t = z/U$，整个反应器的水力停留时间 $T = L/U = V/Q$。

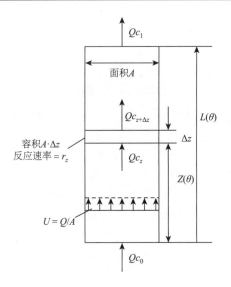

图 2.46　臭氧-生物活性炭池反应器水流示意图

由 BAC 容积 $[A \cdot \Delta z]$ 内的物量衡算方程得

$$Qc_z + (A \cdot \Delta z)r = Qc_{z+\Delta z} + (A \cdot \Delta z)\frac{\partial c_z}{\partial t} \qquad (2.13)$$

令 $\Delta z \rightarrow dz$，式（2.13）可写为

$$-\frac{Q}{A}\frac{\partial c_z}{\partial z} + r = \frac{\partial c_z}{\partial t} \qquad (2.14)$$

式中，$Q/A$ 可用活塞流的水平流速 $U$ 代替；$z/U$ 可用流经的距离为 $z$ 时所需的时间 $t$ 代替，因此 $\frac{Q}{A} \cdot \frac{\partial c_z}{\partial z}$ 可以写成 $\partial c_z \big/ \partial\left(\frac{z}{U}\right) = \partial c_z / \partial\theta$，略去下标 $z$，则得到方程：

$$-\frac{\partial c}{\partial\theta} + r = \frac{\partial c}{\partial t} \qquad (2.15)$$

处于稳态时，则有 $\frac{\partial c}{\partial t} = 0$。于是，得到下列常微分方程：

$$\frac{dc}{d\theta} = r \qquad (2.16)$$

### 2. 生物活性炭池动力学模型的建立

生化降解反应可假设为一级反应，则反应速率：

$$r = -kc \qquad (2.17)$$

式中，$k$——一级反应速率常数；

　　$c$——底物浓度（COD，mg/L）。

结合式（2.16）、式（2.17）可以得到 $\frac{dc}{d\theta} = -kc$，即

$$U \cdot \frac{\mathrm{d}c}{\mathrm{d}z} = -kc \qquad (2.18)$$

将式（2.18）的两端进行定积分，可得

$$c = c_0 \mathrm{e}^{\frac{kz}{U}} \qquad (2.19)$$

$$\ln \frac{c}{c_0} = -\frac{k}{U} z \qquad (2.20)$$

如果炭层中的生化反应条件不变，即生物量及溶解氧含量不变，则 $k$ 值一定。不过，实验数据下 $\ln(c/c_0)$ 与 $z$ 的关系曲线并不是一条直线，这是因为生物量和溶解氧含量沿炭层高度发生变化，反应速率常数 $k$ 实际上也是 $z$ 的函数。

当滤速 $U$ 是一个定值时，设 $-k/U$ 为 $K$，以 $\ln(c/c_0)$ 为纵轴，炭层高度 $z$ 为横轴，取第 89 天的实验结果作 $\ln(c/c_0)$ 的沿程变化图。根据拟合方程计算常数 $k$，当进水流量为 6mL/min 时，滤速 $U = 0.193$cm/min，据此可计算出反应速率常数 $k$，见表 2.13。

表 2.13　不同炭层高度的反应速率常数

| | 炭层高度 | | | | |
| --- | --- | --- | --- | --- | --- |
| | 0～30cm | 30～60cm | 60～90cm | 90～120cm | 120～150cm |
| BAC5 | 0.003127 | 0.002181 | 0.002027 | 0.001795 | 0.001791 |
| BAC6 | 0.002509 | 0.002239 | 0.002162 | 0.001621 | 0.001639 |

由表 2.13 可以看出，生物活性炭池在进水端有较大的反应速率常数，即炭池进水端有更强的有机物去除能力，90cm 以上，反应速率常数明显下降，BAC6 的下降幅度更大。由于不同的炭层高度具有不同的反应速率常数，根据式（2.19），生物活性炭池沿程具有不同的有机物反应方程。根据表 2.13，以 BAC5 为例，将各炭层高度的反应速率常数代入式（2.19），得到使用自制柑橘皮活性炭的炭池沿程去除有机物的反应方程，见式（2.21）～式（2.25）。将表 2.13 的数据分别代入 BAC5、BAC6 的反应方程，并与实际测试结果进行对比。

若 $z$ 为 0～30cm，则

$$c_1 = c_0 \mathrm{e}^{-\frac{0.003127z}{U}} \qquad (2.21)$$

若 $z$ 为 30～60cm，则

$$c_2 = c_1 \mathrm{e}^{-\frac{0.002181(z-30)}{U}} \qquad (2.22)$$

若 $z$ 为 60～90cm，则

$$c_3 = c_2 \mathrm{e}^{-\frac{0.002027(z-60)}{U}} \qquad (2.23)$$

若 $z$ 为 90～120cm，则

$$c_4 = c_3 \mathrm{e}^{-\frac{0.001795(z-90)}{U}} \qquad (2.24)$$

若 $z$ 为 120～150cm，则

$$c_5 = c_4 \mathrm{e}^{-\frac{0.001791(z-120)}{U}} \qquad (2.25)$$

综上，生物活性炭池沿程去除有机物的反应方程可以写为 $c_{i+1}=c_i e^{-\frac{k_{i+1}(z_{i+1}-z_i)}{U}}$，其中，$i$ 为第 $i$ 个取样口；$c_i$ 为第 $i$ 个取样口的出水浓度，mg/L；$z_i$ 为第 $i$ 个取样口的炭层高度，cm；$U$ 为滤速，cm/min。

由图 2.47 可以看出，在运行的第 97 天，两套生物活性炭池的 COD 理论计算值与实测值比较接近，而第 37 天的理论计算值与实测值的差异较大。第 97 天进水流量为 6mL/min，而第 37 天进水流量为 10mL/min，水力负荷增加使单位时间内更多的有机物通过炭层，有机物不能得到有效降解，导致实测值高于理论计算值，所以第 37 天的 COD 实测值偏离理论计算值。第 97 天进水流量为 6mL/min，BAC5 和 BAC6 的 COD 理论计算值与实测值非常接近。因此，无论是采用商品活性炭，还是采用自制柑橘皮活性炭，都可以采用计算出的反应速率常数和反应速率方程对稳定运行期间的生化反应进行描述，即生物活性炭池的炭层高度与有机物的关系符合一级反应特征。反应速率常数的获取，可以为后续炭池的运行及实际生产提供理论依据，根据进水的有机物负荷和水力负荷可知生物活性炭池出水可能出现的水质状况。

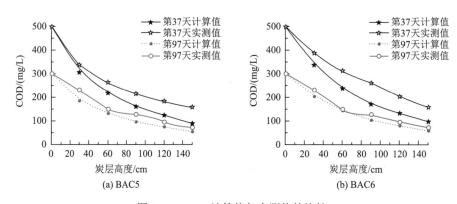

图 2.47　COD 计算值与实测值的比较

### 3. 一级反应速率常数与生物量的关系

根据米氏（Michaelis-Menten）方程，生化反应速率为

$$r=-\frac{k'Xc}{K_m+c}\qquad(2.26)$$

式中，$X$——总酶量（即生物量）；

　　　$k'$——反应常数，$r_{max}=k'X$，$X$ 与生物活性炭池的高度 $z$ 有关；

　　　$K_m$——米氏常数；

　　　$c$——基质浓度（COD）。

当 $K_m \gg c$ 时，可以把式（2.26）简化成

$$r=-\frac{k'Xc}{K_m}\qquad(2.27)$$

根据式（2.17）和式（2.27），可以得到一级反应速率常数与生物量的关系：

$$k=\frac{k'X}{K_m}\qquad(2.28)$$

根据式（2.28）和式（2.17），假设中的一级反应速率常数与生物量成正比。活性炭附着的微生物其生物量沿程基本上呈递减趋势，这与式（2.17）中所假设的一级反应速率常数沿程递减是一致的。不过，从图 2.48（a）中可以看出，对于 BAC5，一级反应速率常数与生物量的线性相关性并不好，相关系数 $R^2$ 只有 0.2044。从图 2.48（b）中可以看出，两套炭池的一级反应速率常数都与生物活性的线性相关性比较好，相关系数 $R^2$ 都大于 0.9，其中 BAC5 的相关系数 $R^2$ 为 0.9596，其一级反应速率常数与生物活性的线性相关性明显优于与生物量的线性相关性，说明生物活性更能反映该生物活性炭池的生化反应过程。

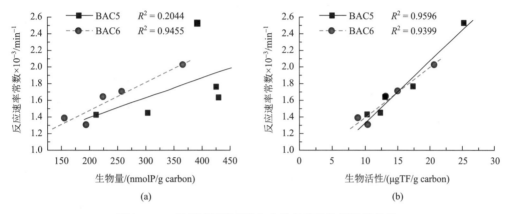

图 2.48　一级反应速率常数与生物量和生物活性的关系

自制柑橘皮活性炭的一级反应速率常数与生物量并不存在良好的相关性，这可能与溶解氧沿程分布情况和生物活性有关。溶解氧浓度是生物反应器的一个重要参数，在生物活性炭池中溶解氧的消耗过程非常复杂，受生物活性炭池的形状、大小所限，实验难以在不影响炭池内部生态环境的情况下测试沿程溶解氧浓度指标。

本书以 COD 表示底物浓度，而 COD 是用于表示有机物相对含量的一项综合性指标，有机物及废水中的少量亚硝酸盐、亚铁盐、硫化物等还原性物质都可能对 COD 有贡献，而有机物的生物降解过程主要是降解有机物中可生物降解的溶解有机碳（biodegradable dissolved organic carbon，BDOC）。因此，如果以 BDOC 表示底物浓度，更能反映生物活性炭池内的生物降解过程。

## 2.5　实际案例及结论

### 2.5.1　城市生活垃圾处理场渗滤液处理工程设计

1. 工艺流程设计

1）渗滤液处理工艺概述

垃圾渗滤液处理工艺的流程为原液→预处理→一级 AOP 组合反应器→二级 AOP 组合反应器→外置式 MBR（膜生物反应器）系统→NF（nanofiltration，纳滤）系统→RO 系统→排放[19]，工艺流程图如图 2.49 所示。

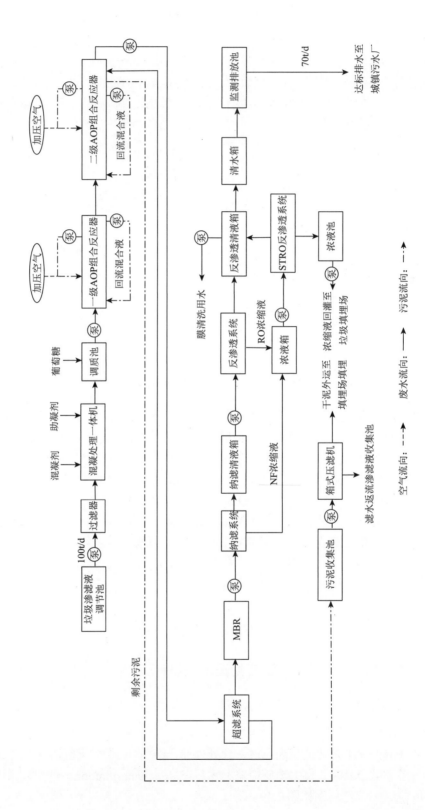

图 2.49 城市生活垃圾处理场渗滤液处理工程工艺流程图

（1）来自垃圾渗滤液调节池的渗滤液（废水）先被潜水泵提升至过滤器，然后经过滤器过滤掉大量漂浮物和杂质后进入混凝处理一体机进行处理，之后进入调质池，在调质池中添加营养剂并调匀后，再用泵提升至一级 AOP 组合反应器。

（2）废水进入一级 AOP 组合反应器后，利用废水中的微生物，降低废水中的有机污染物浓度，同时利用硝化细菌和反硝化细菌，降低废水中的氨氮和总氮浓度。处理后的废水进入沉淀池，完成泥水分离后，沉淀池污泥回流到一级 AOP 组合反应器进水口，剩余污泥输送至污泥收集池。

（3）在二级 AOP 组合反应器中进一步地降低废水中有机污染物、氨氮等物质的浓度。

（4）在一级 AOP 组合反应器出水口设置外置式 MBR，用于提高生化系统的处理效率，同时起到为膜深度处理系统进水提供预处理的作用。

（5）MBR 出水用泵加压后进入纳滤系统，通过纳滤分离，纳滤出水进入纳滤清液箱，浓缩液进入浓液箱。

（6）纳滤清液用泵加压后进入反渗透系统，通过反渗透分离，出水进入反渗透清液箱，浓缩液进入浓液箱。

（7）浓液箱的浓缩液用管网式反渗透（space tube reverse osmosis，STRO）系统做减量处理，STRO 出水进入反渗透清液箱，STRO 浓缩液进入浓液池，然后用泵输送到垃圾填埋场做回灌处理。

（8）混凝处理一体机产生的物化污泥、AOP 组合反应器产生的含水污泥进入污泥收集池，然后再用泵加压后进入箱式压滤机，压滤后做回填处理。

2）渗滤液处理单元设计

渗滤液处理单元如下：①预处理系统；②两级 AOP 组合反应器；③外置式 MBR；④膜深度处理系统；⑤浓缩液处理系统；⑥剩余污泥处理系统；⑦臭气处理系统。

2. 主要工艺单元

1）预处理工艺

由于填埋场一般起到水量调节作用而水质均衡作用较差，废水中杂质较多，为保障渗滤液处理系统的脱氮稳定性、节约系统运行成本，设计水质均化调配系统，采用可生化性较好的新鲜渗滤液或向老龄渗滤液投加碳源并进行适当的混合调配以提高渗滤液的可生化性，使渗滤液处理系统的进水维持较好的可生化性和合适的碳氮比。

预处理工艺流程：来自垃圾渗滤液调节池的渗滤液被潜水泵提升至过滤器，过滤掉渗滤液中大量的漂浮物和杂质，渗滤液经混凝处理一体机处理之后进入调质池，在调质池中加入营养剂，碳源与渗滤液在调质池内以一定的比例混合调配，以使渗滤液拥有较好的可生化性和合适的碳氮比，为进一步进行生化处理提供有利条件。

2）生化工艺——A/O 工艺

A/O 工艺是一种前置反硝化工艺，属单级活性污泥脱氮工艺，即只有一个污泥回流系统。A/O 工艺的特点是废水原液先经缺氧池，再进入好氧池，并使好氧池的混合液和沉淀池的污泥同时回流到缺氧池。

3）超滤工艺——外置管式超滤膜[20]

在管式膜生物反应器中生物反应器与膜单元相对独立，通过混合液循环泵可使得处理水通过膜组件后外排，生物反应器与膜分离装置之间的相互干扰较少。目前在垃圾渗滤液处理中采用的外置式膜生物反应器，其超滤膜一般选用错流式管式超滤膜。循环泵为混合液（污泥）提供一定的流速（3.5～5m/s），使混合液在管式膜中处于紊流状态，避免污泥在膜表面沉积。外置管式超滤膜示意图如图 2.50 所示。

图 2.50　外置管式超滤膜示意图

4）深度处理工艺

（1）纳滤。纳滤是以压力差为推动力的膜分离过程，该过程不可逆。其分离机制可以运用电荷模型（空间电荷模型和固定电荷模型）、细孔模型以及近年来提出的静电排斥和立体阻碍模型等来描述。与其他膜分离过程比较，纳滤的优点是能截留通过超滤膜的小分子有机物，且能透析反渗透膜所截留的部分无机盐，即能使浓缩与脱盐同步进行。

NF 膜分离需要的跨膜压差一般为 0.5～2MPa，比用反渗透膜达到同样的渗透能量所必须施加的压差低 0.5～3MPa。在同等的外加压力下，纳滤的通量要比反渗透的大得多，而在通量一定时，纳滤所需的压力则比反渗透所需的小很多。所以用纳滤代替反渗透时，浓缩过程可更有效、更快速地进行，并达到较大的浓缩倍数。一般来讲，在使用 NF 膜进行膜分离的过程中，溶液中各种溶质的截留率有如下规律：①随着摩尔质量的增加而增加；②在给定进料浓度的情况下，随着跨膜压差的增加而增加；③在给定压力的情况下，随着溶液中各种溶质浓度的增加而下降；④对于阴离子来说，按 $NO_3^-$、$Cl^-$、$OH^-$、$SO_4^{2-}$、$CO_3^{2-}$ 的顺序上升；⑤对于阳离子来说，按 $H^+$、$Na^+$、$K^+$、$Ca^{2+}$、$Mg^{2+}$、$Cu^{2+}$ 的顺序上升。

（2）反渗透。传统的卷式膜组件为膜片卷绕在中心透析管上，并通过格网形成间隔，传统的格网为菱形结构，废水/料液通过格网进行流动时并不非常通畅，特别是带有一定

SS 的废水，因此传统的卷式膜组件需要将废水进行严格的预处理，并避免 SS 进入膜组件内部，发生物理堵塞现象。STRO 膜组件（图 2.51）的格网采用梯形结构，废水/料液在格网形成的通道内流动，如同在管式膜内流动，阻力较菱形格网要小很多。同时，内部横向的加强筋可以增加料液流动时产生的紊流，减弱膜的浓差极化作用，从而使得 STRO 膜组件的耐污染能力提高。

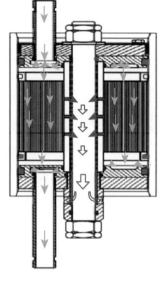

图 2.51　STRO 膜组件

在膜组件卷制上，STRO 膜组件采用多膜页、短膜长的形式卷制，由此使得透析液流经的距离变短，降低了透析液的透析压力。

废水通过平行格网流出浓液管。苯乙烯（ST）废水从端头直接进入，通过一个导流分配盘将废水均匀地分配到膜组件进料端面，在压力作用下，透析液通过格网流入中间的透析液收集管，其余反渗透膜组件以串联方式实现废水回收率的提高和能耗的降低。

5）浓缩液处理工艺——回灌

浓缩液回灌垃圾填埋区的示意图如图 2.52 所示。

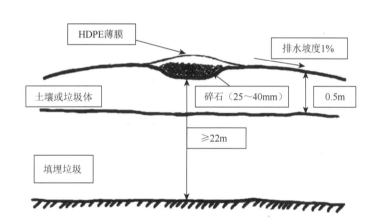

图 2.52　浓缩液回灌垃圾填埋区

浓缩液回灌垃圾填埋场填埋区，处理成本较低，但要求填埋场有足够的填埋容积、适当的压实密度以及周密的回灌体系布置。

垃圾处理场是一个用垃圾作为填料的准好氧生物反应器，垃圾表面有很多菌胶团，可吸附降解水中的有机物。垃圾分解过程是一个非常复杂的生物、化学和物理过程，其一部分中间产物形成填埋气排出垃圾处理场，另一部分被渗入的雨水冲刷、溶解，经过收集系统排出，产生渗滤液。浓缩液回灌是指让已经流出的中间产物再回到生物反应过程中，继续参与生物降解。因此，回灌处理从本质上讲延续了处理场的降解过程，不会对垃圾处理场产生不利的影响。

6）污泥脱水工艺——厢式隔膜压滤机

厢式隔膜压滤机与普通厢式压滤机的主要不同之处是在滤板与滤布之间加装了一层弹性膜。运行过程中，当进料结束时，可将高压流体介质注入滤板与隔膜之间，这时整张隔膜会鼓起压迫滤饼，从而实现滤饼的进一步脱水，即压榨过滤。

7）除臭工艺——化学洗涤法除臭

洗涤法的原理是通过气液接触，使气相中的污染物成分转移到液相中，传质效率主要由气液两相之间的亨利常数和二者的接触时间决定。使用洗涤法去除气体中的含硫污染物（如 $H_2S$、$CH_3SH$）时，可在水中加入碱性物质以提高洗涤液的 pH 或加入氧化剂以增加污染物在液相中的溶解度。洗涤通常在填充塔中进行，以增加气液接触机会。化学洗涤器的主要设计思想是通过气、水和化学物质（视需要）的接触对恶臭气体进行氧化或截获，主要由单级反向流填料塔、反向流喷射吸收器、交叉流洗脱器构成。

3. 工艺单元的作用

1）两级 AOP 组合反应器

（1）一级 AOP 组合反应器：主要作用是利用生物反应池内的硝化细菌和反硝化细菌，把废水中的氨氮和硝酸盐转变成无害的 $N_2$ 排出，同时进一步降低废水中的有机污染物浓度。

（2）二级 AOP 组合反应器：由于垃圾渗滤液中的氨氮浓度过高，同时出水要求比较高，如果只依靠一级硝化，不能达到处理效果，因此使用二级 AOP 组合反应器进一步脱氮，并使用 MBR 膜装置。

2）外置式 MBR（UF）系统

（1）管式 MBR（UF）：主要作用是利用超滤膜的物理截留作用提高前端生化系统污泥浓度，同时代替二沉池起到泥水分离作用。

（2）纳滤系统：主要作用是利用 RO 膜的截污特性去除污染物，以保证废水达到反渗透系统进水水质要求。

（3）反渗透系统：主要作用是利用 RO 膜的截污特性去除污染物，以保证废水达标排放。

3）浓缩液减量处理系统

主要作用是利用浓缩液的高抗污染性、高浓缩倍数特性去除污染物，减少浓液。

4）浓缩液池

主要作用是提升渗滤液调节效率。

5）恶臭气体处理系统

主要作用是处理恶臭气体。

## 2.5.2　结论

微生物处理工艺的经济性和对出水水质的高标准促使近年来膜技术和好氧微生物处理技术相结合，并在渗滤液处理方面展示出强劲的市场竞争力。针对技术现状及填埋场垃圾渗滤液水质特点，结合类似项目的工程经验，本章确定采用"预处理＋两级 AOP 组合反应器＋外置式 MBR（UF）＋NF＋RO"的处理工艺。

从方案的工艺特点、对水质波动的适应性、总投资以及单位运行成本等方面进行分析，并考虑方案的环境效益、经济效益等因素，得出如下结论。

（1）出水水质稳定，渗滤液原液通过预处理可以将大部分悬浮物、藻类等大颗粒物质去除，达到《生活垃圾填埋场污染控制标准》（GB 16889—2008）对现有和新建生活垃圾填埋场的水污染物排放浓度限值要求。

（2）装置一体化，且安装和管理方便，自动化程度高，操作简单，可实现自动远程控制。

（3）工艺基本不受水质变化的影响，适用于垃圾渗滤液整个处理过程。

（4）工艺适合在 5～35℃的环境温度下运行，且环境温度变化时，出水水质不受影响。

（5）投资成本低，设备运行稳定，出水排放一次性达标，土建成本低，运行成本较一般生化处理成本低，不需要专业的生物、化学、环境或机电工程师专门操作，在经济指标上具有较大的优越性。

## 参 考 文 献

[1]　黄鹤. 生物活性炭处理垃圾渗滤液生化尾水试验研究[D]. 重庆：重庆大学，2010.

[2]　Valente Nabais J M，Carrott P J M，Ribeiro Carrott M M L，et al. Preparation and modification of activated carbon fibres by microwave heating[J]. Carbon，2004，42（7）：1315-1320.

[3]　Tomków K，Siemieniewska T，Czechowski F，et al. Formation of porous structures in activated brown-coal chars using $O_2$，$CO_2$ and $H_2O$ as activating agents[J]. Fuel，1977，56（2）：121-124.

[4]　谷丽琴. 煤基活性炭制备研究进展[J]. 煤炭科学技术，2008，36（7）：107-109.

[5]　Weber Jr W J，Yimg W C. Integrated biological and physicochemical treatment for reclamation of waste waterly[J]. Prog. Water Technol.，1978，10（1）：217-233.

[6]　Sontheimer H，Brauch H J，Kühn W. Impact of different types of organic micropollutants present on sources of drinking water on the quality of drinking water[J]. Science of the Total Environment，1985，47：27-44.

[7]　Miller G W，Rice R. European water treatment practices：the promise of biological activated carbon[J]. CivilEngineering-ASCE，1978，48（2）：81-83.

[8]　兰淑澄. 生物活性炭技术及在污水处理中的应用门[J]. 给水排水，2002，28（12）：1-5.

[9]　田晴，陈季华. BAC 生物活性炭法及其在水处理中的应用[J]. 环境工程，2006，24（1）：84-86.

[10]　Mavros M，Xekoukoulotakis N P，Mantzavinos D，et al. Complete treatment of olive pomace leachate by coagulation，activated-carbon adsorption and electrochemical oxidation[J]. Water Research，2008，42（12）：2883-2888.

[11]　谢志刚. 柑橘皮生物活性炭研制及渗滤液后续处理技术研究[D]. 重庆：重庆大学，2009.

[12]　Dennis D T，Ronald B，Joseph H S. Bench-scale studies of reactor-based treatment of fuel-contaminated soils[J]. Waste Management，1999，15（5-6）：351-357.

[13]　Xuan Z X，Tang Y R，Li X M，et al. Study on the equilibrium，kinetics and isotherm of biosorption of lead ions onto pretreated chemically modified orange peel[J]. Biochemical Engineering Journal，2006，31（2）：160-164.

[14]　Sirotkin A S，LYu K，Ippolitov K G. The BAC-process for treatment of waste water containing non-ionogenic synthetic surfactants[J]. Water Research，2001，35（13）：3265-3271.

[15]　Ajmal M，Ali Khan Rao R，Ahmad R，et al. Adsorption studies on Citrus reticulata（fruit peel of orange）：removal and recovery of Ni(Ⅱ) from electroplating wastewater[J]. Journal of Hazardous Materials，2000，79（1/2）：117-131.

[16] Scholz M，Martin R J. Ecological equilibrium on biological activated carbon[J]. Water Research，1997，31（12）：2959-2968.

[17] Kolb F R，Wilder P A. Activated carbon adsorption couple with biodegradation to treat problematic wastewater[C]. Proc. 1st IAWQ Specialized Conference on Adsorption in Water Environment and Treatment Process，Wadayama Japan，1996：191-199.

[18] 许子洋. 臭氧生物活性炭、微絮凝强化过滤及组合工艺处理污染原水的研究[D]. 杭州：浙江工业大学，2017.

[19] 余彬，刘锐，程家迪，等. 臭氧氧化—生物活性炭滤池深度处理制革废水二级出水[J]. 化工环保，2012，32（1）：39-43.

[20] Visvanathan C，Choudhary M K，Montalbo M T，et al. Landfill leachate treatment using thermophilic membrane bioreactor[J]. Desalination，2007，204（1/2/3）：8-16.

# 第3章　电镀废水处理技术及其应用

## 3.1　电催化协同电沉积实现化学镀镍废水中镍回收的研究

化学镀镍层具有优良的均匀性、耐磨性和耐腐蚀性及稳定性，已被广泛应用于工业领域，可为各种导体和绝缘体产品提供具光泽和耐腐蚀的镀层。化学镀镍体系是镍盐、还原剂（次磷酸盐）、络合剂和缓冲剂共存的热力学体系，体系中的镍离子（$Ni^{2+}$）在催化作用下被次磷酸盐（$H_2PO_2^-$）还原成金属镍沉积到金属、陶瓷或塑料表面，同时会不可避免地产生大量具强稳定性、高毒性、难生物降解性的含镍废水。含镍废水的排放对生态环境的威胁极大，甚至会危害人体健康。

### 3.1.1　化学镀镍废水处理技术

传统的化学镀镍废水处理技术[1]包括化学沉淀法、离子交换法、吸附法和膜分离法，已经被广泛用于工业废水除镍过程。化学沉淀法是指通过向化学镀镍废水中投加沉淀剂（如氢氧化钠、硫化物、硫酸亚铁盐）去除镍离子。处理过程中，加入的沉淀剂与镍离子反应生成不溶性氢氧化镍沉淀，从而实现镍离子的去除。但这不仅会造成资源浪费，还会因需要对大量含镍污泥进行进一步处置而增加处理成本。基于此，离子交换法和膜分离法被用于化学镀镍废水的分离与浓缩，浓缩液需要进行回收处理。然而，离子交换树脂再生困难及膜分离过程中存在的膜污染问题大大增加了回收成本，进而限制了其推广应用。

$TiO_2$ 光催化法和电沉积法都是有效的含重金属废水处理方法，但 $TiO_2$ 光催化法对重金属的回收有一定的局限性。同时，$TiO_2$ 只有在紫外光照射下才能形成光生电子和光生空穴，且二者的复合速率较高，因此 $TiO_2$ 光催化法处理效率较低。对于光电催化[2]（photoelectrocatalysis，PEC）系统，在光阳极上施加电压可以明显提高光生电子和空穴的分离效率，进而提高 $TiO_2$ 光催化法处理效率。此外，PEC 还可以实现金属络合物的破络合和重金属离子的回收。但是，与电沉积法相比，PEC 对重金属离子的回收率更低。电沉积法已被用于工业废水中游离重金属离子的回收。

在化学镀镍废水[3]中，镍主要以稳定的络合物形式存在。对于含络合物的难降解废水，目前多采用高级氧化法进行处理。然而，紫外线/氯高级氧化法[4]对其的处理效率不高，且反应体系难以控制；而芬顿高级氧化法[5, 6]中过氧化氢的利用率低，且处理时间长。

电催化氧化法能够有效破坏重金属络合物的稳定结构。并且，与高级氧化法相比，电催化氧化法具有投资成本小、效率高、不会造成二次污染的特点。因此，将电催化氧化技术和电沉积技术结合，有望实现化学镀镍废水中镍的回收。在电催化氧化过程中，镍络合物被阳极氧化分解，析出重金属离子；重金属离子因在静电场的作用下迁移至阴极而被还原、沉积，实现镍的回收[7]。

### 3.1.2　电催化法处理化学镀镍废水

**1. 实验内容**

实验用废水为重庆市某工业园区中某表面处理有限公司的化学镀镍废水。该公司的化学镀镍工艺流程如图3.1所示。

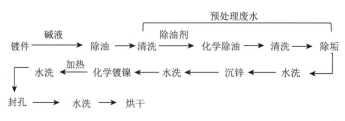

图3.1　化学镀镍工艺流程

废水为化学镀镍槽中的废液，初始出水主要含磷（$H_2PO^-$、$HPO_3^{2-}$、$PO_4^{3-}$）、镍络合物和络合剂B、乳酸、乙酸钠、苹果酸等。化学镀镍废水主要参数指标见表3.1。

**表3.1　化学镀镍废水主要参数指标**

| | 镍离子浓度/(mg/L) | pH | 总有机碳(TOC)/(mg/L) | 氨氮(NH$_3$-N)/(mg/L) |
|---|---|---|---|---|
| 数值 | 1160±50 | 4.5±0.5 | 2163±50 | 1340±50 |

**2. 影响因素**

1）反应时间对镍回收率的影响

连接装置电源，启动电机和蠕动泵将废水泵入反应池，开启直流电源，设定电流、电压。初始pH为3，电流为20A，蠕动泵转速为200r/min。采用序批式运行进行实验，研究反应时间对镍回收率的影响。

如图3.2所示，在中试实验过程中，随着反应时间的延长，镍回收率逐渐增加。当反应时间从0min延长至180min时，镍回收率为89.98%，然而反应时间从180min延长至240min时，镍回收率变化较小。反应240min后，镍回收率为91.02%。这是因为反应时间较短时，反应池中镍离子浓度较高，离子扩散速率较快。此外，高镍离子浓度下，镍离子还原过电位低，实际还原电位高，反应过程以镍还原为主，从而使得镍迅速在阴极上沉积。然而，随着反应时间的延长，反应池中镍离子浓度大幅降低，导致浓度极化，镍离子还原过电位高，实际还原电位低，镍离子在阴极的沉积速率降低。因此，最佳反应时间确定为180min。

2）电流对镍回收率的影响

连接装置电源，启动电机和蠕动泵将废水泵入反应池，开启直流电源，设定电流、电压。初始pH为3，蠕动泵转速为200r/min，反应时间为180min，电流分别为10A、15A、20A、25A。采用序批式运行进行实验，研究电流对镍回收率的影响。

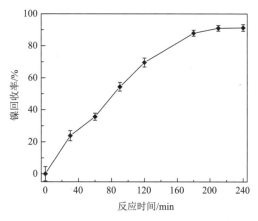

图 3.2　反应时间对镍回收率的影响

电流是控制镍回收率的重要参数。如图 3.3 所示，在电流分别为 10A、15A、20A 和 25A 时，反应 180min 后镍回收率分别为 48.12%、59.16%、88.57% 和 91.74%。镍回收率随着电流的升高而逐渐增加，但当电流从 20A 增加至 25A 时，镍回收率增长缓慢。这是因为当电流分别为 10A、15A、20A 和 25A 时，电压分别为 1.8V、2.4V、3.5V 和 4.4V，电流的增加会提高阳极的氧化电位，进而提高阳极的氧化能力，促进镍络合物的氧化分解，释放游离的镍离子。此外，电流越大，反应池中镍离子定向运动速率越快，这有利于镍离子在阴极上沉积，因而镍回收率迅速升高。然而，当电流高于 20A 时，随着镍离子的析出，镍还原过电位升高。此外，阴极上存在析氢副反应与镍还原竞争，造成电能被损耗，导致镍的回收受到限制。因此，考虑到能量利用率最大化，最佳电流确定为 20A。

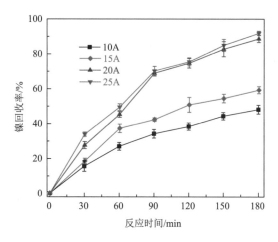

图 3.3　电流对镍回收率的影响

3）初始 pH 对镍回收率的影响

连接装置电源，启动电机和蠕动泵将废水泵入反应池，开启直流电源。电流为 20A，蠕动泵转速为 200r/min，反应时间为 180min，初始 pH 分别为 3、4、5、6。采用序批式运行进行实验，研究初始 pH 对镍回收率的影响。

如图 3.4 所示，随着 pH 的升高，镍回收率逐渐降低。反应 180min 后当初始 pH 为 3 时，镍回收率最高，为 87.95%。当初始 pH 为 6 时，镍回收率为 35.55%。这是因为在 pH 为 3 时，污染物更倾向于吸附在阳极上，这有利于污染物的氧化，释放的游离镍离子吸附沉积在阴极表面沉积。根据氢氧化镍的溶度积常数 $K_{sp} = 5.48 \times 10^{-16}$，当溶液 pH 高于 5 时，阴极表面会生成不溶性氢氧化物沉淀，影响阴极沉积物的化学形态。此外，在不同 pH 条件下，镍络合物的形态会发生变化。酸性条件下，镍络合物的形态稳定性更差，这有利于镍络合物的破络合。因此，最佳 pH 为 3。

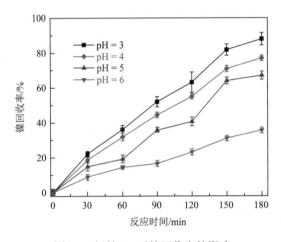

图 3.4　初始 pH 对镍回收率的影响

### 3. 连续式运行稳定性分析

连接装置电源，启动电机和蠕动泵将废水泵入反应池，开启直流电源。电流为 20A，蠕动泵转速为 200r/min，反应时间为 180min，初始 pH 为 3。采用连续式运行进行实验，镍回收情况如图 3.5 所示。由图 3.5 可知，中试装置连续运行 18h 后，镍回收率基本保持不变。

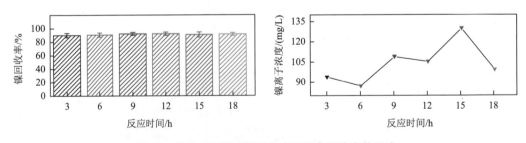

图 3.5　连续式运行对镍回收率和镍离子浓度的影响

## 3.2　萃取法协同电沉积实现化学镀镍废水中镍回收的研究

萃取法已被广泛用于废水中重金属的分离与富集，但关于萃取法用于重金属络合物破络合的研究较少。而萃取法的效率在很大程度上取决于萃取剂的性能,因此萃取剂的种类对萃取法非常重要。常用于重金属分离的萃取剂有 Cyanex272、磷酸、磷酸三丁酯、Cyanex301、NaTOPS-99 等。近年来,萃取剂的制备及应用得到广泛的研究,如在分离 Zn 和 Mn 时,磷酸的分离效果优于 Cyanex272,所以酸性萃取剂对锌具有较好的萃取性能。

### 3.2.1　萃取法处理化学镀镍废水

在本节的研究中,建立从化学镀镍废水中回收镍的资源化处理工艺。该工艺包括萃取和电沉积处理[8]。采用萃取法对化学镀镍废水进行预处理,释放游离的镍离子,然后进一步用电沉积法处理。同时以萃取作为核心工艺单元,构建液-液萃取体系,考察反应时间、初始 pH、萃取剂投加量、反应温度对镍萃取率的影响。此外,利用气相色谱-质谱法（gas chromatography-mass spectrometry,GC-MS）、傅里叶变换红外光谱仪（Fourier transform infrared spectrometer,FTIR）分析萃取剂反应前后的结构特征。以硫酸作为反萃取剂,采用电沉积法处理反萃液并回收镍。运用扫描电子显微镜-X 射线谱（SEM-EDS）、X 射线衍射（X-ray diffraction,XRD）、X 射线光电子能谱（X-ray photo-electron spectroscopy,XPS）对阴极回收产物进行分析,研究电沉积过程中镍形态的变化及其回收机理。

1. 实验内容

实验用废水为重庆市某工业园区中某公司的化学镀镍废水。废水为化学镀镍槽中的废液,初始出水主要含磷（$H_2PO^-$、$HPO_3^{2-}$、$PO_4^{3-}$）、镍络合物、络合剂 B、乳酸、乙酸钠、苹果酸等。通过调节废水的 pH,探究废水中镍存在的形态。如图 3.6 所示,废水中镍离子浓度随着 pH 的升高略微降低。因此,可以确定废水中镍以络合物形式存在,镍络合物具有较强的稳定性。化学镀镍废水主要参数指标见表 3.2。

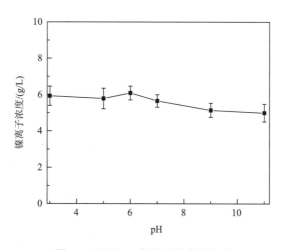

图 3.6　不同 pH 条件下镍离子浓度

表 3.2　化学镀镍废水主要参数指标

| | 镍离子浓度/(mg/L) | pH | 总磷（TP）浓度/(mg/L) | 氨氮（NH₃-N）浓度/(mg/L) |
|---|---|---|---|---|
| 数值 | 6000±200 | 5.8±0.2 | 13600±50 | 30±2 |

**2. 影响因素**

**1）反应时间对镍萃取率的影响**

在 20℃的室温条件下，向 500mL 烧杯中加入 100mL 化学镀镍废水，萃取剂投加量为 100mL，初始 pH 为 5.81，蠕动泵转速为 500r/min，考察反应时间对镍萃取率的影响，然后静置 10min，待水相澄清后滤出萃余液做取样分析。实验结果如图 3.7 所示。

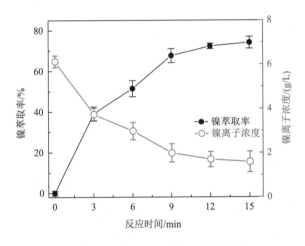

图 3.7　反应时间对镍萃取率的影响

由图 3.7 可知，反应时间对镍萃取率的影响显著，随着反应时间的延长，镍萃取率逐渐升高。当反应时间为 3min 时，镍萃取率为 38.98%，当反应时间为 12min 时，镍萃取率达到 74.09%，萃余液中镍离子浓度为 1.58g/L。继续延长反应时间，镍萃取率基本保持不变。这主要是因为萃取剂对废水的萃取过程包含物理萃取和化学络合萃取，在反应时间为 2min 时，由于二者的接触时间较短，萃取反应进行得不完全，从而导致镍萃取率较低。在反应时间为 10min 时，二者在搅拌器的作用下充分混合，镍络合物充分地占据萃取剂表面的活性位点，萃取反应基本达到平衡。继续延长反应时间，镍萃取率基本不发生改变，且萃取体系中的有机相与水相分层不明显。总体来说，在萃取体系中，随着反应时间的延长，有机相与水相充分接触，镍萃取率不断升高。因此，确定最佳反应时间为 12min。

**2）萃取剂投加量对镍萃取率的影响**

在 20℃的室温条件下，向 500mL 烧杯中加入 100mL 化学镀镍废水，反应时间为 12min，初始 pH 为 5.73，蠕动泵转速为 500r/min，萃取剂投加量分别为 10mL、30mL、

50mL、80mL、100mL，考察萃取剂投加量对镍萃取率的影响，然后静置 10min，待水相
澄清后滤出萃余液做取样分析。实验结果如图 3.8 所示。

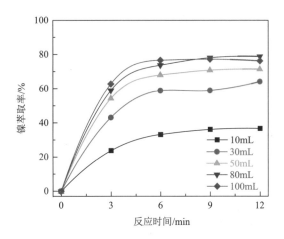

图 3.8　萃取剂投加量对镍萃取率的影响

如图 3.8 所示，随着萃取剂投加量的增加，镍萃取效果显著提升。当萃取剂投加量为
10mL 时，反应 12min 后镍萃取率为 39.12%。当萃取剂投加量为 80mL 时，镍萃取效果
最佳，镍萃取率为 79.49%。继续增加萃取剂投加量，镍萃取率基本保持不变。这是因为
随着萃取剂投加量的增加，萃取体系中有机相与水相中的镍络合物在单位时间内的接触
量逐渐增大，络合萃取镍的物质的量增加，从而使得镍的萃取效果显著提升。但当萃取
剂投加量超过 80mL 时，萃取剂处于过饱和状态，延长了有机相与水相的分层时间。在
实际的废水处理中，既需要考虑镍萃取率，又需要考虑能耗。因此，最佳的萃取剂投加
量为 80mL。

3）初始 pH 对镍萃取率的影响

在 20℃的室温条件下，向 500mL 烧杯中加入 100mL 化学镀镍废水，萃取剂投加量
为 80mL，反应时间为 12min，蠕动泵转速为 500r/min，初始 pH 分别为 3、5、6、7、9，
考察初始 pH 对镍萃取率的影响，然后静置 10min，待水相澄清后滤出萃余液做取样分
析。实验结果如图 3.9 所示。

如图 3.9 所示，初始 pH 对镍萃取率的影响较大，随着初始 pH 的增加，镍萃取
率显著提高。当初始 pH 从 3 增加至 6 时，反应 12min 后镍萃取率从 31.28%增加到
79.49%。当初始 pH 大于 6 时，镍萃取率随着 pH 的增加无明显波动。这是因为在络
合萃取生成螯合物的同时会释放 $H^+$，当水相的 pH 较低时，不利于萃取反应平衡向右
移动，从而影响了萃取效果，降低了镍萃取率。当初始 pH 为 6 时，镍萃取率最高，
这是因为 pH 会影响萃取剂的黏度，在中性条件下，萃取剂黏度最小，萃取效果最好。
在 pH 为 7 和 pH 为 9 时，反应 12min 后镍萃取率基本保持不变。实验结果表明，萃
取镍时最佳的 pH 为 6。此外，溶液的初始 pH 为 6 左右时，不需要加入 $H_2SO_4$ 或 NaOH
溶液调节 pH。

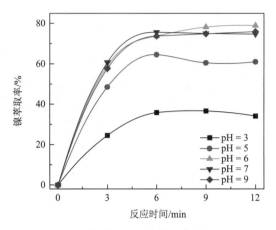

图 3.9　初始 pH 对镍萃取率的影响

4）反应温度对镍萃取率的影响

向 500mL 烧杯中加入 100mL 化学镀镍废水，萃取剂投加量为 80mL，反应时间为 12min，蠕动泵转速为 500r/min，初始 pH 为 5.73，反应温度分别为 20℃、30℃、40℃、50℃和 60℃，考察反应温度对镍萃取率的影响，然后静置 10min，待水相澄清后滤出萃余液做取样分析。实验结果如图 3.10 所示。

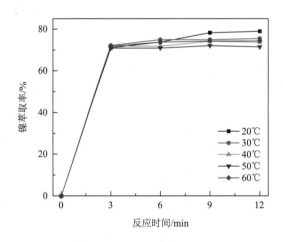

图 3.10　反应温度对镍萃取率的影响

如图 3.10 所示，在化学镀镍废水萃取过程中，反应温度对镍萃取率的影响不大。在 20℃的室温条件下，镍萃取效果最佳，镍萃取率为 79.49%。当反应温度从 20℃增加至 60℃时，反应 12min 后镍萃取率分别为 79.49%（20℃）、73.46%（30℃）、71.89%（40℃和 60℃）、70.19%（50℃），镍萃取率略微降低。这是因为在萃取镍的过程中，温度会影响有机相与水相之间分层区域的大小，因此要想达到理想的萃取效果，实验过程中应尽量增大分层区域。相比 20℃的室温条件，升高反应温度会使得分层区域减小。当温度过高时，分层区域可能会消失，从而影响有机相和水相的分离效果，进而使得镍萃取效果受到影响。本实验在室温条件下能高效地萃取镍，因此，后续实验研究在室温下进行。

### 3. 萃取剂稳定性分析

#### 1）FTIR 分析

萃取是废水资源化处理工艺的关键环节，萃取剂的稳定性是整个萃取体系持续稳定运行的首要前提。采用相同的工艺流程进行循环使用实验，考察萃取剂的稳定性。萃取完成后，用硫酸进行反萃取处理[9]，去除萃取剂中的重金属，由此萃取剂可重复使用。利用 FTIR 对循环使用前后萃取剂的结构进行分析。如图 3.11 所示，循环使用 10 次后的萃取剂与新鲜的萃取剂具有相似的典型特征峰，且呈现出良好的分层效果。实验结果表明，该萃取剂使用周期长，稳定性良好。

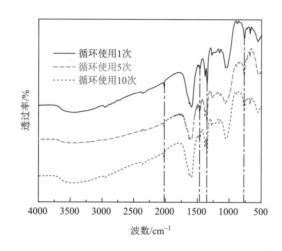

图 3.11　不同循环使用次数下萃取剂反应后的 FTIR 图

#### 2）GC-MS 分析

利用 GC-MS 分析萃取剂反应后的成分。如图 3.12 所示，循环使用 10 次后，结构式表现为磷酸二异辛酯。由此可知，该萃取剂的结构在整个反应过程中不发生改变，从而保证了其萃取活性。因此，该萃取剂具有良好的可循环利用性，大大缩减了实际应用中的成本。

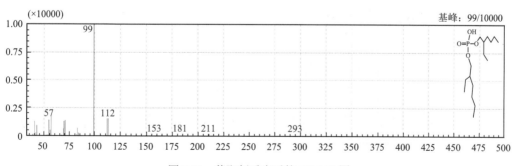

图 3.12　萃取剂反应后的 GC-MS 图

### 3.2.2　电沉积法处理化学镀镍废水

利用萃取法处理化学镀镍废水,可实现镍络合物的破络合,80%左右的镍与萃取剂形成配合物进入有机相。可以用硫酸溶液对含镍萃取剂进行反萃取处理。这不仅可以实现萃取剂的再生,而且可以得到高浓度硫酸镍溶液。为了达到回收再利用镍资源的目的,本书采用电沉积法对硫酸镍溶液进行处理。

**1. 电化学体系对镍回收性能的影响**

如图 3.13 所示,该电沉积体系具有良好而独特的性能。重复进行三次实验发现,在 pH 为 3 条件下,120min 内可回收反萃取液中 98%的镍离子,镍回收率随着反应时间的延长而增加。相比以往报道的结果,镍回收率显著提高。

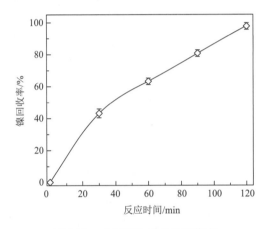

图 3.13　电沉积体系中镍回收率

**2. 阴极沉积物表征**

采用 XRD、SEM 和 XPS 对电沉积过程中阴极表面的沉积物进行分析。如图 3.14(a)所示,电沉积反应进行 120min 后阴极上覆盖着一层致密的沉积物。

(a) 光学影像图　　　　　　(b) XRD图

图 3.14　阴极沉积物表征

如图 3.14（b）所示，阴极沉积物在 44.80°、52.75° 和 77.52° 处有明显的尖峰，其他位置并未发现衍射峰。这些衍射峰与标准的镍物相相符合（JCPDS No. 87-0712），说明沉积物中含有大量的镍。利用场发射扫描电子显微镜（field emission scanning electron microscope，FESEM）观察沉积物，获得 SEM 图。如图 3.15（a）和图 3.15（b）所示，回收的产物呈层状结构，排列紧密，对应于金属镍。同时，结合 EDS 图（图 3.16）分析阴极沉积物的元素组成。EDS 图表明，阴极沉积物中主要含有 Ni、O、P 等元素，含量分别为 86.4%、5.8% 和 4.6%，进一步证明了 XRD 分析结果。

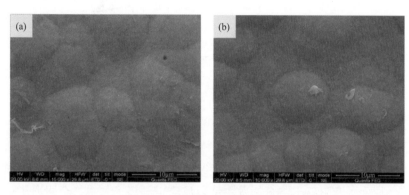

图 3.15　阴极沉积物的 SEM 图

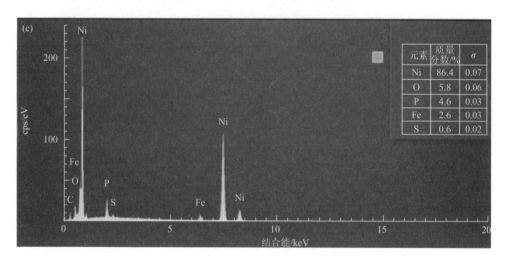

| 元素 | 质量分数/% | $\sigma$ |
|---|---|---|
| Ni | 86.4 | 0.07 |
| O | 5.8 | 0.06 |
| P | 4.6 | 0.03 |
| Fe | 2.6 | 0.03 |
| S | 0.6 | 0.02 |

图 3.16　阴极沉积物的 EDS 图

用 XPS 分析阴极沉积物的化学性质与氧化态。如图 3.17 所示，反应 120min 后，在 856.40eV、861.63eV 和 873.85eV 处出现三个衍射峰。Ni $2p_{3/2}$ 主要的峰出现在 856.40eV 和 861.63eV 处，Ni $2p_{1/2}$ 的峰出现在 873.85eV 处，这归因于镍的结合能。分析结果表明，阴极沉积物为单质镍。因此，可以推断出电沉积使得镍离子在阴极上还原成金属镍。

总的来说，萃取法协同电沉积体系实现了化学镀镍废水中镍的回收。阴极沉积物中存在镍物相，镍主要以单质形式被回收[10]。

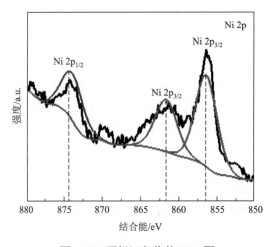

图 3.17　阴极沉积物的 XPS 图

### 3.2.3　镍破络合及沉积机理

选择酸性含磷萃取剂进行萃取实验，主要原理是萃取剂在与水相接触时会释放氢离子，氢离子会与金属络阴离子络合物发生萃取反应。氢离子与镍络合阴离子作用，使得镍离子进入有机相，从而达到萃取镍的目的。萃取反应式如下：

$$2HOC_8H_{17}OOPOOH + NiA \longrightarrow 2C_8H_{17}OPO - Ni - 2OPOC_8H_{17} + 2HA \qquad (3.1)$$

式中，NiA——镍配合物。

$$Ni^{2+} + OH^- \longrightarrow Ni(OH)^+ \qquad\qquad (3.2)$$

$$Ni(OH)^+ + OH^- \longrightarrow Ni(OH)_2 \qquad\qquad (3.3)$$

$$Ni(OH)_2 + 2e^- \longrightarrow Ni + 2OH^- \qquad\qquad (3.4)$$

基于上述结果与分析，可得出镍回收机理，即在经过萃取处理的化学镀镍废水中，萃取剂与镍络合物作用，使得镍进入有机相。此时，用硫酸作为反萃取剂，可实现镍离子的释放，且可得到硫酸镍溶液。在电化学体系中，$Ni^{2+}$ 与 $OH^-$ 反应生成 $Ni(OH)_2$，并逐渐还原为金属 Ni。因此，萃取法协同电沉积体系可实现镍络合物的分解和回收金属镍，其中萃取是废水资源化处理工艺从化学镀镍废水中回收镍的关键。

## 3.3　电芬顿氧化次磷酸盐回收磷酸铁的研究

由于次磷酸盐的溶解度较大，直接用化学沉淀法时沉淀去除效果不佳，故将其氧化成正磷酸盐，然后再通过投加沉淀剂去除。然而在次磷酸盐氧化成正磷酸盐的过程中，生成了亚磷酸盐，说明次磷酸盐和亚磷酸盐的结构很稳定，普通的氧化技术很难将其氧化[11]。

电芬顿（E-Fenton）氧化技术在降解有机污染物方面有着良好的应用前景，阳极氧化和间接电氧化是实现污染物矿化时最常用的方法。在阳极氧化中，污染物通过直接电子转移或与电极表面形成的自由基（•OH）作用矿化。若由阴极产生 $H_2O_2$ 或者还原产生 $Fe^{2+}$ 会存在一些问题：一方面，氧气在水中的溶解度不大，而且在较低的 pH（pH<3）下，电流使用效率较低，$H_2O_2$ 的产率也较低且生成速率缓慢，不利于氧化反应的进行；另一方面，即使是在最佳电流强度下，阴极还原 $Fe^{3+}$ 生成 $Fe^{2+}$ 也极为缓慢。

### 3.3.1　影响电芬顿氧化次磷酸盐工艺的参数

#### 1. $H_2O_2$ 投加量

$H_2O_2$ 作为体系中活性自由基的来源，影响着整个体系的反应进程和氧化活性[12]。在保证足够氧化次磷酸盐的基础上，考察 $H_2O_2$ 的投加量对体系的影响。体系中初始 pH 为 3，电流强度为 0.3A，考察 $H_2O_2$ 的投加量（分别为 200mmol/L、400mmol/L、600mmol/L 和 800mmol/L）对次磷酸盐氧化效果和总磷（TP）去除效果的影响，每隔 20min 投加一次 $H_2O_2$。实验结果如图 3.18 所示。

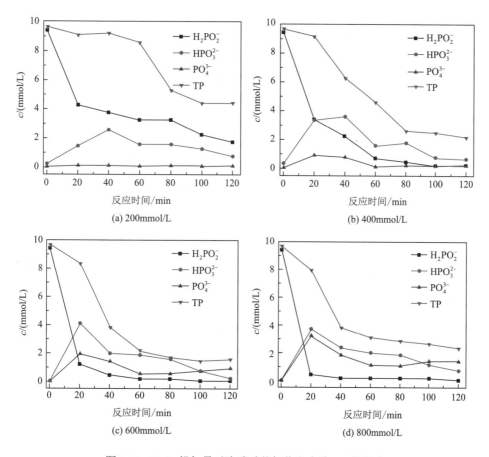

图 3.18　$H_2O_2$ 投加量对次磷酸盐氧化和去除 TP 的影响

由图 3.18 可知，随着 $H_2O_2$ 投加量增加，次磷酸盐浓度和 TP 浓度均呈现逐渐减小的趋势，说明体系中次磷酸盐被氧化，TP 因生成磷酸铁沉淀而被去除。当 $H_2O_2$ 投加量分别为 600mmol/L、800mmol/L 时，次磷酸盐的氧化率在反应进行 20min 时分别达到 90%、99%；当反应进行 120min 时，次磷酸盐完全氧化成亚磷酸盐；TP 去除率达到 70%～80%。投加浓度分别为 200mmol/L、400mmol/L 的 $H_2O_2$ 时，反应 20min 后次磷酸盐氧化率仅分别为 60% 和 70%；反应结束时，TP 去除率仅分别为 50% 和 80%。这是因为随着反应时间延长，铁电极板不断析出 $Fe^{2+}$，也逐渐消耗 $H_2O_2$，当投加的 $H_2O_2$ 过少时，不能满足次磷酸盐氧化成亚磷酸盐所需的自由基数量要求，即 $Fe^{2+}$ 与 $H_2O_2$ 反应生成的 •OH 的产率较低；而当 $H_2O_2$ 投加量过多时，虽然满足了次磷酸盐氧化所需的 •OH 数量要求，但过量的 $H_2O_2$ 会产生自解作用，消耗掉一部分 $H_2O_2$，即过量的 $H_2O_2$ 对 •OH 有淬灭作用，会减少 •OH 的数量，从而影响亚磷酸盐和正磷酸盐之间的氧化转化进程。而亚磷酸盐和正磷酸盐的浓度是动态变化的，它们在体系中不断被氧化和消耗，而且正磷酸盐最后会因同 $Fe^{3+}$ 反应生成沉淀而被去除，所以二者的浓度变化不能用来说明整个反应进程的变化。综上，800mmol/L 的 $H_2O_2$ 投加量对次磷酸盐的氧化和 TP 的去除表现出最佳效能。

图 3.19 反映的是不同 $H_2O_2$ 投加量对整个反应体系的 pH 造成的影响。根据 pH 的变化，可判断体系中 •OH 的活性，进而判断次磷酸盐氧化情况。由图 3.19 可知，虽然初始 pH 为 3，但随着 $H_2O_2$ 的投入，反应体系的 pH 由酸性变成碱性。反应进行 40min 后，反应体系 pH 随着 $H_2O_2$ 投加量增加而急剧变为强碱性。次磷酸盐在氧化能力充足的情况下快速氧化，$H_2O_2$ 浓度分别为 600mmol/L、800mmol/L 时，次磷酸盐 20min 内完成 90% 以上的氧化；当反应进行 60min 后，次磷酸盐已完全氧化，而体系中多余的 $H_2O_2$ 与 $Fe^{2+}$ 继续反应产生 $OH^-$，在强碱性环境下，磷酸铁和氢氧化铁沉淀形成竞争，较多的含铁污泥产生。pH 的变化和不同氧化剂投加量条件下次磷酸盐、亚磷酸盐等的浓度变化相联系，所以 pH 对次磷酸盐的氧化和 TP 的去除有很大的影响。

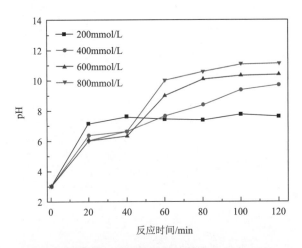

图 3.19　不同 $H_2O_2$ 投加量下反应体系的 pH 变化

### 2. 初始 pH

pH 直接影响着体系中·OH 的活性，也影响着电芬顿反应产生·OH 和 $Fe^{2+}$ 的速率。体系中 $H_2O_2$ 投加量取 600mmol/L，每隔 20min 投加一次，电流强度为 0.3A，考察初始 pH 对次磷酸盐氧化和去除 TP 的影响，初始 pH 分别为 4、3、2.5、2。实验结果如图 3.20 所示。

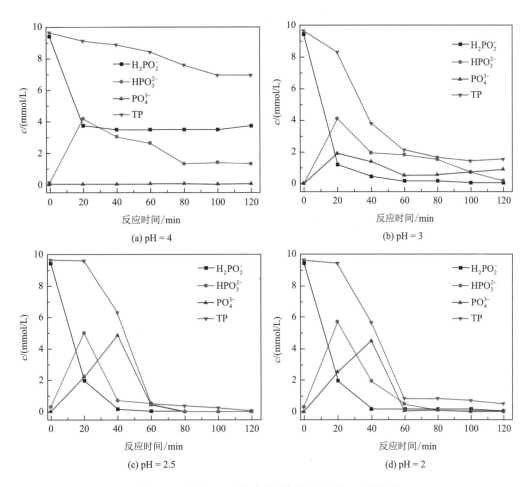

图 3.20　初始 pH 对次磷酸盐氧化和去除 TP 的影响

在 E-Fenton 体系中，较为合适的 pH 为 2~3，此时·OH 活性最佳。由图 3.20 可知，实验中初始 pH 越接近 2，次磷酸盐氧化效果和 TP 去除效果越好。当初始 pH 为 4 时，体系中次磷酸盐氧化效果和 TP 去除效果均最差，反应结束时次磷酸盐氧化率为 60%，TP 去除率仅为 30%；而当初始 pH 为 3 时，次磷酸盐氧化率和 TP 去除率总体上明显提升，特别是当初始 pH 分别为 2.5 和 2 时，反应 60min 后次磷酸盐氧化率和 TP 去除率均在 90% 以上，且反应 40min 时次磷酸盐氧化率就已经达到 99%，说明酸性环境更有利于 $H_2O_2$ 参与反应并生成活性较高的·OH。当初始 pH 为 2.5 时，TP 的去除率较初始 pH 为 2

时的高，这是因为 pH 较低会导致 $H_2O_2$ 发生副反应，即 $H_2O_2 + 2H^+ + 2e^- \longrightarrow 2H_2O$；当 pH<2 时，$H_2O_2$ 无法与 $Fe^{2+}$ 反应生成·OH，此时 $H_2O_2$ 会抑制一个质子生成 $H_3O_2^+$，即 $H_2O_2 + H^+ \longrightarrow H_3O_2^+$，而 $H_3O_2^+$ 显示出亲电性，导致 $H_2O_2$ 和 $Fe^{2+}$ 的反应速率变慢，羟基自由基产量减少。同时，·OH 氧化还原电位随着 pH 的升高而降低，pH 升高后铁离子发生水解反应形成沉淀，所以当 pH 较高时，次磷酸盐的氧化和 TP 的去除均受到抑制。综上，初始 pH 为 2.5 时次磷酸盐的氧化和 TP 的去除有较好的效果，而且初始 pH 对反应体系具有显著影响。

如图 3.21 所示，当初始 pH 为 2.5 时，反应体系的 pH 在反应 60min 后趋于平稳，而且仍然呈酸性，反应 60min 后体系中单位时间内产生的 $Fe^{2+}$ 与每隔 20min 投加一次的 $H_2O_2$ 反应产生的 $OH^-$ 不断中和体系的 pH，最终 pH 表现为弱酸性；当初始 pH 为 2 时，整个反应过程中 pH 变化不大，较低的 pH 能够促使·OH 发挥出最佳活性；当初始 pH>3 时，有利于生成的 $Fe^{3+}$ 与 $OH^-$ 反应产生 $Fe(OH)_3$ 沉淀，进而产生大量含铁污泥，体系的 pH 呈碱性。总的来说，初始 pH 对次磷酸盐的氧化有很大影响，只有在合适的 pH 下才能发挥出·OH 的最佳活性。pH 的变化和次磷酸盐的氧化密切相关，直接影响着其氧化过程。

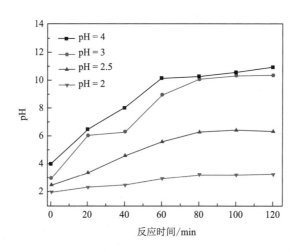

图 3.21　不同初始 pH 下反应体系的 pH 变化

3. 电流强度

电流强度直接影响着反应体系中 $Fe^{2+}$ 的浓度。电极上通过的电量与电极反应物质的量之间的关系符合法拉第定律，即 $M = kQ = kIt$。其中，$M$ 表示析出的金属的质量；$k$ 表示比例常数（电化当量）；$Q$ 表示通过的电量（电流强度）；$I$ 表示电流强度；$t$ 表示通电时间。Fe 的电化当量为 $2.9 \times 10^{-4}$g/C，而且析出的 $Fe^{2+}$ 的量与电流强度成正比。铁电极板析出的 $Fe^{2+}$ 和 $H_2O_2$ 构成 Fenton 体系，电流强度是重要的影响因素[13]。实验中初始 pH 为 2.5，$H_2O_2$ 投加量为 600mmol/L，每隔 20min 投加一次，考察电流强度（分别为 0.1A、0.2A、0.3A、0.4A）对次磷酸盐氧化和去除 TP 的影响。实验结果如图 3.22 所示。

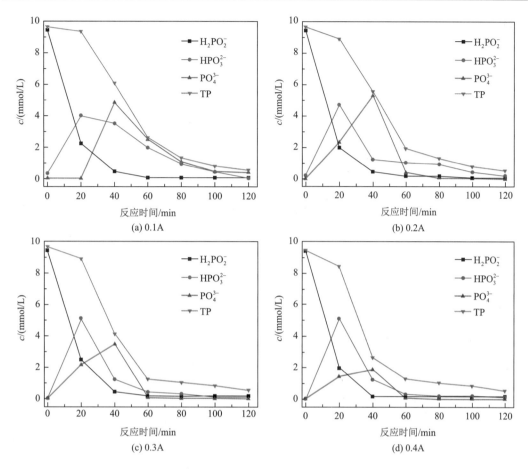

图 3.22 电流强度对次磷酸盐氧化和去除 TP 的影响

由图 3.22 可知，调节初始 pH 后，电流强度较小（0.1A）时也可达到较好的次磷酸盐氧化效果和 TP 去除效果，说明单位时间内产生的 $Fe^{2+}$ 数量可以满足·OH 的产生条件，以及达到氧化次磷酸盐并同步回收磷酸铁与去除 TP 的目的。根据法拉第定律，电流强度 $I$ 越大，铁电极板析出的 $Fe^{2+}$ 越多，和 $H_2O_2$ 结合产生·OH 的机会越多，次磷酸盐等被氧化的机会也就越多，故电流强度越大，反应越剧烈。当 $I$ 为 0.1A 时，反应进行 60min 后次磷酸盐氧化率和 TP 去除率分别达到 99% 和 70%；随着电流强度增加，体系中析出的 $Fe^{2+}$ 增加，单位时间内和 $H_2O_2$ 结合生成的·OH 增多，所以次磷酸盐氧化率和 TP 去除率均提高。当 $I$ 分别为 0.3A、0.4A 时，反应 60min 后次磷酸盐完全氧化，而且 TP 去除率达到 90% 以上；但由于电流强度较大，单位时间内析出的 $Fe^{2+}$ 过饱和，产生的 $Fe^{3+}$ 较多，导致整个反应产生较多含铁污泥，影响了产物质量。总的来说，在 0.3A 的电流强度条件下可达到最佳的次磷酸盐氧化效果。

由图 3.23 可知，初始 pH 为 2.5 保证了·OH 氧化活性，在次磷酸盐完全氧化（60min）前 pH 未发生较大变化，即是在酸性环境下完成次磷酸盐氧化过程，同时也说明电流强度的影响并不明显。在铁电极板持续通电的情况下，单位时间内产生的 $Fe^{2+}$ 数量随电流强度增大而增多，但催化消耗的 $H_2O_2$ 的量也增加[14]，体系中产生的活性自由基增多，故短时间（60min）内可完全氧化次磷酸盐。随着反应的进行，体系中产生了较多的 $Fe^{3+}$ 和 $OH^-$，所以引起 pH 产生较大波动，反应结束时 pH 趋于中性。

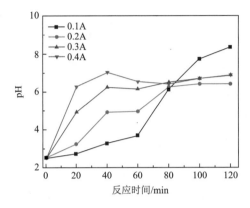

图 3.23　不同电流强度下反应体系的 pH 变化

### 4. $H_2O_2$ 投加方式

$H_2O_2$ 是该 E-Fenton 氧化体系外加的氧化剂，其投加方式与反应进程也有着密切联系。在实验中初始 pH 为 2.5，电流强度为 0.3A，$H_2O_2$ 投加量为 600mmol/L，分别每隔 20min、40min、60min 和 0min 投加一次，即 6 段式、3 段式、2 段式和 1 段式。实验结果如图 3.24 所示。

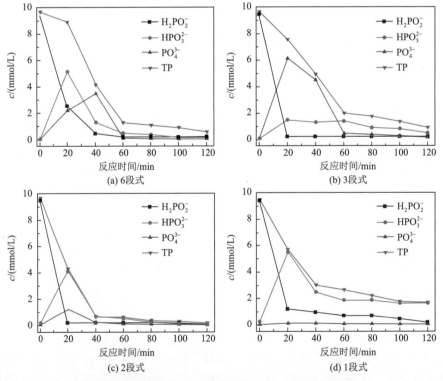

图 3.24　$H_2O_2$ 投加方式对次磷酸盐氧化和去除 TP 的影响

$H_2O_2$ 投加方式影响了反应体系中·OH 的产率，进而影响了反应进程。如图 3.24 所示，当采用 6 段式（每隔 20min）投加 $H_2O_2$ 时，次磷酸盐氧化率在反应进行 60min 时达到 99%，此时 TP 去除率也达到 90%，这是因为 $H_2O_2$ 在相应时间内不断得到补充，·OH 不断生成，有利于反应的进行；当投加方式为 3 段式（每隔 40min）时，次磷酸盐的完全氧化在反应 20min 时完成，但未能完全去除 TP，这是因为相应阶段加入的 $H_2O_2$ 增多，促使次磷酸盐在短时间内完全氧化；当采用 2 段式（每隔 60min）投加时，反应 60min 后次磷酸盐氧化率和 TP 去除率均达到 99%，而且在反应 20min 时次磷酸盐已经完全氧化；而采用 1 段式（0min 时全部投加）投加时未能达到较好的效果，反应 120min 后次磷酸盐基本完全氧化，但 TP 的去除率只有 80%，说明开始反应时就投加适量的 $H_2O_2$ 有助于次磷酸盐氧化，而且次磷酸盐在 20~40min 内几乎完全氧化，但如果一次性投加的 $H_2O_2$ 过量，$H_2O_2$ 将对·OH 产生淬灭作用，即生成·$OH_2$，这降低了 $H_2O_2$ 的利用率，抑制了整个体系的反应进程。综上，600mmol/L 的 $H_2O_2$ 采取 2 段式投加，即在反应 0min 和 60min 时分别投加 300mmol/L 的 $H_2O_2$，可使次磷酸盐的氧化率和 TP 的去除率在反应 60min 时均达到 99%。

由图 3.25 可知，当氧化剂以不同方式投加到反应体系中时，pH 均由酸性变为碱性，一方面是因为当反应体系中次磷酸盐已经完全氧化后，如果继续投加氧化剂，那么多余的 $H_2O_2$ 会与 $Fe^{2+}$ 发生链式反应，生成更多的 $OH^-$，使得生成氢氧化铁的可能性增大，从而呈现出弱碱环境；另一方面是因为 $Fe^{3+}$ 的存在使溶液带有颜色，随着反应的进行，pH 升高，产物为含铁污泥。因此，体系中 pH 的变化可对应图 3.24 中次磷酸盐氧化率和 TP 去除率的变化。

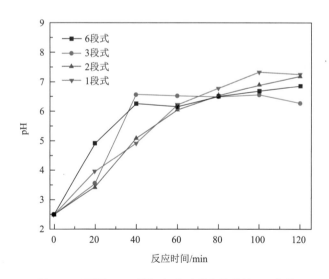

图 3.25　不同 $H_2O_2$ 投加方式下反应体系的 pH 变化

## 3.3.2　电芬顿氧化次磷酸盐机理分析

E-Fenton 氧化原理是 $Fe^{2+}$ 催化 $H_2O_2$ 产生具有 2.8eV 氧化还原电位的羟基自由基·OH。

为了验证体系中是否有•OH，使用 $CH_3OH$ 作为•OH 自由基抑制剂，进行次磷酸盐氧化机理研究。在一次性投加 300mmol/L $H_2O_2$、电流强度为 0.3A、初始 pH 为 2.5 的条件下，加入 310mmol/L $CH_3OH$，考察其对次磷酸盐氧化效果的影响。

　　由图 3.26 可知，次磷酸盐的氧化在前 10min 较剧烈，氧化率达到 90%，随着反应的进行，30min 后完全氧化。当体系中加入 $CH_3OH$ 作为自由基抑制剂后，次磷酸盐的氧化率明显降低，反应进行 30min 时，氧化率由未投加 $CH_3OH$ 时的 99% 降低到 60%，降低了近 40%。此时次磷酸盐的浓度趋于稳定，说明 $CH_3OH$ 完全抑制了体系中自由基的活性。$CH_3OH$ 与•OH 的反应属于二级反应，其反应速率常数为 $9.7 \times 10^8$ mol/(L·s)。当体系中投加了 $CH_3OH$ 后，$CH_3OH$ 与•OH 发生反应，生成可稳定存在的物质，从而减少了体系中活性氧化物质的数量，直观表现为次磷酸盐的氧化率降低，而且体系中产生的•OH 具有极强的氧化活性，说明体系中 $Fe^{2+}$ 与投加的 $H_2O_2$ 发生反应生成•OH，然后•OH 与次磷酸根发生反应，将次磷酸根氧化为亚磷酸根，亚磷酸根再继续氧化为正磷酸根，因此•OH 是氧化次磷酸盐的主要活性物质。

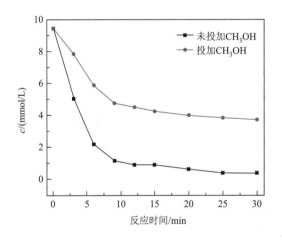

图 3.26　自由基抑制剂 $CH_3OH$ 对次磷酸盐氧化的影响

## 3.4　光电芬顿氧化次磷酸盐回收磷酸铁的研究

　　E-Fenton 体系中氧化次磷酸盐的活性自由基•OH 由 $Fe^{2+}$ 催化分解 $H_2O_2$ 产生，而且在反应过程中会生成羟基铁化合物，这影响了 $H_2O_2$ 分解效率和•OH 利用率。本节在研究中引入 254nm 的紫外光（UV），其协同 $Fe^{2+}$ 促进•OH 的生成。与其他有机物不同，次磷酸盐对 UV 的吸收量很少，254nm 的 UV 可有效催化 $H_2O_2$ 生成•OH，将次磷酸盐氧化成亚磷酸盐。在 pH 较低时，由 $Fe^{2+}$ 氧化生成的 $Fe^{3+}$ 主要以铁的羟基络合物 $[Fe(OH)^{2+}]$ 形式存在，当受到 UV 照射时，可还原为 $Fe^{2+}$，由此提高了 $Fe^{2+}$ 的利用率，同时也产生了•OH，所以光电芬顿（UV/E-Fenton）体系中 UV 可协同 $Fe^{2+}$ 作用于次磷酸盐氧化，达到回收磷酸铁的目的。

### 3.4.1 影响光电芬顿氧化次磷酸盐工艺的参数

1. UV

UV 对 $H_2O_2$ 的光解作用可产生具有高氧化活性的·OH，故研究 UV 光解 $H_2O_2$ 产生的自由基对次磷酸盐氧化率的影响。实验的参数设置如下：$H_2O_2$ 投加量为 300mmol/L，初始 pH 为 2.5，电流强度为 0.3A，UV 照射时间为 60min。实验结果如图 3.27 所示。

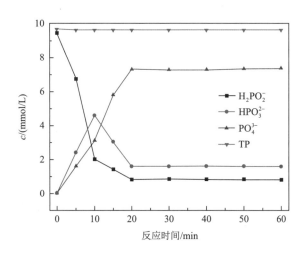

图 3.27 UV 光解 $H_2O_2$ 对次磷酸盐氧化的影响

由图 3.27 可知，反应前 20min 次磷酸盐的氧化速率较快，而且体系中有亚磷酸盐和正磷酸盐生成，20min 后二者的浓度均趋于稳定，此时次磷酸盐氧化率达到 90%。由于体系中次磷酸盐不吸收 UV，UV 不会与次磷酸盐直接发生光氧化反应[15]，而且次磷酸盐和亚磷酸盐属于很难被氧化的无机盐，$H_2O_2$ 的氧化能力无法实现其直接氧化。考虑到以上两种反应不可能发生，分析次磷酸盐和亚磷酸盐氧化的主要机理是 UV 光解 $H_2O_2$ 后产生了具强氧化性的·OH，说明若将 UV 引入 E-Fenton 体系构成 UV/E-Fenton 体系，可以提高次磷酸盐的氧化率。此外，由次磷酸盐的氧化率可知，此反应条件无法使次磷酸盐在 20min 内完全氧化，也无法使亚磷酸盐完全氧化成正磷酸盐。

2. $H_2O_2$ 投加量

$H_2O_2$ 的投加量影响着整个反应体系中次磷酸盐的氧化进程和回收磷酸铁去除 TP 的效率。在初始 pH 为 2.5、电流强度为 0.3A 时，分别一次性投加 200mmol/L、300mmol/L、400mmol/L 和 500mmol/L 的 $H_2O_2$。实验结果如图 3.28 所示。

由图 3.28 可知，随着 $H_2O_2$ 投加量增加，次磷酸盐氧化率增加，其完全氧化的时间由用 E-Fenton 氧化时的 20min 缩短到 10min，且完全氧化成亚磷酸盐；当 $H_2O_2$ 投加量为 300mmol/L 时，反应 40min 后次磷酸盐氧化率和 TP 去除率都达到最大；当 $H_2O_2$ 投加量

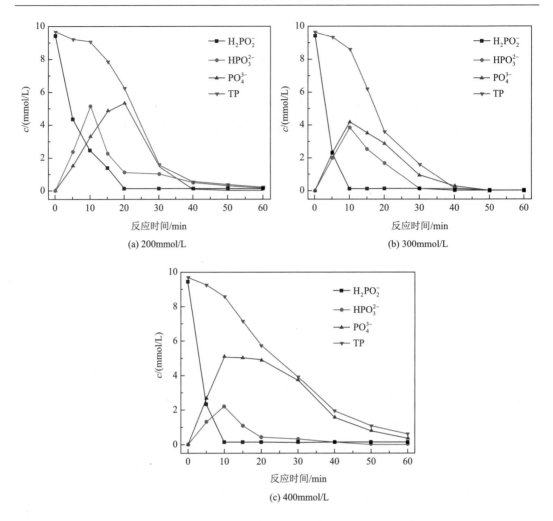

图 3.28　$H_2O_2$ 投加量对次磷酸盐氧化和去除 TP 的影响

超过 300mmol/L 后，次磷酸盐能在 10min 内完全氧化，但 TP 去除率反而降低。这是因为 UV 和 $Fe^{2+}$ 均能与 $H_2O_2$ 发生反应生成•OH，不论 $H_2O_2$ 投加量如何，都保证了次磷酸盐完全氧化所需的•OH 数量。同时，•OH 也会参与亚磷酸盐氧化成正磷酸盐的反应，如果 $H_2O_2$ 浓度较低，生成的•OH 仅能满足次磷酸盐的氧化需要，导致体系整体的氧化率较低；而 $H_2O_2$ 浓度较高时，一方面可完全满足次磷酸盐的氧化需要，另一方面因为 $H_2O_2$ 过量引起 $Fe^{3+}$ 还原为 $Fe^{2+}$[16]，导致参与反应生成 $FePO_4$ 的 $Fe^{3+}$ 减少，TP 去除率降低。同时随着 $H_2O_2$ 投加量增加，自由基的捕捉效应凸显，由此会生成更多氧化能力较弱的过氧羟基自由基，不利于反应的进行。综上，300mmol/L 的 $H_2O_2$ 表现出最佳氧化活性。

　　由图 3.29 可知，当 $H_2O_2$ 投加量较少时，实验中 pH 由呈酸性变为呈中性；当 $H_2O_2$ 投加量较多时，体系中 pH 的变化较缓慢。次磷酸盐的氧化和 TP 的去除均可在 300mmol/L $H_2O_2$ 条件下达到最好的效果，反应的前 30min，pH 的变化较为平稳，而 30min 过后，立刻向中性变化，这是因为反应 30min 时体系完成了大部分次磷酸盐的氧化并生成了 $FePO_4$；而 30min 后体系中残留的 $H_2O_2$ 和铁电极板不断析出的 $Fe^{2+}$ 等中间物质发生反应，故 pH 出现较大变化。总体上，体系中生成的 $OH^-$ 并未与 $Fe^{3+}$ 反应生成 $Fe(OH)_3$ 絮状物，所以 pH 未出现强烈的变化，印证了实验中次磷酸盐的氧化和 TP 的去除与 $H_2O_2$ 投加量的关系紧密。

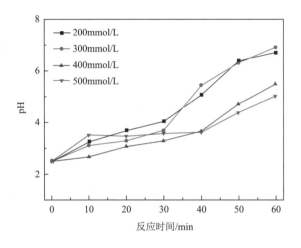

图 3.29 不同 $H_2O_2$ 投加量下反应体系的 pH 变化

### 3. 初始 pH

由对 E-Fenton 体系的研究可知，初始 pH 对反应体系有显著影响，pH 对过渡金属离子的活性以及 $H_2O_2$ 的稳定性等也都具有直接影响。在 $H_2O_2$ 投加量为 300mmol/L、电流强度为 0.3A 条件下，考察初始 pH（分别为 2.5、3、3.5、4）对次磷酸盐氧化和去除 TP 的影响。实验结果如图 3.30 所示。

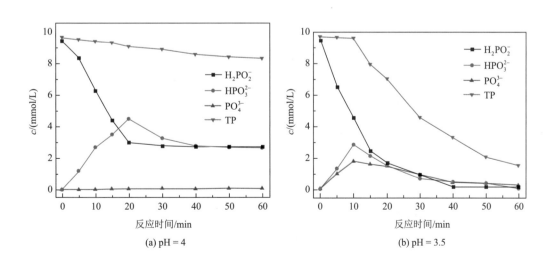

(a) pH = 4

(b) pH = 3.5

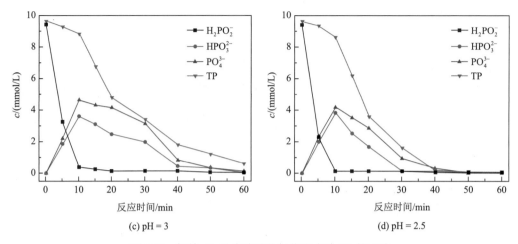

(c) pH = 3　　　　　　　　　　　　(d) pH = 2.5

图 3.30　初始 pH 对次磷酸盐氧化和去除 TP 的影响

分析图 3.30 可知，只有当初始 pH 为 2.5 和 3 时，次磷酸盐才能完全氧化，而且 TP 的去除率在初始 pH 为 2.5 的环境下达到 99%；而当初始 pH 为 4 时，次磷酸盐反应 20min 可氧化 70%，但 TP 去除率仅为 20%。pH 不仅影响着 $H_2O_2$ 生成的·OH 数量，而且影响着羟基铁对 UV 的吸收，也影响着整个体系的氧化环境。当 pH 过高时，·OH 的数量减少，当 pH>3.5 时，部分 $Fe^{2+}$ 被氧化为 $Fe^{3+}$，虽然 $Fe^{3+}$ 有利于生成磷酸铁沉淀，但此时已经没有足够的活性物质将亚磷酸盐氧化为正磷酸盐，导致 $Fe^{3+}$ 不断和 $OH^-$ 反应生成含铁污泥$[Fe(OH)_3]$，降低了 TP 的去除率。因此，反应体系中最佳初始 pH 为 2.5。

由图 3.31 可知，不同初始 pH 使得反应过程中 pH 变化较为明显，初始 pH 为 3、3.5、4 时，反应 60min 后，pH 均呈碱性，这是因为初始 pH 偏高时，更容易形成 $Fe(OH)_3$，最终使得 pH 升高，形成碱性环境。而初始 pH 为 2.5 时，反应的前 30min，pH 的变化较为缓慢，这是因为次磷酸盐等物质在进行反应，说明在酸性环境下次磷酸盐氧化率较高。此 pH 环境较适合 $H_2O_2$ 分解出·OH；30min 后 pH 才缓慢呈弱酸性，这是由于体系中存在的小部分 $H_2O_2$ 仍然在和 $Fe^{2+}$ 发生反应，仍有 $Fe^{3+}$ 和 $OH^-$ 生成。

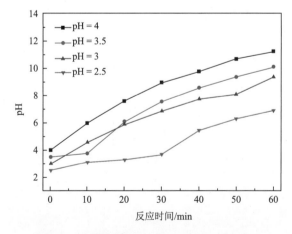

图 3.31　不同初始 pH 下反应体系的 pH 变化

#### 4. 电流强度

电流强度与 UV 共同影响着 $H_2O_2$ 催化分解效率，控制着整个体系的反应进程。在 $H_2O_2$ 一次性投加量为 300mmol/L、初始 pH 为 2.5 的条件下，考察电流强度（分别为 0.2A、0.3A、0.4A、0.5A）对次磷酸盐氧化和去除 TP 的影响。实验结果如图 3.32 所示。

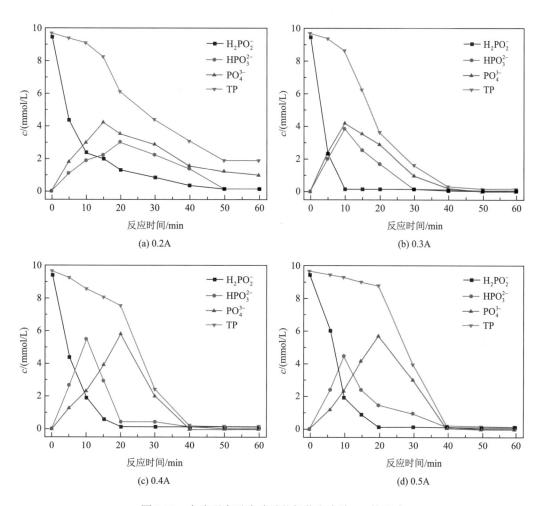

图 3.32　电流强度对次磷酸盐氧化和去除 TP 的影响

铁电极板析出的 $Fe^{2+}$ 和 $H_2O_2$ 发生反应，产生的·OH 用于次磷酸盐氧化。由图 3.32 可知，次磷酸盐氧化率在电流强度为 0.3A、反应 10min 时达到 99%；电流强度为 0.4A、0.5A 时要反应 20min 才可完全氧化次磷酸盐；而 0.2A 的电流强度不利于次磷酸盐氧化和去除 TP 回收磷酸铁，较小的电流强度下在单位时间内只能析出少量 $Fe^{2+}$ 参与反应，虽然体系中有足够的氧化剂，但其不能与 UV 协同催化分解 $H_2O_2$ 生成·OH，致使体系的氧化能力不足。当电流强度增大时，$Fe^{2+}$ 增多，加快了对氧化剂的消耗，在生成·OH 的同时还

生成了 $Fe^{3+}$，累积的大量 $Fe^{3+}$ 不利于生成•OH。虽然电流强度越大，TP 去除率越高，但为了保证次磷酸盐在较短时间内完全氧化，最好选择 0.3A 的电流。

由图 3.33 可以看出，反应的前 30min 体系的 pH 为 3 左右，可激发能氧化次磷酸盐的自由基的活性，所以反应 30min 时次磷酸盐几乎完全氧化。反应 40min 时，大于 0.3A 的电流与 UV 协同催化 $H_2O_2$ 产生的•OH 可完全氧化次磷酸盐和去除 TP，同时仍不断析出的 $Fe^{2+}$ 和体系中的 $OH^-$ 反应生成氢氧化铁絮状物，从而使 pH 向中性变化。所以，体系中 pH 发生较明显的变化时，说明次磷酸盐等物质正在发生复杂的化学反应。

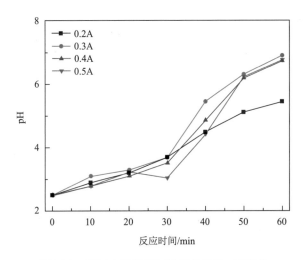

图 3.33　不同电流强度下反应体系的 pH 变化

## 3.4.2　光电芬顿氧化次磷酸盐回收磷酸铁机理分析

通过对 $UV/H_2O_2$ 工艺的氧化机理进行研究，可知 UV 照射 $H_2O_2$ 后会产生具强氧化性的•OH，然后通过•OH 可进一步氧化废水中的污染物。为了验证反应体系中产生了•OH，分别研究 UV 分解 $H_2O_2$ 和 UV 与 $Fe^{2+}$ 协同分解 $H_2O_2$ 产生•OH 氧化次磷酸盐的效能。将 $CH_3OH$ 作为自由基抑制剂，投加一定浓度的 $CH_3OH$ 时，研究其对次磷酸盐氧化率的影响。$H_2O_2$ 一次性投加量为 300mmol/L，初始 pH 为 2.5，电流强度为 0.3A，加入 310mmol/L $CH_3OH$。实验结果如图 3.34 所示。

由图 3.34 可知，$CH_3OH$ 明显影响了次磷酸盐的氧化率。由于 $H_2O_2$ 对次磷酸盐无氧化效果，因此验证了该体系中存在•OH。就 $UV/H_2O_2$ 体系而言，UV 照射 $H_2O_2$ 后产生•OH，其对次磷酸盐产生了氧化作用，而次磷酸盐不吸收 254nm 的 UV，从而使得 UV 能最大限度发挥光解 $H_2O_2$ 的作用；UV 与 $Fe^{2+}$ 的协同作用促进 $H_2O_2$ 分解出•OH，表现出更强的氧化活性。此外，当添加同等浓度的 $CH_3OH$ 时，单一 UV 条件下次磷酸盐的氧化受到更强的抑制，说明同等条件下，UV 光解 $H_2O_2$ 产生的活性自由基比 UV 与 $Fe^{2+}$ 协同作用产生的活性自由基少，UV/E-Fenton 对次磷酸盐的氧化率较 UV 高，UV 起到了重要作用。

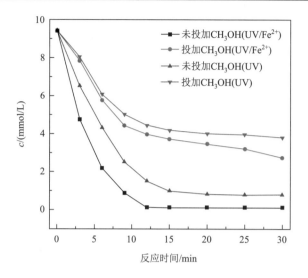

图 3.34　$CH_3OH$ 对次磷酸盐氧化率的影响

水体中，$Fe^{2+}$ 的无机配合物形式主要有 $Fe^{2+}$、$FeOH^+$、$Fe(OH)_2$（aq）、$Fe(OH)_3^-$、$FeSO_4$、$FeHPO_4$（aq）、$FeH_2PO_4^+$、$FePO_4^-$ 等；$Fe^{3+}$ 可能的无机配合物形式主要有 $Fe^{3+}$、$Fe(OH)_2^+$、$Fe(OH)_3$（aq）、$Fe(OH)_4^-$、$FeH_2PO_4^{2+}$、$FePO_4^+$ 等。在反应体系中，当 pH 呈中性或者碱性且正磷酸盐浓度较低时，根据热力学定律，大量 $Fe^{3+}$ 水解，较难溶解的 $Fe(OH)_3$ 最先沉淀析出，从而会抑制 $Fe^{3+}$ 与 $PO_4^{3-}$ 之间的沉淀作用，所以有学者认为磷酸根是吸附到 $Fe(OH)_3$ 表面而形成的。在本实验中，次磷酸盐氧化和 $FePO_4$ 的生成均在酸性环境下完成，但在反应过程中 pH 逐渐变为中性，体系中生成少量 $Fe(OH)_3$ 或含铁水合物，而这两者对磷酸盐有强烈的吸附倾向，所以铁电极板上出现 $FePO_4$，如图 3.35 所示。次磷酸盐的氧化机理如式（3.5）～式（3.9）所示。

次磷酸盐氧化：

$$H_2PO_2^- + \cdot OH \longrightarrow \cdot HPO_2^- + H_2O \tag{3.5}$$

$$\cdot HPO_2^- + \cdot OH \longrightarrow H_2PO_3^- \tag{3.6}$$

$$H_2PO_3^- + \cdot OH \longrightarrow \cdot HPO_3^- + H_2O \tag{3.7}$$

$$\cdot HPO_3^- + \cdot OH \longrightarrow PO_4^{3-} + 2H^+ \tag{3.8}$$

磷酸铁沉积，其中 $Fe^{3+}$ 由铁电极板析出的 $Fe^{2+}$ 与 $H_2O_2$ 反应产生：

$$Fe^{3+} + PO_4^{3-} \longrightarrow FePO_4 \downarrow \tag{3.9}$$

整个反应是一个绿色的化学反应，投加的原材料是清洁的 $H_2O_2$，$Fe^{2+}$ 来源于电解析出，不会产生二次污染，降低了药剂投加成本与操作复杂性，而且还可以回收磷酸铁，实现了磷的资源化利用。

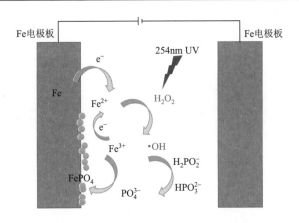

图 3.35　E-Fenton 和 UV/E-Fenton 氧化次磷酸盐机理示意图

### 3.4.3　电芬顿、光电芬顿氧化次磷酸盐和去除 TP 效率比较

由于 UV 的影响，UV/E-Fenton 可以提供更多的活性自由基作用于整个反应体系。本节将比较 E-Fenton 和 UV/E-Fenton 技术氧化次磷酸盐和去除 TP 的效率，实验参数设置如下：$H_2O_2$ 为 300mmol/L，初始 pH 为 2.5，电流强度为 0.3A。

由图 3.36 可知，同等条件下，UV/E-Fenton 对次磷酸盐的氧化率和 TP 去除率均比 E-Fenton 高。反应 10min 时，UV/E-Fenton 可几乎将次磷酸盐完全氧化，此时氧化率达到 99%，而 E-Fenton 对次磷酸盐的氧化率在反应 10min 时只有 80%，氧化率提高了大约 20%；对于 TP 去除率，UV/E-Fenton 并未表现出特别明显的优势。从原理角度分析，引入 UV 可强化 E-Fenton 体系中 $H_2O_2$ 分解出·OH 的能力，同时 $Fe^{2+}$ 的催化作用可促进增加·OH 数量，进而增强整个体系的氧化能力，所以反应的前 20min 次磷酸盐的氧化率大大提高。

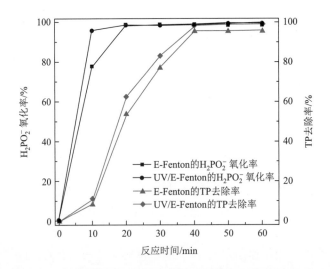

图 3.36　E-Fenton 和 UV/E-Fenton 氧化次磷酸盐和去除 TP 效率比较

从芬顿反应的角度分析，由于体系中只有小部分 $Fe^{2+}$ 由 $Fe^{3+}$ 还原生成，而大部分由铁电极板不断析出，因此不能保证体系中活性基团的数量；回收的磷酸铁消耗了大量 $Fe^{3+}$，导致体系中参与循环的 $Fe^{2+}$ 减少，故表现出氧化能力并未提高很多。

## 3.4.4　电芬顿、光电芬顿产物磷酸铁表征分析

产物磷酸铁均为同等工艺条件下经回收得到，即 $H_2O_2$ 为 300mmol/L，初始 pH 为 2.5，电流强度为 0.3A。E-Fenton 和 UV/E-Fenton 均对次磷酸盐有较好的氧化效果，为了弄清磷酸铁的形成与次磷酸盐氧化过程之间的关系，对磷酸铁做相应的表征分析，即分别从微观形貌（SEM 图、TEM/EDX 图）、晶体结构（XRD 图）、官能团（FTIR 图）和表面化学元素形态（XPS 图）等方面进行分析。回收的磷酸铁是含结晶水的一种无定形物质，为了表征其微观晶体结构，需将产物置于 550℃ 的马弗炉中煅烧 2h 后再进行 XRD 分析。

### 1. 磷酸铁 SEM 和 TEM 分析

E-Fenton 和 UV/E-Fenton 的产物 $FePO_4$ 均形成于铁电极板上，有小部分由于水力条件影响在反应过程中脱落于实验液中（和机理解释相一致）。$FePO_4$ 之所以存在于电极板上，可能是因为电极板析出的 $Fe^{2+}$ 和氧化剂 $H_2O_2$ 发生反应后，立即生成了 $Fe^{3+}$ 和含铁羟基水合物，随后正磷酸盐又以吸附态形式直接和电极板上的 $Fe^{3+}$ 发生反应，附着在阳极板上。随着电极板不断析出 $Fe^{2+}$，电极板上不断地堆积形成 $FePO_4$，由于实验液不断被搅动，造成堆积过厚的外层不稳定的部分 $FePO_4$ 脱落，从而影响了 $FePO_4$ 回收率。

为了测定微观形貌，对 $FePO_4$ 进行扫描电子显微镜（SEM）和透射电子显微镜（TEM）表征分析，如图 3.37 所示。E-Fenton 回收的产物 $FePO_4$ 呈颗粒状，且颗粒粒径较大（见 100nm 标尺图），TEM 图中产物呈颗粒球状，且出现团簇现象，分布均匀，但有小部分颗粒重叠在一起，这可能是因为产物在铁阳极板表面进行了沉淀堆积。UV/E-Fenton 氧化技术下的产物在 SEM 图中也呈颗粒球状，但颗粒更细（见 20nm 标尺图），分布更加均匀且松散。所以，相比较而言，UV/E-Fenton 的产物纯度更高。

能量色散 X 射线光谱（energy dispersive X-ray spectroscopy，EDX）技术测得的能谱表征的是产物所含有的各项元素及其相对含量。由图 3.38 可以看出，E-Fenton 和 UV/E-Fenton 氧化回收的产物均有 C、O、P、Fe 和 Cu 元素。虽然产物为 $FePO_4$，但由于测试样品用的是铜网和碳支撑膜，所以检测结果显示存在 Cu 和 C 元素[17]。Fe 和 P 元素在反应体系中存在不同价态的转变，所以不同氧化技术表征的各个元素的含量不同，见表 3.3。UV/E-Fenton 的氧化产物中 Fe 和 P 的相对含量较 E-Fenton 的多，这可能是因为 UV 较强的光解能力促进了次磷酸盐快速氧化，并且 UV/E-Fenton 回收的 $FePO_4$ 纯度较 E-Fenton 回收的纯度高，从而表现出氧化产物中 Fe 和 P 元素具有较高含量。

图 3.37　E-Fenton 和 UV/E-Fenton 产物 SEM 图和 TEM 图

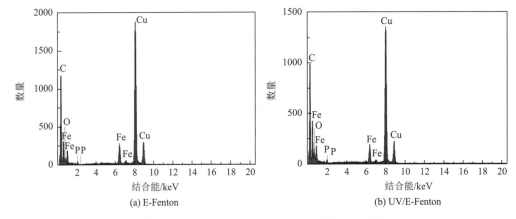

(a) E-Fenton　　　　　　　　　　　　　　　　(b) UV/E-Fenton

图 3.38　E-Fenton 和 UV/E-Fenton 产物 EDX 图

表 3.3　E-Fenton 和 UV/E-Fenton 产物元素相对含量

| 元素 | 相对含量/% | |
| --- | --- | --- |
| | E-Fenton | UV/E-Fenton |
| O | 4.6 | 7.9 |
| P | 0.4 | 0.5 |
| Fe | 4.8 | 5.9 |

## 2. 磷酸铁 XRD 分析

采用 XRD 分析磷酸铁的晶体结构和结晶度，分析结果如图 3.39 所示，从图中可以看出，E-Fenton 和 UV/E-Fenton 氧化技术回收的产物 $FePO_4$ 其衍射峰位置和标准图谱基本一致，且均在 20°～30°衍射角范围内出现了明显的(100)晶面、(101)晶面、(003)晶面和

(102)晶面，但衍射角大于 30°时产物出现较多杂峰，所以回收的磷酸铁纯度不高。与
E-Fenton 氧化技术回收的磷酸铁晶体相比较，UV/E-Fenton 回收的磷酸铁结晶性不好，特
征衍射峰强度较小，这是因为 UV 的照射使得体系中的水合羟基铁发生分解后不再存在
于磷酸铁表面，生成的磷酸铁颗粒较小，且颗粒与颗粒之间较为松散，而经高温煅烧后
由于失去结晶水，磷酸铁质地变得坚硬，这和 SEM、TEM 分析结果一致。

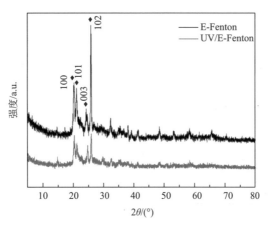

图 3.39　E-Fenton 和 UV/E-Fenton 产物 XRD 图

### 3. 磷酸铁 FTIR 分析

磷酸铁是无机物，用 FTIR 对物质成键和官能团进行分析时，主要考察指纹区（650～
1350cm$^{-1}$）化学键的吸收峰情况。如图 3.40 所示，指纹区出现的振动峰归因于单键伸缩
振动，1070cm$^{-1}$ 处出现的振动峰可表征 Fe—O—P 键的单键非对称伸缩振动；570cm$^{-1}$ 处
的振动峰可归因于 P—O 键的单键弯曲振动。由于体系中还含有其他阳离子等杂质，谱带
会发生位移，故产物磷酸铁的 P—O 键可以在指纹区分析得出。1630cm$^{-1}$ 处的伸缩振动
峰不强烈且不明显，是 O—H 键的弯曲振动峰，而 3420cm$^{-1}$ 处的吸收峰是结晶水的水峰，
说明产物含有结晶水。

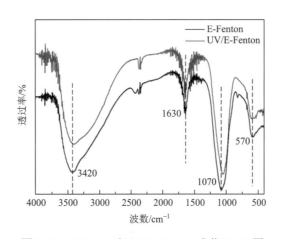

图 3.40　E-Fenton 和 UV/E-Fenton 产物 FTIR 图

### 4. 磷酸铁 XPS 分析

因为原子所处的化学环境不同（与其结合的元素种类或数量不同，或者其本身具有不同的化学价态），其内壳层的电子结合能会发生变化，这种变化在谱图中表现为谱峰发生位移。为了分析 E-Fenton 和 UV/E-Fenton 氧化技术的氧化产物 $FePO_4$ 其表面化学元素的化学价态，进行 XPS 分析，分析结果如图 3.41 所示。

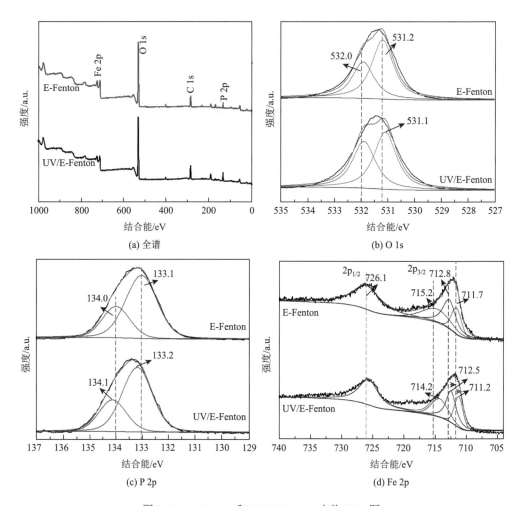

图 3.41　E-Fenton 和 UV/E-Fenton 产物 XPS 图

图 3.41（a）是产物 $FePO_4$ 在两种氧化技术下的全谱，分别有 C 1s、O 1s、P 2p、Fe 2p 谱峰出现，C 1s 作为检测的校正峰，出现在 284.8eV 处。图 3.41（b）是 E-Fenton 和 UV/E-Fenton 的 O 1s 谱峰，结合能 532.0eV 是由产物中结晶水产生的，而 531.2eV 和 $PO_4^{3-}$ 中 O 原子的结合能接近。但 UV/E-Fenton 技术下 $FePO_4$ 的谱峰出现在 531.1eV 处，向低结合能方向发生位移，说明 UV 引起 $FePO_4$ 形态出现变化。图 3.41（c）是产物 P 2p 的谱峰，134.0eV 和 133.1eV 是正磷酸盐的结合能。但 UV/E-Fenton 得到的 P 向高结合能方向

发生位移，说明 UV 引起体系中含磷物质更强烈的氧化反应。图 3.41（d）展示了产物中 Fe 的价态变化，出现了 Fe $2p_{1/2}$ 和 Fe $2p_{3/2}$ 两个位置的特征吸收峰。E-Fenton 产物的 Fe 2p 谱图中，结合能为 726.1eV 的特征峰对应的是 Fe $2p_{1/2}$ 的水合羟基铁（FeOOH）中的 $Fe^{3+}$，而 715.2eV、712.8eV 和 711.7eV 分别对应的是 Fe $2p_{3/2}$ 的 $Fe(OH)_3$ 和 $FePO_4$ 中的 $Fe^{3+}$ 和 FeOOH 中的 $Fe^{3+}$。此外，UV 存在条件下 Fe $2p_{1/2}$ 的特征峰没有发生变化。但相比较而言，Fe $2p_{3/2}$ 的特征峰向低结合能方向发生位移（分别在 714.2eV、712.5eV 和 711.2eV 处），说明 UV 引起反应体系中的物质发生还原反应，使水合羟基铁 Fe(OH)O 分解出活性自由基，同时 $Fe^{3+}$ 还原为 $Fe^{2+}$。而特征峰强度增强时，UV 能促进反应的进行。

## 3.5　UV/$Fe^{2+}$活化过硫酸钾氧化次磷酸盐回收磷酸铁的研究

利用具有强氧化性的活性自由基•OH 作为主要氧化剂以氧化分解、矿化水中有机污染物的研究已经非常成熟，但对 pH 的要求较高。活化 $K_2S_2O_8$ 产生的 $•SO_4^-$ 氧化还原电位为 2.6eV，其氧化活性仅次于•OH。$K_2S_2O_8$ 有多种活化方式，包括单一活化方式和复合活化方式。本节采用 UV 和 $Fe^{2+}$ 共同活化的方式进行研究，研究中采用的 UV 波长为 254nm，能引起 $K_2S_2O_8$ 的—O—O—键断裂，同时 $Fe^{2+}$ 作为过渡金属阳离子也能活化 $K_2S_2O_8$。

### 3.5.1　影响 UV/$Fe^{2+}$活化过硫酸钾氧化次磷酸盐的参数

1. UV

UV 具有很强的光解和辐照能力，室温下 UV 可直接活化 $K_2S_2O_8$ 产生 $•SO_4^-$，故研究 254nm 的 UV 活化 $K_2S_2O_8$ 对次磷酸盐的氧化效果。一次性投加 25mmol/L $K_2S_2O_8$，初始 pH 为 3，电流强度为 0.3A，光辐照时间为 60min。实验结果如图 3.42 所示。

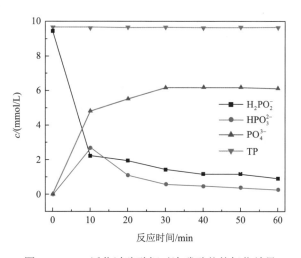

图 3.42　UV 活化过硫酸钾对次磷酸盐的氧化效果

根据图 3.42，体系中的次磷酸盐在反应进行 10min 时的氧化率约为 80%，反应 60min 时，次磷酸盐的氧化率达到 90%（通过相关计算得出）。UV 活化 $K_2S_2O_8$ 产生的 $\cdot SO_4^-$ 对次磷酸盐的氧化能力很强，短时间内可快速氧化次磷酸盐，而且体系中有亚磷酸盐和正磷酸盐生成。此时体系中亚磷酸盐浓度和正磷酸盐浓度相对应，亚磷酸盐浓度减小后趋于稳定，而正磷酸盐浓度则增大后趋于稳定。反应过程中用 UV 辐照 60min，以保证 $K_2S_2O_8$ 对活化能量的需求，随着体系中 $K_2S_2O_8$ 不断被消耗，$\cdot SO_4^-$ 的产率逐渐降低，故 UV 活化 $K_2S_2O_8$ 产生的 $\cdot SO_4^-$ 不足以完全氧化次磷酸盐。

### 2. 过硫酸钾投加量

$K_2S_2O_8$ 作为体系的活化目标物，其投加量影响着整个体系中活性自由基的产率，也影响着次磷酸盐的氧化率和 TP 的去除率。在电流强度为 0.3A、初始 pH 为 3、引入 254nm 的 UV 和一次性投加（0min 时全部投加）$K_2S_2O_8$ 条件下，考察 $K_2S_2O_8$ 的投加量（分别为 15mmol/L、20mmol/L、25mmol/L 和 30mmol/L）对次磷酸盐氧化和去除 TP 的影响。实验结果如图 3.43 所示。

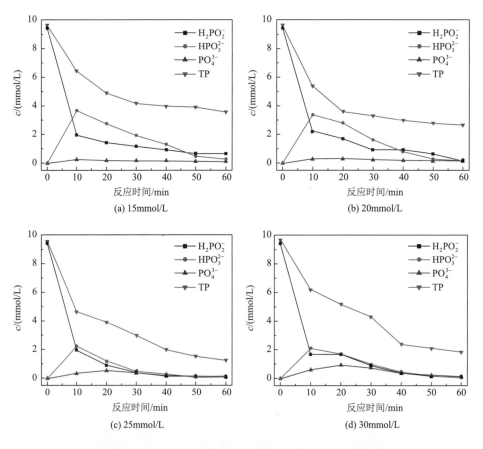

图 3.43　$K_2S_2O_8$ 投加量对次磷酸盐氧化和去除 TP 的影响

由图 3.43 可知，$K_2S_2O_8$ 投加量对次磷酸盐的氧化和 TP 的去除有着显著影响。随着 $K_2S_2O_8$ 投加量增加，次磷酸盐的氧化率和 TP 的去除率逐渐提高，但当其浓度为 30mmol/L 时，次磷酸盐的氧化率反而降低，TP 的去除率也降低，而 25mmol/L $K_2S_2O_8$ 使得该体系的次磷酸盐氧化率和 TP 去除率均达到最佳，在反应 60min 时分别达到 95% 和 85%。体系中 UV 和 $Fe^{2+}$ 共同活化 $K_2S_2O_8$，从而提高了单位时间内的 $\cdot SO_4^-$ 产量，维持了体系所需的氧化能力。随着 $K_2S_2O_8$ 浓度升高，$\cdot SO_4^-$ 含量增大，单位时间内体系的氧化能力增强，从而促进次磷酸盐向亚磷酸盐和正磷酸盐转化，进而达到沉积 $FePO_4$ 和去除 TP 的目的。由于次磷酸盐的氧化需要的活性物质的量一定，而且 UV 和 $Fe^{2+}$ 的协同作用产生的活化能力也一定，因此若 $K_2S_2O_8$ 浓度过高（＞30mmol/L），则 $K_2S_2O_8$ 不能完全活化；而当 $K_2S_2O_8$ 浓度较低时，则不能产生足够的 $\cdot SO_4^-$ 满足次磷酸盐氧化和去除 TP 的需要。综上，25mmol/L 的 $K_2S_2O_8$ 可使次磷酸盐氧化率和 TP 去除率达到最佳。

由图 3.44 可知，不同 $K_2S_2O_8$ 投加量条件下 pH 均先减小至 2 左右（强酸环境），反应 30min 后再升高，但最后仍呈酸性。$K_2S_2O_8$ 浓度越高，pH 的变化反而越小，这是因为活化 $K_2S_2O_8$ 时体系中产生了 $H^+$。当 UV 和 $Fe^{2+}$ 不断活化 $K_2S_2O_8$ 时，产生了大量 $\cdot SO_4^-$ 参与次磷酸盐氧化和 TP 去除反应，但当反应完成后，体系中仍然有 $Fe^{2+}$ 不断析出，而且会消耗 $\cdot SO_4^-$ 生成 $Fe^{3+}$，导致 pH 升高，环境向中性或碱性变化。相反，如果 $K_2S_2O_8$ 浓度偏高，且体系具有的活化能力一定，则残留的 $K_2S_2O_8$ 可维系整个反应体系的 pH，所以表现出 pH 的变化并不显著。

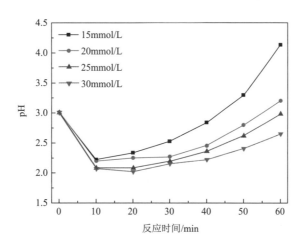

图 3.44　不同 $K_2S_2O_8$ 投加量下体系的 pH 变化

3. 电流强度

电流强度影响着体系中 $Fe^{2+}$ 的含量，也影响着体系活化 $K_2S_2O_8$ 的能力。在初始 pH 为 3、$K_2S_2O_8$ 浓度为 25mmol/L 的条件下，考察电流强度（分别为 0.2A、0.3A、0.4A 和 0.5A）对次磷酸盐氧化和去除 TP 的影响。实验结果如图 3.45 所示。

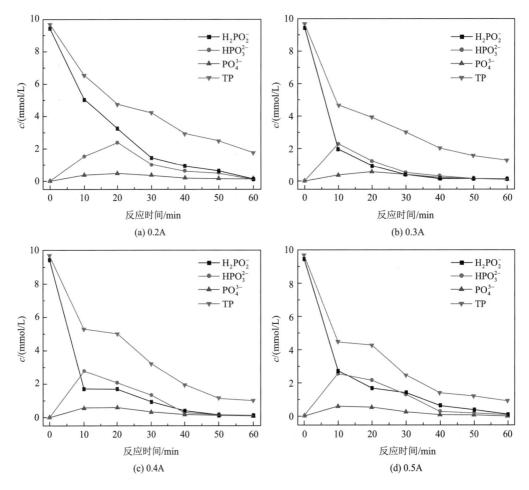

图 3.45　电流强度对次磷酸盐氧化和去除 TP 的影响

由图 3.45 可知，电流强度逐渐增大，反应结束时，次磷酸盐完全氧化。这是因为单位时间内析出的 $Fe^{2+}$ 增多，从而提高了 UV 和 $Fe^{2+}$ 的协同作用和其对 $K_2S_2O_8$ 的活化能力，使 UV 和 $Fe^{2+}$ 协同作用产生 $\cdot SO_4^-$ 的效率变得更高。但过量的 $Fe^{2+}$ 会与 $\cdot SO_4^-$ 发生反应，从而减少 $\cdot SO_4^-$ 数量，导致次磷酸盐的氧化率降低。而之所以 TP 的去除率随着电流强度的增大而增大，是因为次磷酸盐的不断氧化使得 TP 得到去除。然而，电流强度较大时，产物颜色偏黄，可能是由于多余的 $Fe^{2+}$ 在逐渐变化的 pH 环境下转化成了 $Fe(OH)_3$。考虑到耗电量的影响，本书认为 0.3A 的电流可保证次磷酸盐氧化率达到最佳。

由图 3.46 可知，反应 10min 时，环境变得更加偏酸性，随着反应的进行，pH 逐渐升高，但反应结束时，环境仍呈酸性。电流强度较大时，pH 的变化较大，生成 $Fe(OH)_3$，产物颜色偏深；电流强度较小时，pH 的变化较为缓慢，这是因为体系中有足够的 $K_2S_2O_8$ 维持 pH，少量的 $Fe^{2+}$ 不足以发生副反应。电流强度为 0.3A 时 pH 的变化最小，所以体系最适合在该电流强度下活化 $K_2S_2O_8$。

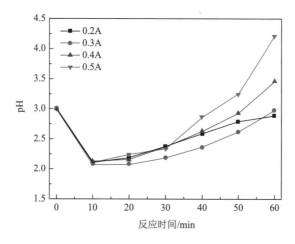

图 3.46　不同电流强度下体系的 pH 变化

#### 4. 初始 pH

活化 $K_2S_2O_8$ 的过程中，在酸性条件下可生成 $\cdot SO_4^-$，在碱性环境下 $\cdot SO_4^-$ 可与 $OH^-$ 或 $H_2O$ 反应生成 $\cdot OH$。在 $K_2S_2O_8$ 浓度为 25mmol/L、电流强度为 0.3A 条件下，考察不同初始 pH 对次磷酸盐氧化和去除 TP 的影响。初始 pH 分别为 3、7、9 和 11。

由图 3.47 可知，初始 pH 对 TP 去除率无显著影响。对于 TP 去除率而言，反应 60min 时达到 90%。活化 $K_2S_2O_8$ 时在酸性环境下生成 $\cdot SO_4^-$，但 $\cdot SO_4^-$ 在碱性环境下进一步生成 $\cdot OH$，相当于既消耗了 $\cdot SO_4^-$ 也生成了 $\cdot OH$，可以满足次磷酸盐的氧化需求。但在反应开始时，铁电极板生成的 $Fe^{2+}$ 和氧化生成的 $Fe^{3+}$ 极易在碱性环境下生成 $Fe(OH)_3$，所以产物呈浅黄色，而且颜色随着初始 pH 的增大而变得更加鲜明。但在实际应用中，强碱性环境可能会腐蚀设备或引起金属离子析出，因此碱性条件下活化 $K_2S_2O_8$ 对操作条件和仪器设备的要求较高。

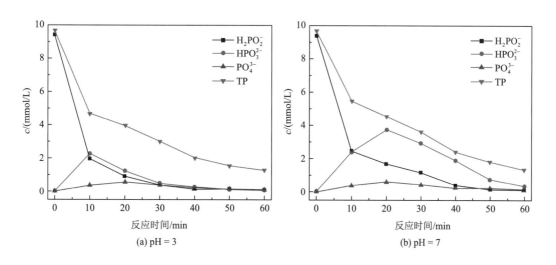

(a) pH = 3　　　　　　　　　　　　　　　　　　(b) pH = 7

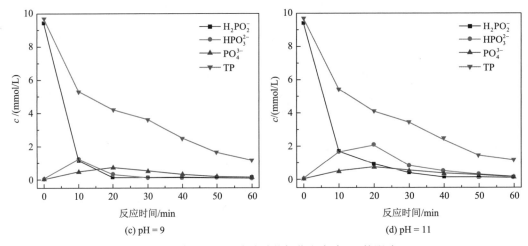

图 3.47　初始 pH 对次磷酸盐氧化和去除 TP 的影响

由图 3.48 可知，不论初始环境是呈酸性还是呈碱性，在反应进行 10min 时就形成了 pH 为 2 左右的强酸性环境，且在随后的反应过程中 pH 略升高，反应结束时稳定为 3 左右，整个体系处在酸性环境下。出现这种现象是因为活化 $K_2S_2O_8$ 时不断生成 $H^+$，溶液的 pH 逐渐降低，此时次磷酸盐氧化率和 TP 去除率达到最佳。所以，可以推测体系中的活性物质适合在酸性环境下生成并发挥氧化作用。与 E-Fenton 和 UV/E-Fenton 氧化技术相比，使用 UV/$Fe^{2+}$-$K_2S_2O_8$ 氧化技术去除污染物时适用的 pH 范围更加广泛。

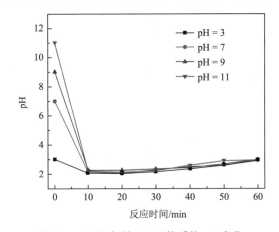

图 3.48　不同初始 pH 下体系的 pH 变化

### 3.5.2　活化过硫酸钾氧化次磷酸盐回收磷酸铁机制分析

前述研究表明，UV 和 $Fe^{2+}$ 协同活化 $K_2S_2O_8$ 时产生了 $\cdot SO_4^-$，而且反应 30min 时次磷酸盐氧化率达到 95%。在酸性环境下，与 E-Fenton 和 UV/E-Fenton 氧化技术相比较，活化次磷酸盐产生的 $\cdot SO_4^-$ 氧化能力没有 $\cdot OH$ 的强，所以次磷酸盐没有完全氧化，而且 TP 的去除率只有 85%。而活化的 $K_2S_2O_8$ 可在酸性环境下生成 $\cdot SO_4^-$，同时在碱性环境下 $\cdot SO_4^-$ 可与 $OH^-$ 反应生成 $\cdot OH$，故需要分别考察在酸性和碱性环境下所产生的活性自由基。

不同的自由基抑制剂和自由基反应的速率不同。CH$_3$OH 既可以抑制•OH，也可以抑制 •SO$_4^-$，CH$_3$OH 与 •SO$_4^-$ 的二级反应速率常数为 $1.1\times10^7$mol/(L·s)，与•OH 的二级反应速率常数为 $9.7\times10^8$mol/(L·s)，后者为前者的约 88 倍；而(CH$_3$)$_3$COH 也可以抑制 •SO$_4^-$ 和 •OH，(CH$_3$)$_3$COH 和这两者的反应速率差别较大，二级反应速率常数分别为 $8.4\times10^5$mol/(L·s) 和 $6.0\times10^8$mol/(L·s)，后者约为前者的 714 倍。对 •SO$_4^-$ 的抑制，CH$_3$OH 的抑制能力比 (CH$_3$)$_3$COH 的抑制能力强约 15 倍，二者对•OH 的抑制能力差别不大，所以可依据不同的反应速率分析出体系中主要的活性物质。

次磷酸盐的氧化机理可由自由基抑制剂实验验证。在 K$_2$S$_2$O$_8$ 浓度为 25mmol/L、电流强度为 0.3A 的条件下，考察初始 pH 分别为 3、7、11 的反应体系中自由基的种类，探究主要活性物质。实验结果如图 3.49 所示。

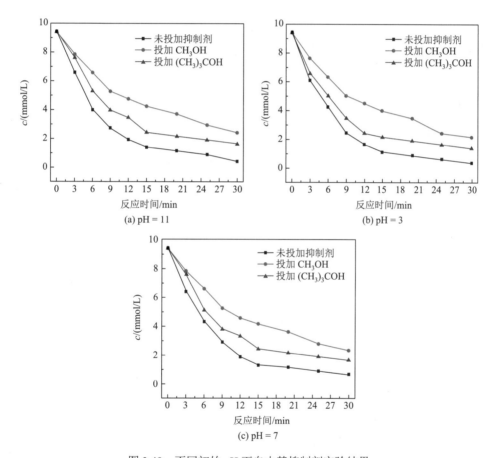

图 3.49　不同初始 pH 下自由基抑制剂实验结果

由图 3.49 可知，不论初始环境呈酸性还是呈碱性，当 CH$_3$OH 为自由基抑制剂时，次磷酸盐氧化率都急剧下降，均由 95%降到 70%左右[①]；而(CH$_3$)$_3$COH 为抑制剂时，对次磷酸盐氧化率仅有较小影响，氧化率由 95%降到 80%。显然，在同等条件下，自由基抑

—————————
① 氧化率可根据浓度变化计算得出，后同。

制剂浓度一定时，$CH_3OH$ 对 $\cdot SO_4^-$ 的抑制能力更强，体系加入 $CH_3OH$ 后次磷酸盐的氧化率受到较大影响，故反应体系中 $\cdot SO_4^-$ 是一种活性物质。

　　由于不同自由基抑制剂对不同活性自由基的抑制能力有较大差别，因此需要分析 $CH_3OH$ 和 $(CH_3)_3COH$ 在不同 pH 条件下对次磷酸盐的氧化效果，探讨体系中是否有 $\cdot OH$。由图 3.50 可知，不论是 $CH_3OH$ 作为自由基抑制剂还是 $(CH_3)_3COH$ 作为自由基抑制剂，初始 pH 对次磷酸盐氧化率的影响并不显著，而且不同 pH 条件下的次磷酸盐氧化效果很接近。由于 $CH_3OH$ 和 $(CH_3)_3COH$ 与 $\cdot OH$ 的反应速率均比与 $\cdot SO_4^-$ 的反应速率快，因此如果在碱性条件下存在 $\cdot OH$，那么碱性环境下次磷酸盐的氧化率将受到极大影响，但体系中并没有出现此现象，说明 $UV/Fe^{2+}$-$K_2S_2O_8$ 体系没有生成 $\cdot OH$，同时也说明该体系的初始 pH 对 $K_2S_2O_8$ 活化无影响，而且还克服了 $\cdot OH$ 在碱性环境下效能降低的问题。所以，在 $UV/Fe^{2+}$-$K_2S_2O_8$ 氧化次磷酸盐的体系中 $\cdot SO_4^-$ 是主要的活性物质。

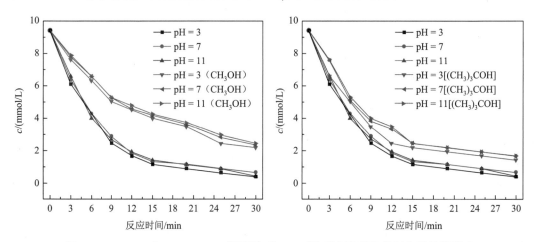

图 3.50　$CH_3OH$ 和 $(CH_3)_3COH$ 对不同初始 pH 下体系中次磷酸盐氧化效果的影响

　　因为 $\cdot SO_4^-$ 有仅次于 $\cdot OH$ 的氧化活性，所以其也能氧化次磷酸盐回收磷酸铁和去除 TP。如图 3.51 所示，反应过程中，$K_2S_2O_8$ 在 UV 和 $Fe^{2+}$ 作用下活化生成 $\cdot SO_4^-$ 和 $Fe^{3+}$，

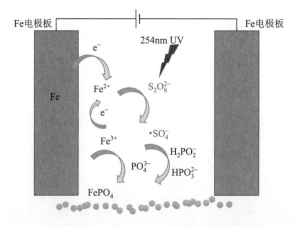

图 3.51　$UV/Fe^{2+}$-$K_2S_2O_8$ 氧化次磷酸盐回收磷酸铁机理

•$SO_4^-$ 与次磷酸盐发生氧化反应生成 $PO_4^{3-}$，体系中 $Fe^{3+}$ 参与 $PO_4^{3-}$ 的沉积，最后形成 $FePO_4$ 沉淀。与 E-Fenton 和 UV/E-Fenton 氧化技术不同，由此产生的 $FePO_4$ 并未附着在电极板上，说明 $Fe^{2+}$ 活化 $K_2S_2O_8$ 产生的 $Fe^{3+}$ 不是以吸附性强的水合羟基铁形式存在，而仅与体系中氧化生成的 $PO_4^{3-}$ 沉淀形成 $FePO_4$ 固相。

### 3.5.3　不同初始 pH 下体系产物磷酸铁表征分析

UV 和 $Fe^{2+}$ 协同活化 $K_2S_2O_8$ 得到的 •$SO_4^-$ 有和 •OH 相近的氧化能力，可以氧化次磷酸盐并同步去除 TP，达到回收磷酸铁的目的。UV 和 $Fe^{2+}$ 协同活化 $K_2S_2O_8$ 产生的活性自由基可在反应 60min 时将次磷酸盐完全氧化，较 E-Fenton 和 UV/E-Fenton 而言，这种技术最大的优势是不受 pH 影响，因为不论是酸性环境还是碱性环境，均可氧化次磷酸盐回收磷酸铁且同步去除 TP。

#### 1. 磷酸铁 SEM 分析

•$SO_4^-$ 氧化产生的产物主要出现在反应器溶液中，呈悬浮状，当静置一段时间后能沉淀到容器底部。初始 pH 分别为 3、7 和 11 时，产物由乳白色逐渐变为浅黄色，这是因为在反应初期，铁电极板析出的 $Fe^{2+}$ 和为调节初始 pH 而加入的 $OH^-$ 反应生成 $Fe(OH)_2$ 或者急剧氧化成 $Fe^{3+}$ 生成 $Fe(OH)_3$ 絮状物，一直到反应结束，产物都保留着含铁沉淀物质，而且随着初始 pH 增大，$Fe^{3+}$ 含量增多，具体的相对含量关系可通过 EDX 分析得到。

$FePO_4$ 微观形貌如图 3.52 所示。从图中可以看出，由 •$SO_4^-$ 氧化次磷酸盐生成的 $FePO_4$ 呈现出明显的颗粒感，而且颗粒较细，分布均匀。随着初始 pH 的增大，$FePO_4$ 颗粒逐渐变得松散，而且容易结块，分散性不好。特别是当初始 pH 为 11 时，可以明显看出有块状团簇物，这可能是因为 pH 较大时有较多 $Fe^{3+}$ 以 $Fe(OH)_3$ 形式存在于产物中，影响了 $FePO_4$ 颗粒的分布，说明初始 pH 呈碱性时，容易引起反应并产生杂质，即在碱性环境下，生成的 $Fe(OH)_3$ 较 $FePO_4$ 更多。

(a) pH = 3

(b) pH = 7

(c) pH = 11

图 3.52　不同初始 pH 下体系产物磷酸铁 SEM 图

　　为了分析产物的化学元素组成，采用 EDX 分析表征不同初始 pH 下体系产物的元素种类和含量，如图 3.53 所示。虽然初始 pH 不同，但产物均含有 C、O、P、Fe、Cu 元素，说明产物中含有 $FePO_4$，Cu、C 元素来自测试样品时用的铜网和碳支撑膜。Fe 元素在反应体系中存在不同的形态，而且不同初始 pH 下体系产物不同（SEM 图），说明其中的物质含量不一样，见表 3.4。初始 pH 越大，Fe 元素含量越大，说明高初始 pH 情况下产物中有含铁络合物，这与 SEM 分析结果相一致。

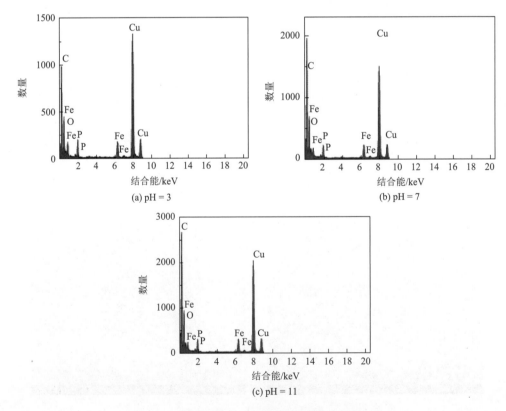

图 3.53　不同初始 pH 下体系产物磷酸铁 EDX 图

表 3.4　不同初始 pH 下体系产物的元素相对含量

| 元素 | 相对含量/% | | |
| --- | --- | --- | --- |
| | pH = 3 | pH = 7 | pH = 11 |
| O | 60.8 | 54.3 | 52.5 |
| P | 13.1 | 15.9 | 15.8 |
| Fe | 26.0 | 29.7 | 31.6 |

### 2. 磷酸铁 XRD 分析

不同初始 pH 下将体系产物 $FePO_4$ 进行预处理后测定其 XRD 图谱，如图 3.54 所示。分析后发现其结晶性不好，只有当初始 pH 为 3 时，产物出现了两个较为明显的衍射峰，分别对应(100)晶面和(102)晶面。随着初始 pH 增大，这两个衍射峰的强度逐渐减弱，当初始 pH 为 11 时，几乎完全消失。这与 SEM 分析结果相联系，因为 pH 偏碱性时，产物中有较多 $Fe(OH)_3$ 絮状物，经高温煅烧处理后，大量 $Fe(OH)_3$ 烧结在产物中，且含有较多杂质，从而影响了其结晶性，这也反映出 E-Fenton、UV/E-Fenton 氧化次磷酸盐回收 $FePO_4$ 的途径与其不同，说明 $\cdot SO_4^-$ 对次磷酸盐的氧化过程与 $\cdot OH$ 对次磷酸盐的氧化过程不同。

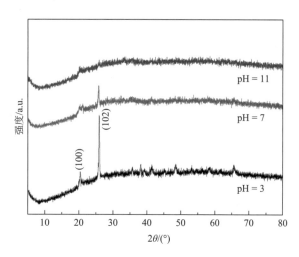

图 3.54　不同初始 pH 下体系产物磷酸铁的 XRD 图谱

### 3. 磷酸铁 FTIR 分析

由图 3.55 可知，$3390cm^{-1}$ 处的吸收峰是环境引入的水峰，即是由 O—H 键和 $FePO_4$ 的结晶水引起的；$1620cm^{-1}$ 处的峰是杂质中 O—H 键的伸缩振动峰，不强烈且不明显；指纹区（$650\sim1350cm^{-1}$）出现的振动峰归因于单键伸缩振动，$1066cm^{-1}$ 处出现的振动峰归因于 Fe—O—P 键的单键伸缩振动；$590cm^{-1}$ 处的振动峰归因于 P—O 键的单键弯曲振动。所以，理论上磷酸铁的 P—O 键、Fe—O—P 键都可在指纹区分析得到，但与标准吸收峰对比，谱峰发生了细微偏移，这是因为体系中仍然有部分阳离子和其他杂质，影响了产物的纯度。

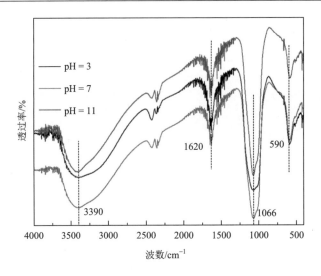

图 3.55　不同初始 pH 下体系产物磷酸铁的 FTIR 图谱

### 4. 磷酸铁 XPS 分析

虽然初始 pH 不同的体系其氧化能力没有显著区别，但初始 pH 由酸性变为碱性时，反应过程中 $Fe^{2+}$ 更容易生成 $Fe(OH)_3$，$FePO_4$ 的形成受到抑制，TP 去除率降低，产物中会有化学组成不同的物质。对不同初始 pH 下的体系产物进行 XPS 表征，分析其表面化学元素的价态与存在的物质。实验结果如图 3.56 所示。

以 C 1s 作为分析的图谱基准，不同初始 pH 条件下 $FePO_4$ 的全谱和 O 1s、P 2p、Fe 2p 的精细谱分别如图 3.56（a）～图 3.56（d）所示。图 3.56（b）展示了 O 1s 的两个特征峰，532.0eV 对应产物表面吸附态的水，531.8eV 对应 $PO_4^{3-}$ 的 O，而且产物的结合能并未发生偏移，说明初始 pH 对正磷酸根中 O 的化学形态无影响；图 3.56（c）展示了 P 2p 的特征峰，134.1eV 对应的是次磷酸盐中 P 的价态，初始 pH 为 3 条件下 133.6eV 对应的是 $FePO_4$ 的 $P^{5+}$，而初始 pH 为 7 和初始 pH 为 11 时 $P^{5+}$ 的结合能向低结合能方向偏移至 133.3eV 处，特征峰强度增加，说明中性和碱性环境导致 $PO_4^{3-}$ 中 $P^{5+}$ 的形成受阻，生成的 $FePO_4$ 减少；图 3.56（d）展示了不同初始 pH 条件下产物的 Fe 2p 谱峰分析结果，图中出现了 4 个特征峰，其中 726.7eV 对应 Fe $2p_{1/2}$ 的 FeOOH，随着初始 pH 增大，该结合能向低结合能方向偏移，初始 pH 为 7 和初始 pH 为 11 时均出现在 726.0eV 处。Fe $2p_{3/2}$ 的 3 个特征峰随着 pH 增大发生了偏移。初始 pH 为 3 时，716.4eV 对应 $Fe(OH)_3$ 的 $Fe^{3+}$，随着 pH 增大，$Fe(OH)_3$ 的谱峰偏移到 715.1eV 和 715.9eV 处，这是因为形成了更多的 $Fe(OH)_3$，从而与 $FePO_4$ 形成竞争，产物存在更多的 $Fe^{3+}$。713.4eV（初始 pH 为 3）、712.9eV（初始 pH 为 7）和 713.2eV（初始 pH 为 11）处的特征峰对应 $FePO_4$ 中的 $Fe^{3+}$，而 FeOOH 中的 $Fe^{3+}$ 出现在 712.1eV（初始 pH 为 3）和 711.8eV（初始 pH 为 7、11）处，随着初始 pH 增大，UV 对体系中生成的水合物产生分解作用，从而使得体系中有更多的 $Fe^{2+}$ 参与过硫酸钾活化反应，影响了产物的形成过程。

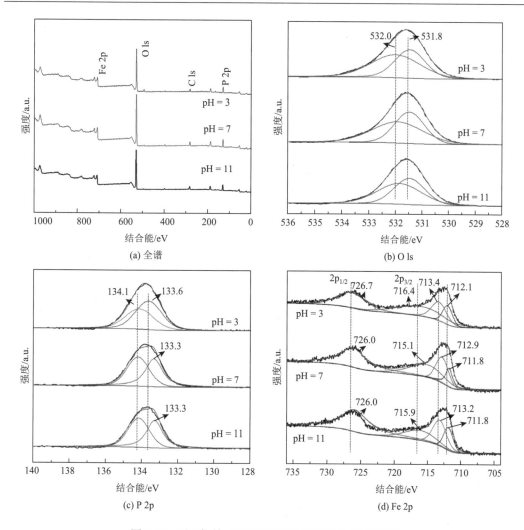

图 3.56  不同初始 pH 下体系产物磷酸铁的 XPS 图谱

### 3.5.4  UV/Fe$^{2+}$ 与 Fe$^{2+}$ 活化过硫酸钾氧化次磷酸盐去除 TP 效率比较

对于 K$_2$S$_2$O$_8$，过渡金属离子在室温下可将其活化，产生的 ·SO$_4^-$ 可氧化反应体系中的污染物，即铁电极板产生的 Fe$^{2+}$ 可以活化 K$_2$S$_2$O$_8$[18]。将 UV/Fe$^{2+}$ 和 Fe$^{2+}$ 活化 K$_2$S$_2$O$_8$ 产生的 ·SO$_4^-$ 氧化次磷酸盐和去除 TP 的效果做比较。设定 K$_2$S$_2$O$_8$ 浓度为 25mmol/L，初始 pH 为 3，电流强度为 0.3A。实验结果如图 3.57 所示。

由图 3.57 可知，UV/Fe$^{2+}$ 和 Fe$^{2+}$ 均可以氧化次磷酸盐并同步回收磷酸铁达到去除 TP 的目的。总体上，UV/Fe$^{2+}$ 活化 K$_2$S$_2$O$_8$ 产生的 ·SO$_4^-$ 产率更高，在反应进行 30min 时，次磷酸盐氧化率达到 95%，TP 去除率为 70%；而 Fe$^{2+}$ 活化 K$_2$S$_2$O$_8$ 并氧化次磷酸盐时次磷酸盐氧化率仅为 80%，TP 去除率仅为 55%。反应 60min 时，次磷酸盐均完全氧化，而 TP 去除率分别为 85% 和 78%。体系中 UV 和 Fe$^{2+}$ 相互促进，共同活化 K$_2$S$_2$O$_8$ 产生活性自由基，故单位时间内更容易产生 $\cdot SO_4^-$，这有助于氧化次磷酸盐和回收磷酸铁，为整个体系提供了更强的氧化能力。

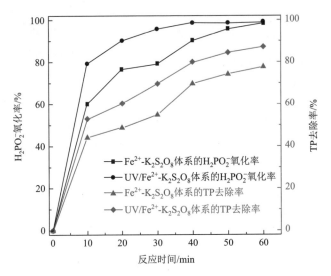

图 3.57　UV/$Fe^{2+}$与 $Fe^{2+}$活化过硫酸钾氧化次磷酸盐去除 TP 效率比较（初始 pH 为 3）

UV/$Fe^{2+}$-$K_2S_2O_8$ 体系为次磷酸盐的氧化提供了相应的氧化活性物质（$\cdot SO_4^-$），同时还为回收 $FePO_4$ 沉淀所需的 $Fe^{3+}$ 提供了来源，且整个反应体系不受 pH 影响，氧化工艺简单，氧化率高。

## 3.6　实际案例及结论

### 3.6.1　电耦合资源化与无害化工艺

1. 废水成分分析

实验使用的电镀废水为园区内电镀企业产生的含镍、含铜及含银废水，主要是化学镀镍、化学镀铜、化学镀银、退镀等环节产生的废水，废水成分见表 3.5。

表 3.5　废水成分

|  | 含镍废水 | 含铜废水 | 含银废水 |
| --- | --- | --- | --- |
| 重金属浓度/(g/L) | 5.2～9 | 11.4～18.1 | 1.1～2.8 |
| COD/(g/L) | 3～6 | 6～8 | 2～4 |
| 总磷/(g/L) | 14～24 | 3～8 | 0.05～0.7 |
| 氨氮/(g/L) | 8～11 | 0.2～0.4 | 0.1～1.2 |
| pH | 4～8 | 2.5～4 | 5～7 |

**2. 工艺运行情况**

为了考察工艺的性能及稳定性，对工艺运行 10 次的效果进行分析，废水的 pH 控制在 3 左右，电流强度为 25A，运行时间为 2h。设备对含镍、含铜、含银废水中重金属的回收率，以及废水中有机络合物的氧化降解效果均较为稳定。

1）含镍废水利用处置效果分析

如图 3.58 所示，示范企业含镍废水浓度为 5.2～9.1g/L，经工艺的处理，可将废水的镍浓度降低至 0.5g/L，镍平均回收率达到 93.5%。

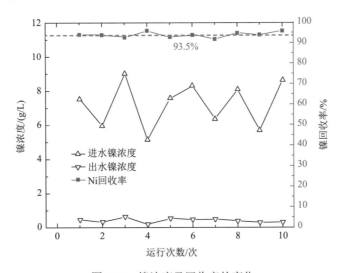

图 3.58　镍浓度及回收率的变化

如图 3.59 所示，含镍废水的 COD 浓度为 3100～6100mg/L，工艺对废水中 COD 的去除率较为稳定，COD 平均去除率为 94.2%。

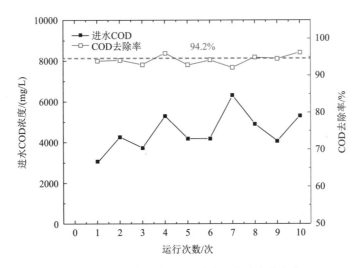

图 3.59　含镍废水中 COD 浓度及去除率的变化

2）含铜废水利用处置效果分析

如图 3.60 所示，示范企业含铜废水浓度为 4.9～8.1g/L，经工艺的处理，可将废水的铜浓度降低至 0.47g/L，铜平均回收率达到 94.1%。

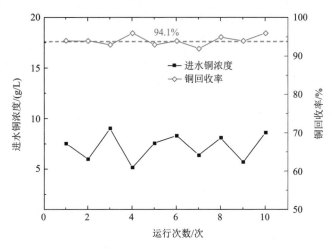

图 3.60　铜浓度及回收率的变化

如图 3.61 所示，含铜废水的 COD 浓度为 3.7～7.0g/L，工艺对废水中 COD 的去除率较为稳定，COD 平均去除率为 92.2%。

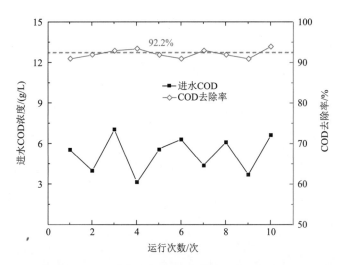

图 3.61　含铜废水中 COD 浓度及去除率的变化

3）含银废水利用处置效果分析

如图 3.62 所示，示范企业含银废水浓度为 1.8～4.3g/L，经工艺的处理，可将废水的银浓度降低至 0.35g/L，银平均回收率达到 93.7%。

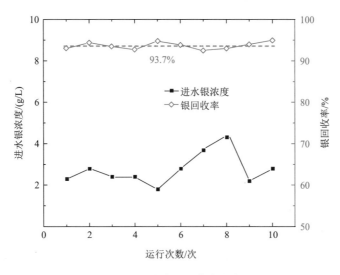

图 3.62  银浓度及回收率的变化

如图 3.63 所示，含银废水的 COD 浓度为 1.8～3.3g/L，工艺对废水中 COD 的去除率较为稳定，COD 平均去除率为 92.6%。

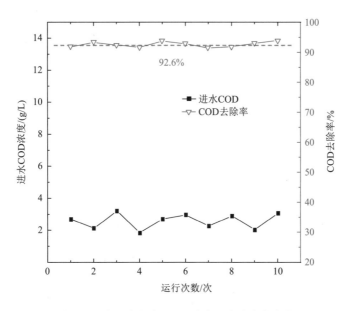

图 3.63  含银废水中 COD 浓度及去除率的变化

### 3. 成本与效益分析

1）含镍废水利用处置成本与效益分析

根据运行情况，对工艺处理含镍废水的成本及效益进行估算。工艺对废水的处理能力按 0.1t/d 计，废水镍浓度按 5g/L 计，回收率按 90%计。

2）含铜废水利用处置成本与效益分析

根据运行情况，对工艺处理含铜废水的成本及效益进行估算。工艺对废水的处理能力按 0.1t/d 计，废水铜浓度按 7g/L 计，回收率按 90%计。

3）含银废水利用处置成本与效益分析

根据运行情况，对工艺处理含银废水的成本及效益进行估算。工艺对废水的处理能力按 0.1t/d 计，废水银浓度按 3g/L 计，回收率按 90%计。

### 3.6.2　电耦合集成工艺

#### 1. 电耦合集成工艺流程

电耦合集成工艺是以电催化重金属资源回收技术和电渗析分离浓缩技术为核心的耦合工艺[19]，可实现电镀废水的资源化和无害化处理。其先利用电渗析分离技术实现废水的富集浓缩，降低废水处理量，提高电催化效率，然后利用电催化技术的阳极氧化协同阴极还原实现有机络合物的高效氧化降解及重金属的回收。电耦合集成工艺流程如图 3.64 所示。

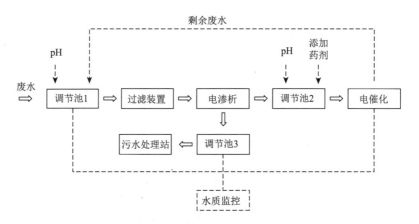

图 3.64　电耦合集成工艺流程

#### 2. 电耦合集成工艺运行情况

对电耦合集成工艺运行 10 次的效果进行分析。电渗析装置的电流强度设定为 10A，pH 调整为 3 左右，运行时间为 60min。电催化装置的电流强度设定为 25A，pH 调整为 3 左右，运行时间为 120min。

如图 3.65 所示，示范企业含镍废水浓度为 4000～6000mg/L。经电渗析装置高效分离后，可将废水的镍浓度提高至 9000～12000mg/L，电镀废水量降低至 200mg/L 以下，同时废水体积减小至原来的一半。

电催化对电渗析浓缩液的处理效果如图 3.66 所示，电催化装置可将废水的镍浓度降低至 800～1800mg/L，镍回收率达到 90%。

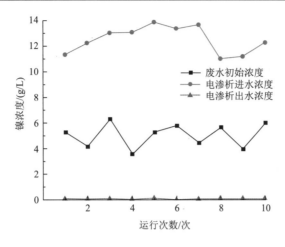

图 3.65　含镍废水分离浓缩效果

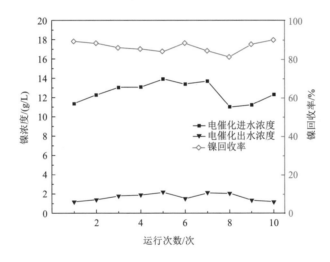

图 3.66　电催化对电渗析浓缩液的处理效果

### 3.6.3　结论

本章针对电镀废水中重金属、有机络合物含量高的特点，开展了原位电耦合资源化与无害化技术研究，以电催化重金属资源回收技术、电渗析分离浓缩技术及电芬顿无害化处理技术为核心，实现电镀废水的资源化和无害化处理；研究了电催化对电镀废水中金属镍的回收率和氨氮去除效果，分析了柠檬酸络合物和氨氮的氧化降解途径。研究表明，在电流密度为 40mA/cm$^2$、反应时间为 120min 时，可取得良好的有机物氧化及镍回收效果；电芬顿技术对 Cu-EDTA 废水有良好的氧化破络合效果[20]，溶液的 pH、H$_2$O$_2$ 投加量、电流密度对电芬顿技术有较大的影响，除有机络合物高效氧化破络合外，还可以通过混凝沉淀、电还原等方式去除废水中的重金属；可采用电渗析法分离化学镀镍废水，以 AM-2 为阳极膜、CM-2 为阴极膜的电渗析膜组合对化学镀镍废水中镍的分离效果明显更好，电渗析法在电流密度为 18mA/cm$^2$、pH 为 5、电渗析时间为 120min 时取得最佳的效果，对化学镀镍废水中镍的分离率达到 97%。同时，本章构建了基于电催化重金属资源回收技术和电渗析分离浓缩技术的电镀废水资源化与无害化工艺，其以含镍、含铜、含银废水为处理对象，运行效果稳定，对重金属镍、铜、银的回收率约为 93%，对 COD 的去除率约为 94%。

# 参 考 文 献

[1] 屠振密，黎德育，李宁，等. 化学镀镍废水处理的现状和进展[J]. 电镀与环保，2003，23（2）：1-5.

[2] 蒋涛. 电解法处理含镍废水及回收镍的实验研究[D]. 重庆：重庆工商大学，2022.

[3] 王成雄，刘燕萍. 化学镀镍老化液的资源化处理研究进展[J]. 电镀与环保，2014，34（3）：7-10.

[4] 刘鹏. 紫外催化氧化处理高浓度难降解化学镀镍废液研究[D]. 哈尔滨：哈尔滨工业大学，2014.

[5] 韩红桔. 光电芬顿氧化水中次磷酸盐同步除磷的研究[D]. 重庆：重庆工商大学，2018.

[6] 胡德皓，孙亮，毛慧敏，等. 芬顿氧化技术处理废水中难降解有机物的应用进展[J]. 山东化工，2019，48（7）：60-62，65.

[7] 李姣，杨春平，陈宏，等. 破络合剂对化学镀镍废水处理的影响[J]. 环境工程学报，2011，5（8）：1713-1717.

[8] 孟顺龙，裘丽萍，陈家长，等. 污水化学沉淀法除磷研究进展[J]. 中国农学通报，2012，28（35）：264-268.

[9] 梅天庆，何冰. 化学镀镍溶液再生的方法[J]. 电镀与精饰，2011，33（9）：21-23，30.

[10] Lee H Y. Separation and recovery of nickel from spent electroless nickel-plating solutions with hydrometallurgical processes[J]. Separation Science and Technology，2013，48（11）：1602-1608.

[11] 郝晓地，衣兰凯，王崇臣，等. 磷回收技术的研究现状及发展趋势[J]. 环境科学学报，2010，30（5）：897-907.

[12] 周倍立. 臭氧/过氧化氢/亚铁工艺去除次磷酸盐的效能研究[D]. 哈尔滨：哈尔滨工业大学，2014.

[13] Sheng Y P，Song S L，Wang X L，et al. Electrogeneration of hydrogen peroxide on a novel highly effective acetylene black-PTFE cathode with PTFE film[J]. Electrochimica Acta，2011，56（24）：8651-8656.

[14] Zhao G H，Lv B Y，Jin Y，et al. P-chlorophenol wastewater treatment by microwave-enhanced catalytic wet peroxide oxidation[J]. Water Environment Research，2010，82（2）：120-127.

[15] Huang Y H，Su H T，Lin L W. Removal of citrate and hypophosphite binary components using Fenton，photo-Fenton and electro-Fenton processes[J]. Journal of Environmental Sciences，2009，21（1）：35-40.

[16] Zhu X H，Xie F，Li J，et al. Simultaneously recover Ni，P and S from spent electroless nickel plating bath through forming graphene/NiAl layered double-hydroxide composite[J]. Journal of Environmental Chemical Engineering，2015，3（2）：1055-1060.

[17] Liu S S，Zhao X，Zeng H B，et al. Enhancement of photoelectrocatalytic degradation of diclofenac with persulfate activated by Cu cathode[J]. Chemical Engineering Journal，2017，320：168-177.

[18] Zhang H，Wang Z，Liu C，et al. Removal of COD from landfill leachate by an electro/Fe$^{2+}$/peroxydisulfate process[J]. Chemical Engineering Journal，2014，250：76-82.

[19] 何湘柱，赵雨，赵国鹏. 电渗析法再生化学镀镍废液工艺[J]. 电镀与涂饰，2010，30（5）：39-42.

[20] Chen R H，Chai L，Wang Y Y，et al. Degradation of organic wastewater containing Cu-EDTA by Fe-C micro-electrolysis[J]. Transaction of Nonferrous Metals Society of China，2012，22（4）：983-990.

# 第4章　化工废水处理技术及其应用

## 4.1　微气泡预处理树脂破乳脱油技术及反应机理①

有研究者从树脂的预处理、破乳性能、界面性质、疏水改性和亲水改性等方面研究了树脂对乳化含油废水的破乳作用。也有学者以腰果酚为原料合成了两种酚胺树脂，并将其与商品破乳剂 SP169、BP169 和 TA1031 进行了比较，比较结果显示，这两种树脂具有较高的脱油率。在水包油（O/W）型乳化液的处理中[1]，通常采用各种树脂并通过离子交换作用来净化表面活性剂稳定的乳化液。而在工业应用中，通常会先用强酸或强碱溶液对树脂进行预处理，以去除树脂中的杂质。树脂作为一种很好的破乳剂，由于具有多孔性和网状结构，形成了巨大的离子交换容量。此外，其天然疏水表面能有效吸附 O/W 乳化液中的油粒。

### 4.1.1　树脂预处理及破乳操作实验

#### 1. 树脂预处理方法

树脂预处理反应器的主体由环氧板底座、有机玻璃管（亚克力）、曝气砂芯（直径为 5cm，厚度为 4mm，孔径为 50μm）组成。进气口位于砂芯曝气盘下端，由聚四氟乙烯管接橡胶管与空气泵连接（橡胶管更多在接口处使用，起连接作用，图 4.1 中未体现），曝气砂芯由四片同心圆有机玻璃片固定，经环氧树脂胶粘连构成曝气装置主体部分，整个装置在曝气过程中不存在漏气现象。空气通过微米级孔道均匀布气后进入上端的反应器主体（图 4.1）。

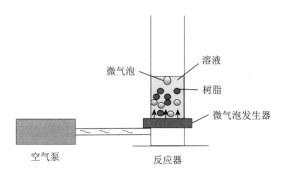

图 4.1　树脂预处理反应器

① 本节内容参考 Wang X P，Liu W，Liu X Q，et al. Study on demulsification and deoiling for O/W emulsion by microbubble pretreated resin. Water Science Technology，2020，81（1）：148-158.

使用时，先打开空气泵，使反应器处于正向气压下，再加入一定的蒸馏水（水和待处理树脂的比例固定，以 $V_{蒸馏水}$ ∶ $V_{树脂}$ ≈4∶1 为宜）。此时，水中不断产生微气泡，量取经一定的蒸馏水浸泡后的树脂并加入反应器，然后开始预处理。在微气泡作用下，树脂中的杂质从树脂孔中分离出来，然后在水中溶解。将预处理过的树脂从反应器中取出，并用蒸馏水清洗备用。使用之前，树脂需要排出多余的自由水，以便准确称量，本实验处理好的树脂通过离子交换柱中的空气吹脱排出多余的水分。

2. 树脂破乳操作

在树脂破乳实验中，选用模拟乳化液 A 作为处理对象，旨在探究树脂破乳的微观界面反应机理。破乳操作及过程如图 4.2 所示。首先将一定量的树脂和 50mL 模拟乳化液 A［含油量为 1000mg/L，SDBS(sodium dodecylbenzene sulfonate，十二烷基苯磺酸钠)为 3g/L］置于 150mL 锥形瓶中，然后将锥形瓶快速放入恒温培养振荡器中，在室温下振荡 80min（120r/min，30℃），其间定时取样，并在 400nm 波长处测量中间层液体的吸光度，最后以 3g/L 的 SDBS 溶液作为参比溶液，计算处理液含油量及除油率。确定树脂用量后，将 20g 树脂与 50mL 乳化液混合，并依次调节乳化液 pH、反应时间、表面活性剂配比、无机盐含量等以进行单因素实验，实验完成后，以同样的方法测定含油量。树脂表面形貌观察是指将预处理后的新树脂和完成破乳的树脂，直接放置于显微镜下拍摄照片并做对比，观察其表面变化情况。

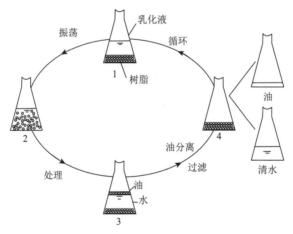

图 4.2　破乳过程示意图

## 4.1.2　影响因素及结果分析

1. 树脂破乳性能测试及其影响因素

比较用传统方法预处理的强碱阴离子树脂与用微气泡预处理的树脂的破乳性能[2]，如图 4.3 所示。测试结果表明，随着树脂用量的增加，除油率始终保持上升趋势。微气泡预处理树脂的破乳脱油效果最好，除油率达到 97%。4% NaOH 预处理树脂的除油率也很高，达到了 90%，但树脂的外观发生了很大变化。在强碱条件下预处理树脂时，其结构可能会被破坏，且洗脱液通常需要得到进一步处理。对于未经预处理的树脂，其除油率较低（只有 85%左右），处理后的乳化液也较浑浊。

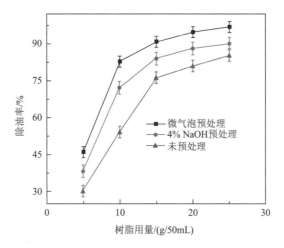

图 4.3　80min 内不同预处理方法的破乳效果比较

破乳效果随时间的变化如图 4.4 所示。在反应初期，树脂与乳化液迅速发生反应，大量乳化油被去除。1h 后，除油率逐渐稳定，在 100min 时达到峰值。同时可以观察到液体表面漂浮着几滴大的油滴，原本浑浊的乳化液变得清澈透明，位于锥形瓶底部的一部分树脂形成了一些团簇。通过对比乳化液和最终处理水的显微镜照片，可发现油粒几乎完全消失。

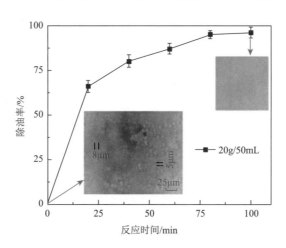

图 4.4　反应时间对破乳效果的影响

表面活性剂在乳化液的制备和破乳过程中起主要作用，表面活性剂对破乳效果的影响如图 4.5 所示。显然，当表面活性剂用量为 2～4g/L 时，乳化液的除油率在 90%以上，但加入少量 SDBS 制备乳化液时，SDBS 难以在水中完全分离油，导致一些油粒自由分散在水中。这些油粒优先被树脂吸附，阻碍了油-水界面向树脂迁移。另外，当表面活性剂用量超过 3g/L 时，水中分散着大量的自由表面活性剂基团，这些自由表面活性剂基团占据了树脂的交换基团位点，阻碍了与油粒结合的另一部分表面活性剂向树脂表面迁移。这就是随着表面活性剂的增加，除油率降低的原因。

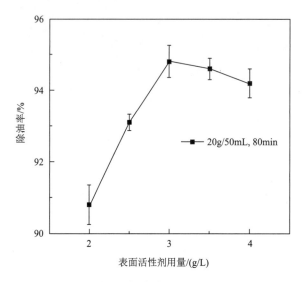

图 4.5　80min 内表面活性剂用量对破乳效果的影响

　　NaCl 浓度对破乳效果的影响如图 4.6 所示。实验结果表明，当乳化液不含 NaCl 时，除油率可达 95%。加 NaCl 时的破乳效果比不加 NaCl 时的破乳效果差，这归因于 NaCl 的加入对树脂的破乳性能产生抑制作用。大量实验表明，在乳化液中加入不同用量的 NaCl 对破乳效果的影响不明显，最终除油率仍在 90% 以上，推测树脂本身的交换容量远大于氯离子的加入量，从而使得破乳反应顺利进行。另外，乳化液本身呈中性或弱碱性。当乳化液中加入少量 $AlCl_3$ 进行破乳实验时，铝离子呈胶状分散在乳化液中，并随着铝离子

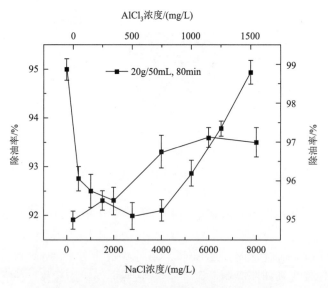

图 4.6　80min 内 NaCl 浓度对破乳效果的影响

浓度的增加而开始聚结，形成了氢氧化铝胶体和偏铝酸盐，在胶体捕获一些油滴后，油-胶体凝聚并沉淀，除油率进一步提高。

研究乳化液初始 pH（4～10）对破乳效果的影响，结果如图 4.7 所示。当乳化液初始 pH＜7 时，由式（4.1）～式（4.3）可知，有利于 RCH₂N(CH₃)₃OH 向 RCH₂N(CH₃)₃Cl 转化，可增强树脂与表面活性剂的离子交换反应。但随着氢离子浓度的升高（即 pH 降低），由式（4.4）可知，SDBS 得到的氢离子形成酸，但油粒与酸的疏水端结合后不能被树脂交换掉，导致破乳效果略下降。由实验结果可知，当乳化液为中性时，主要发生式（4.1）所示的反应，不受其他因素的影响，破乳效果最好。当乳化液初始 pH＞7 时，主要发生式（4.2）和式（4.3）所示的反应，树脂与表面活性剂的离子交换被抑制，破乳效果降低。

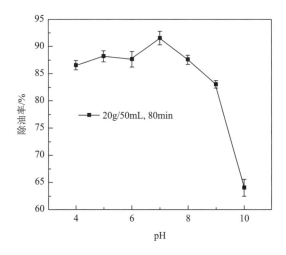

图 4.7　80min 内初始 pH 对破乳效果的影响

$$\text{RCH}_2\text{N(CH}_3)_3\text{Cl} + \text{C}_{12}\text{H}_{25}\text{—}\bigcirc\text{—SO}_3\text{Na} \rightleftharpoons$$
$$\text{RCH}_2\text{N(CH}_3)_3\text{—O}_3\text{S—}\bigcirc\text{—C}_{12}\text{H}_{25} + \text{NaCl} \tag{4.1}$$

$$\text{RCH}_2\text{N(CH}_3)_3\text{Cl} + \text{NaOH} \rightleftharpoons \text{RCH}_2\text{N(CH}_3)_3\text{OH} + \text{NaCl} \tag{4.2}$$

$$\text{RCH}_2\text{N(CH}_3)_3\text{OH} + \text{C}_{12}\text{H}_{25}\text{—}\bigcirc\text{—SO}_3\text{Na} \rightleftharpoons$$
$$\text{RCH}_2\text{N(CH}_3)_3\text{SO}_3\text{—}\bigcirc\text{—C}_{12}\text{H}_{25} + \text{NaOH} \tag{4.3}$$

$$\underset{\text{C}_{12}\text{H}_{25}}{\overset{\text{SO}_3\text{Na}}{\bigcirc}} + \text{H}^+ \rightleftharpoons \underset{\text{C}_{12}\text{H}_{25}}{\overset{\text{SO}_3\text{H}}{\bigcirc}} + \text{Na}^+ \tag{4.4}$$

树脂重复使用对破乳效果的影响如图 4.8 所示。破乳反应结束后树脂与水分离，然后再与新的乳化液发生反应。从图 4.8 中可以看出，树脂重复使用 5 次，除油率仍保持在 70% 以上。也就是说，用 1t 树脂处理 10～20t 含油量为 800～1000mg/L 的乳化液，除油率仍能保持在 70% 以上。

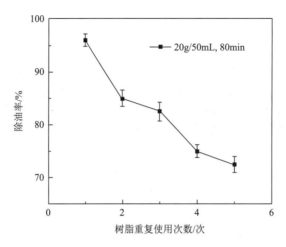

图 4.8　80min 内树脂重复使用对破乳效果的影响

## 2. Zeta 电位分析

Zeta 电位是用于衡量 O/W 乳化液稳定性的一个重要参数，通常油粒与表面活性剂结合后，在静电斥力作用下形成分散在水中的胶体。这种静电斥力的大小取决于油滴之间的 Zeta 电位，Zeta 电位越高，静电斥力越大，乳化液越稳定，反之亦然。破乳前后乳化液的 Zeta 电位如图 4.9 所示。破乳后 Zeta 电位由初始时的−94.6mV 降低到−1.45mV，说明由于乳化液在破乳后分离出大量的油和表面活性剂，体系变得极不稳定[3]。

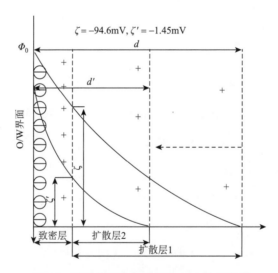

图 4.9　破乳前后乳化液的 Zeta 电位示意图

$\zeta$ 为乳化液的初始 Zeta 电位；$\zeta'$ 为乳化液经 80min 破乳反应后的 Zeta 电位；$d$、$d'$ 为油粒粒径（分别为较大的油滴粒径及细油颗粒的粒径）；$\Phi_0$ 为电势值。

## 3. 表面张力与接触角

图 4.10 展示了在反应 20min、40min、60min、80min 时乳化液的悬滴状态和在玻璃

片上的铺展状态。实际上，悬浮液滴的大小和铺展液滴的接触角与表面张力呈正相关关系。当含有有机物和油时，水的表面张力和接触角急剧减小，尤其是表面活性剂的存在会大幅降低水的表面张力，因此初始时乳化液滴具有较小的表面张力和接触角。由图 4.10和图 4.11 可以看出，悬浮液滴的大小和铺展液滴的接触角随时间的推移而变化。由图 4.12可见，反应 80min 后，乳化液滴的表面张力由 24.45mN/m 增至 58.60mN/m，接触角由 7.4°增至 46.8°。因此，随着破乳反应的进行，乳化液滴的表面张力和接触角不断增大，油粒和表面活性剂从乳化液中分离出来[4]。

图 4.10　破乳过程中乳化液滴及其表面张力的变化情况

（a）20min 时的悬浮液滴；（b）40min 时的悬浮液滴；（c）60min 时的悬浮液滴；（d）80min 时的悬浮液滴

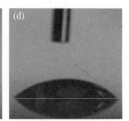

图 4.11　破乳过程中乳化液滴及其接触角的变化情况

（a）20min 时的铺展液滴；（b）40min 时的铺展液滴；（c）60min 时的铺展液滴；（d）80min 时的铺展液滴

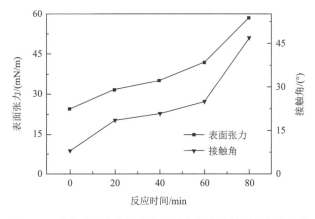

图 4.12　破乳过程中乳化液滴表面张力和接触角的变化趋势

## 4. FTIR 分析

观察破乳前后树脂表面基团的变化有助于研究树脂的破乳除油机理。FTIR 图谱如图 4.13 所示。在 500～3750cm⁻¹ 范围内出现了一些明显的吸收峰，可见 C—Cl 键、C—N 键、C—H 键、N—H 键的拉伸振动吸收峰分别出现在 680cm⁻¹、1250cm⁻¹、2800～3000cm⁻¹ 和 3500cm⁻¹ 左右处。但图 4.13（b）与图 4.13（a）之间存在一定的差异，即其 C—H 键在苯环上的外弯曲振动吸收峰出现在 678cm⁻¹ 处，而-SO₃H 键的吸收峰出现在 1190cm⁻¹ 处，说明 SDBS 向树脂表面迁移。在图 4.13（c）中，680cm⁻¹ 处 C—H 键在苯环上的外弯曲振动吸收峰与图 4.13（b）相同，1750cm⁻¹ 处出现 C＝O 键。此外，在 1060～1450cm⁻¹ 范围内出现 C＝C 键，这是树脂吸附油的标志。值得注意的是，在图 4.13（d）中，苯环、—SO₃H 键和 C＝O 键上均存在 C—H 键的外弯曲振动。同时，图 4.13（a）和图 4.13（d）中的一些明显差异表明，在破乳过程中树脂发生了变化，并且图 4.13（b）和图 4.13（c）证明了树脂可以吸附油，SDBS 确实被交换到树脂的阳离子交换基上。上述研究结果表明，破乳过程中同时存在吸附反应和离子交换反应。

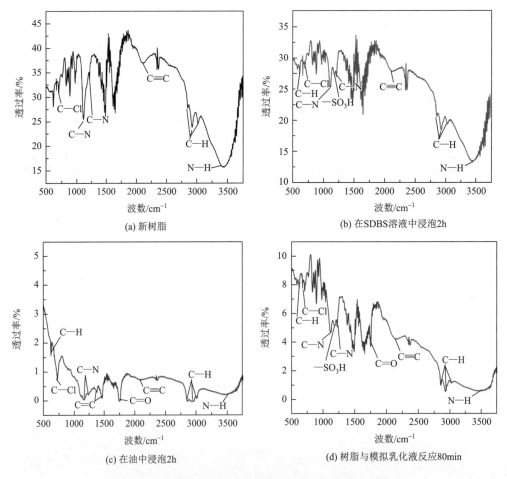

图 4.13　破乳过程中树脂表面基团变化的 FTIR 图谱

5. 树脂形貌变化

图 4.14 展示了破乳前后树脂外观及其聚集状态的变化。实验结果表明，该树脂在用于破乳反应前其表面清洁、无杂质，但破乳后表面被一层油膜覆盖并聚集成团。之前的实验现象也显示，有少量的油滴漂浮在水面上，被包裹的油可能是由表面活性剂携带的油粒形成的。

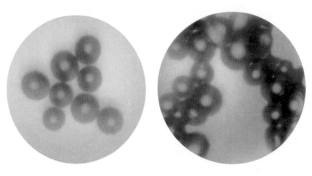

(a) 破乳前的树脂　　　　　　(b) 经过80min破乳反应后的树脂

图 4.14　破乳前后树脂外观及其聚集状态的变化

## 4.1.3　破乳脱油技术机理分析

根据乳化液的 Zeta 电位、表面张力、接触角和树脂外观及表面基团的变化等可总结出树脂对 O/W 乳化液的破乳机理，如图 4.15 所示。根据表征结果和实验现象，本书提出实现破乳除油的三条途径：①表面活性剂通过离子交换作用出现在树脂表面，这些表面活性剂包括表面活性剂-油缔合物以及分散在水中的自由表面活性剂；②当自由表面活性剂基团迁移到树脂表面时，油-表面活性剂体系的平衡被打破，表面活性剂脱落，导致表

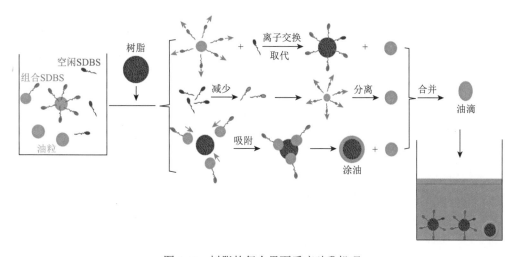

图 4.15　树脂的复合界面反应破乳机理

面活性剂上的油从其疏水端脱落。分离出的油粒聚结成大油滴，漂浮在水面上；③由于树脂具有疏水性和亲油性，复合油可以起到树脂在进行吸附时的架桥作用，同时游离的油粒也可以被树脂吸附，当过多的油粒在树脂表面富集时，油滴会从树脂表面脱落，造成树脂表面出现油膜和油滴漂浮的现象。

## 4.2　沸石基复合材料协同破乳技术及聚结除油反应机理

由于油-表面活性剂-水界面稳定，乳化油比分散油和游离油更难分离。通常，研究破乳聚结时主要针对油包水（W/O）型乳化液，通过物理手段在破乳的同时让水滴在力场中定向移动、聚结，最终实现油水分离[3]。有学者发现，每个乳化油体系都有一个最佳的脉冲电场频率，该频率下可以通过增强液滴振动，促进油膜破裂和液滴聚并。有学者提出了一种集成高压电场和涡流离心场的耦合装置。高压电场作用下乳化油中的水滴聚结后可以增大液滴尺寸，涡流离心场可以快速有效地实现乳化油破乳和水滴分离。在 W/O 乳化液体系中，利用电场、离心力等较容易实现同步破乳和液滴聚并[5]。

### 4.2.1　沸石基复合材料的制备

取一定量的沸石用蒸馏水反复洗去表面杂质后在 60℃烘箱中放置 24h，以去除表面及内部的水分，然后取干燥沸石放入打粉机中粉碎，最后过 160 目筛即得到实验用的沸石粉。将 20g 沸石粉、7g FeSO$_4$·7H$_2$O 和 6g Fe$_2$(SO$_4$)$_3$ 放入 250mL 烧杯中，并用玻璃棒搅拌至均匀混合，然后再向烧杯中缓慢加入 100mL 去离子水，随后搅拌混合物直到粉末不再溶解，最后静置 2h 让部分铁被沸石粉吸附。将水浴锅设置为 70℃，待温度达到 60℃时，把装有混合液的 250mL 烧杯放入水浴锅中并持续搅拌至水温升到设定值，然后保温 10min。用 2mol/L 氢氧化钠溶液缓慢调节 pH 至 12，用去离子水对固体进行分离和洗涤，直到 pH 下降到 8 左右，待温度升到 70℃时加入 2g MgSO$_4$ 并搅拌 5min，然后加入 1.5g β-环糊精（溶解于 5mL 乙醇）反应 1h，使 Fe$_3$O$_4$ 及其他物质得以在沸石表面生长、固定，再用去离子水分离和洗涤固体，直到洗出液 pH 为 7，随后用乙醇洗去表面杂质，最后在 60℃下对固体进行干燥处理，得到破乳剂 MMZ-CDs[6-8]。

与上述操作方法类似，在不添加 MgSO$_4$ 的条件下，得到破乳剂 MZ-CDs；在不添加沸石粉的条件下，得到破乳剂 MM-CDs；在不添加 β-环糊精的条件下，得到破乳剂 MMZ。

### 4.2.2　沸石基复合材料破乳实验

#### 1. 破乳实验方法

选用阴-阳离子复配乳化液 A-C 作为研究对象。将 0.3g MMZ-CDs 与 5mL 乳化液 A-C 在室温下混合于烧杯中，然后再在恒温培养振荡器（振荡器温度为 30℃，转速为 150r/min）中振荡 40s，随后快速取出混合物并在磁铁上静置 10～20s。由于乳化液 A-C 具有高浊度特点，直接测定含油量非常困难，因此通过纳米材料实现同步破乳除浊除油，最终得到清澈透明的处理水。在本实验中，以浊度来反映最终的处理效果。破乳后得到的清液用分光光度计在 680nm 处测量最终的浊度。此外，将分别在酸性、碱性条件下完成破乳反应的粉末回收烘干以用作表征材料。MMZ-CDs 的循环实验步骤为：在每次反应结束时，通过磁分离将粉末固定于容器底部，移除破乳后得到的清液，然后注入 5mL 乳化液 A-C，如此重复 5 次，并记录每次的处理结果。

### 2. pH 对破乳实验的影响

不同材料的破乳脱油性能如图 4.16 所示。由图 4.16 可知，MMZ-CDs 可使浑浊的乳化液迅速变得透明，处理后的乳化液浊度可由最初的 2400NTU（散射浊度）降至 10NTU以下。同时，采用 MMZ、MZ-CDs 和 MM-CDs 对乳化液 A-C 进行处理，虽然浊度去除率均能达到 90%左右，但处理后的水样浊度仍在 100NTU 以上，处于浑浊状态。由此可见，MMZ-CDs 比其他三种材料具有更好的破乳脱油和除浊性能。

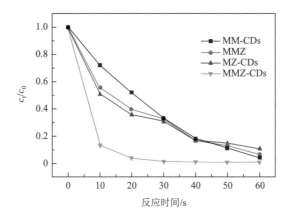

图 4.16　不同材料之间破乳脱油性能比较

乳化液初始 pH 对材料破乳性能的影响如图 4.17 所示。MMZ-CDs 的除浊效果一直保持稳定，除浊率达到 99.99%，最终浊度可降至 10NTU 以下，处理后的水清澈透明。在 pH 为 3～12 时，MMZ、MZ-CDs 和 MM-CDs 的破乳效果出现波动，表明它们易受乳化液初始 pH 的影响。镁和镁的化合物展示出相当强的絮凝作用，镁在不同 pH 范围内的破乳脱油效果可归因于不同形态的镁的絮凝作用，其导致在不同材料中镁及其水解产物所贡献的破乳作用受到影响。

### 3. 材料重复使用性能及铁的析出

实际的水处理工艺对水处理材料的可回收性和稳定性有一定的要求。MMZ-CDs 在乳化液 A-C 持续破乳反应中的重复使用性如图 4.18 所示，实验结果清楚地表明，当不断分离出反应后的液体并继续添加新的乳化液进行反应时，重复实验 5 次后，其破乳效率有所下降。最终破乳除浊率由 99.9%下降到 75.1%，说明 MMZ-CDs 在实际应用中可重复使用，且在使用后仍保持了相当好的活性和稳定性。

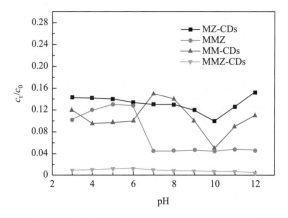

图 4.17　初始 pH 对材料破乳脱油性能的影响

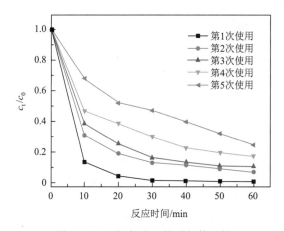

图 4.18　乳化液 A-C 的重复使用性

溶液的 pH 对磁稳定性的影响较大,为进一步验证 MMZ-CDs 的磁稳定性,探究在初始 pH 不同的乳化液环境中材料的铁流失情况。图 4.19 展示了破乳过程中 MMZ-CDs 的铁浸出率。通过比较不同初始 pH 下的铁浸出率,发现单次破乳后材料的铁浸出率小于

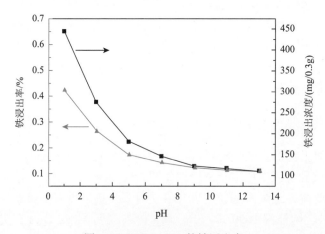

图 4.19　MMZ-CDs 的铁浸出率

0.5%。即使在酸性条件下，使用一次的材料其铁浸出率最大约为 0.42%，最小约为 0.11%。换句话说，MMZ-CDs 具有足够的磁稳定性，在不同性质的乳化液中发生反应后仍能通过磁分离回收。

4. 乳化液液相分析

液体的表面张力反映了液体的固有性质，在破乳过程中，对不同反应阶段的乳化液进行表面张力测量有助于进一步了解乳化液本身发生的变化。由水、表面活性剂和油构成的水包油乳化体系是否能实现破乳，取决于作为界面膜的表面活性剂是否能被分离出来。表面活性剂、油在水中的存在可大大降低水原本的表面张力，表面张力可反映乳化液中表面活性剂和油的浓度变化情况。图 4.20 展示了破乳过程中乳化液表面张力和接触角的变化。表面张力随破乳时间的延长而持续增大，表明在不同阶段表面活性剂-油因被材料所捕获而离开乳化液。同时，通过在玻璃片上同步测定乳化液的接触角发现，其变化趋势与表面张力一致。由图 4.20 可见，反应 50s 后，乳化液的表面张力由 20.15mN/m 增至 66.25mN/m，接触角由 7.972° 增至 46.902°。这些数据表明，破乳之后水样的表面张力和接触角逐渐趋近纯水的表面张力和接触角，乳化液中大量的表面活性剂和油被去除。为了从多个角度了解破乳过程中乳化液的变化情况，对乳化液 A、乳化液 C、乳化液 A-C 以及 MMZ-CDs 与乳化液 A-C 发生反应后的处理水进行三维荧光光谱对比分析。如图 4.21（a）所示，乳化液 A 的荧光中心主要位于 $\lambda_{ex}/\lambda_{em} = 220nm/286nm$、$\lambda_{ex}/\lambda_{em} = 220nm/320nm$、$\lambda_{ex}/\lambda_{em} = 220nm/342nm$、$\lambda_{ex}/\lambda_{em} = 210nm/580nm$ 和 $\lambda_{ex}/\lambda_{em} =210nm/630nm$ 处。图 4.21（b）显示乳化液 C 荧光中心的分布与图 4.21（a）基本一致，表明这两种乳化液均由表面活性剂、油和相关水解产物组成。图 4.21（c）是乳化液 A-C 的三维荧光光谱，荧光中心位于 $\lambda_{ex}/\lambda_{em} = 220nm/300nm$、$\lambda_{ex}/\lambda_{em} = 210nm/360nm$、$\lambda_{ex}/\lambda_{em} = 210nm/400nm$、$\lambda_{ex}/\lambda_{em} = 210nm/500nm$、$\lambda_{ex}/\lambda_{em} = 210nm/540nm$、$\lambda_{ex}/\lambda_{em} = 210nm/560nm$、$\lambda_{ex}/\lambda_{em} =210nm/600nm$、$\lambda_{ex}/\lambda_{em} = 210nm/640nm$ 和 $\lambda_{ex}/\lambda_{em} =210nm/690nm$ 处。与图 4.21（a）和图 4.21（b）相比，荧光区非常相似，这是由阴离子表面活性剂和阳离子表面活性剂结合形成的络合物和一些

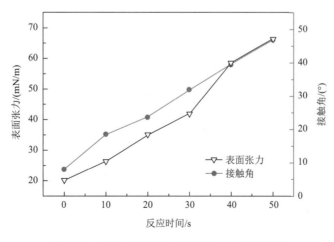

图 4.20　乳化液表面张力和接触角的变化趋势

自由表面活性剂引起的。图 4.21（d）是乳化液 A-C 与 MMZ-CDs 发生反应后处理水的三维荧光光谱图。与乳化液 A-C 的三维荧光光谱相比，其主要荧光区 $\lambda_{ex}/\lambda_{em} = 220nm/300nm$、$\lambda_{ex}/\lambda_{em} = 210nm/540nm$、$\lambda_{ex}/\lambda_{em} = 210nm/560nm$、$\lambda_{ex}/\lambda_{em} = 210nm/600nm$ 和 $\lambda_{ex}/\lambda_{em} = 210nm/640nm$ 的强度分别降低了 89.8%、90.9%、91.1%、92.0%和 88.8%，说明在破乳过程中，大量表面活性剂、油和水解产物被去除。当表面活性剂被分离时，油表面的活性剂水膜被破坏。此外，由于镁的反离子的作用，油粒间的静电斥力大大降低，油粒因聚结成较大的液滴而得以分离。

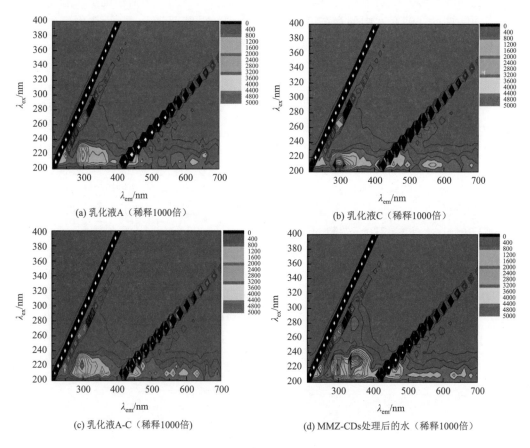

图 4.21　乳化液液相三维荧光光谱

### 5. 物相及化学组成

将不同材料的 XRD 图谱与无机晶体结构数据库（inorganic crystal structure database，ICSD）的图谱进行比较，图 4.22 显示 $Fe_3O_4$(PDF No. 89-4319)、$\beta$-环糊精（PDF No. 7-2421）和 $Mg(OH)_2$（PDF No. 82-2454）在 18°、25°、30°、36°及 62.5°处出现明显的衍射峰，表明这些物质在沸石表面成功制备。$Fe_3O_4$ 在破乳后的材料回收中起主要作用。

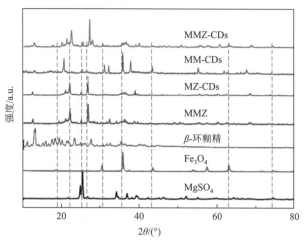

图 4.22　XRD 图谱对比

　　为了验证材料是否如预期成功合成以及破乳后材料本身发生的变化，用 FTIR 图谱对 MMZ、MMZ-CDs 和破乳后的 MMZ-CDs 进行表征（图 4.23）。表征结果表明，在 725cm$^{-1}$ 处发生 O—H 平面外弯曲振动，这是由 MMZ-CDs 中环糊精的—OH 键引起的，证明环糊精在材料表面负载成功。在 1500cm$^{-1}$ 处发现 C—C 键的吸收峰信号，这可能是由环糊精中的碳链产生的。此外，由于破乳后材料表面吸附了少量的油，在 1708cm$^{-1}$ 处出现 C＝O 键的吸收峰信号。值得注意的是，表面活性剂在材料表面的吸附导致在 2769cm$^{-1}$ 处出现 N—H 键的强吸收峰信号，这归因于表面活性剂迁移到 MMZ-CDs 表面。油和表面活性剂出现在使用过的 MMZ-CDs 表面表明，油粒在表面活性剂的桥连作用下迁移到材料表面，然后对材料进行亲油改性，也有可能是因为油分子直接被材料中的环糊精吸附。此外，在 3600～3700cm$^{-1}$ 范围内，三种材料检测到 O—H 键的信号，可能是因为材料中的镁形成氢氧化物。

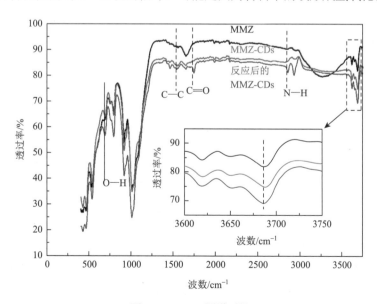

图 4.23　FTIR 图谱对比

对材料进行 XPS 表征后所得到的光谱图如图 4.24 所示。Mg 1s 轨道与 O—H 键结合，且只出现一个特征峰，表明 $Mg^{2+}$ 以 $Mg(OH)_2$ 形式存在。图 4.24（b）中 711.0eV 和 724.7eV 处有两个特征峰，分别归属于 $Fe^{2+}$ 和 $Fe^{3+}$，表明 $Fe_3O_4$ 已成功合成。O 1s 轨道的能谱图如图 4.24（c）所示。表征结果表明，破乳过程中大量含 O 物质与 MMZ-CDs 表面结合，使用过的 MMZ-CDs 中 O 的强度显著提高。类似地，在图 4.24（d）中，在 285.0eV 附近 C 1s 轨道上有两个峰，而在 MM-CDs 和使用过的 MMZ-CDs 中只出现一组特征峰。这可能是因为天然沸石中存在不定碳，相关文献证实了这一点。对元素组成和相对含量的分析表明，破乳反应的快速响应可能与由原子选择性结合形成的材料表面的特性有关。破乳后材料中某些原子的含量增加表明乳化液中的某些组分迁移到材料中。

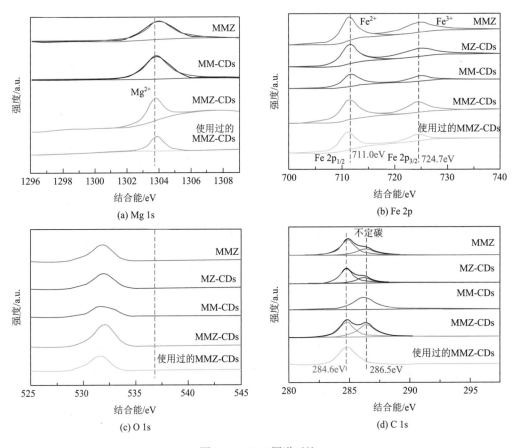

图 4.24　XPS 图谱对比

### 6. 表面形貌及微观结构

材料的表面形貌和微观结构决定了材料的表面性能[9]。对 MMZ-CDs、MZ-CDs、MM-CDs 和 MMZ 进行扫描电镜研究，从图 4.25（a）中可以看出，许多颗粒物质包裹在 MMZ-CDs 的表面，主要以紧凑的片状和颗粒状形式存在。MMZ-CDs 与碱性乳化液发生反应后表面形貌变化不大 [图 4.25（b）]，保持了原有的形貌。然而，与酸性乳化液发生反应后，MMZ-CDs 的表面颗粒物质减少［图 4.25（c）］，这可能是由部分氧化铁和硫酸镁在酸性条件下溶解所致。MMZ-CDs 的 TEM 图［图 4.25（d）］清楚地显示，许多颗粒与沸石紧密结合，这可能归因于 $Fe_3O_4$、$Mg(OH)_2$ 和环糊精共同负载在材料表面，形成一层沉积层。同时，对在碱性和酸性乳化液中完成反应的 MMZ-CDs 进行表征，考察材料在不同 pH 条件下是否分解。从 MMZ-CDs（Al）［图 4.25（e）］和 MMZ-CDs（Ac）［图 4.25（f）］的 TEM 图来看，MMZ-CDs 在较短破乳时间内与乳化液发生反应后没有被明显地破坏，这为材料的重复使用奠定了基础。其他材料的 SEM 图如图 4.25（g）～图 4.25（i）所示，这些材料具有均匀致密的层状结构，这与 MMZ-CDs 略有不同。

图 4.25　表面形貌和微观结构

符号 O 为原始材料；MMZ-CDs（Al）为 MMZ-CDs 与碱性的 O/W 乳化液发生反应；MMZ-CDs（Ac）为 MMZ-CDs 与酸性的 O/W 乳化液发生反应

### 4.2.3　破乳脱油技术机理分析

系统地考虑 MMZ-CDs 的破乳效果、反应过程中乳化液的性质和材料表征结果，总结出其对 O/W 乳化液的破乳机理。整个破乳脱油过程由两步组成，如图 4.26 所示。

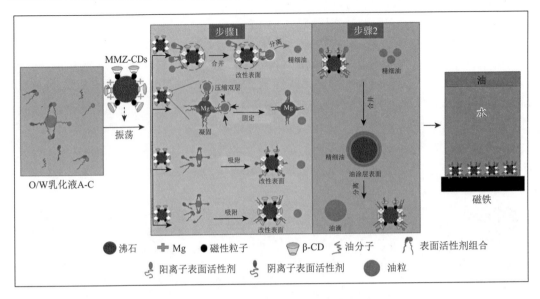

图 4.26　MMZ-CDs 的微观界面破乳脱油过程

第一步：多途径同步破乳。乳化油粒在表面活性剂的桥连作用下被改性沸石吸附，然后二者相互结合。其结果是乳化细油粒在沸石表面铺展形成较大的油粒，其容易失稳或脱离材料；沸石表面的 $Mg^{2+}$ 或游离态的 $Mg^{2+}$ 通过压缩双电层降低油-表面活性剂-水界面的稳定性，从而增加了这些不稳定胶体聚并的可能性，此外表面活性剂还可以通过游离态的 $Mg^{2+}$（混凝效应）、沸石表面（离子交换）和环糊精（吸附）来捕获，使材料表面改性为亲油表面，这有利于乳化油在 MMZ-CDs 表面铺展聚结。最终乳化液中游离的表面活性剂和吸附在油粒上的表面活性剂的浓度均通过上述途径降低，油水界面稳定性下降或界面膜消失，油粒暴露在外。

第二步：脱稳油粒聚结。在第一步中，通过表面活性剂-油络合物将沸石表面改性成亲油表面。随着界面膜稳定性下降或消失，脱稳的细小油粒在改性后的亲油表面湿润→铺展→凝聚→脱落。悬浮的油粒最终形成较大的油滴，油滴在尺寸达到一定程度时浮出水面。在剪切力和静电斥力的作用下，大量被吸附的油粒都会变成油滴并从材料表面脱落[10]。

## 4.3　催化臭氧/混凝协同处理乳化含油废水技术及反应机理

由于稳定型表面活性剂含油乳化废水（模拟乳化液 A-C）在曝气条件下产生的大量气泡会阻碍后续操作，本节针对曝气方式、反应器结构及取样途径进行设计，以解决泡沫溢出的问题及通过氧化作用破坏表面活性剂分子，进而破坏其与油的相互作用，实现破乳。通过向反应器底部均匀通入空气与臭氧的混合气体，控制气流量（气泡或气流量过小容易产生泡沫，适宜的气流量可以使已经生成的泡沫破碎）。同时，引入金属离子，其能起到消泡作用，有利于后续反应的进行。

### 4.3.1 催化臭氧/混凝协同处理实验

在本实验中阴阳离子表面活性剂能反应生成白色胶体，利用氧化作用实现破乳，即利用表面活性剂被氧化后胶体物分解，同时因失去对油的捕获能力而脱稳，实现破乳。

乳化液选用模拟乳化液 A-C，破乳反应在破乳反应器中进行，将反应装置按图 4.27 所示的方式连接起来，然后接通电源，打开空气泵和臭氧发生器，待装置正常运行后，迅速加入 100mL 乳化液和适量硫酸镁，同时开始计时。反应器下端设置了由聚四氟乙烯管连接的取样管，定时取样，上端用纱布封闭，以降低臭氧氧化过程中泡沫产生的速率，同时用导管将多余的废气通入装有碘化钾溶液的洗气瓶。在每组破乳反应完成之后，取下反应器上端的纱布，倒出残余液体，拔掉进气管，关闭空气泵及臭氧发生器，然后将反应器管壁彻底清洗干净并吹脱多余的水分以进行下一组破乳实验，如此循环往复。用分光光度计在 680nm 处测量所取水样的瞬时浊度；用碘量法测定破乳过程中溶液中臭氧浓度的变化情况；用高效液相色谱仪分析不同时间活性物质（•OH）的产生情况；用《水质 化学需氧量的测定 重铬酸盐法》（HJ 828—2017）测定不同条件下处理后的乳化液的 COD。

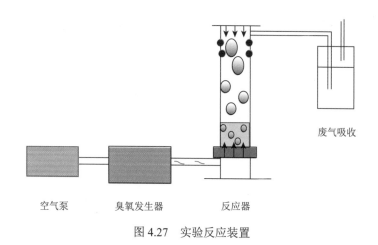

图 4.27　实验反应装置

### 4.3.2 影响因素及结果分析

1. 不同体系破乳效果对比

硫酸镁单独氧化体系、臭氧单独氧化体系、硫酸镁协同臭氧氧化体系下的破乳效果如图 4.28（a）所示。当单独投加硫酸镁时，破乳除浊效果较明显，持续反应 30min 后浊度从最开始的 2400NTU 降至 100NTU 左右，除浊率达到 95.8%；当臭氧单独氧化时，前 40min 浊度迅速下降，但 40min 时仍然保持在 200NTU 左右，除浊率约为 91.6%；60min 后稳定在 80NTU 左右。而硫酸镁协同臭氧氧化时，可以明显看到，前 2min 浊度急剧下降，并且浊度低于其他两个体系，4min 后浊度几乎接近 0NTU，除浊率在 5min 左右时接近 100%。从图 4.28（b）中可以看出，原本浑浊的含油乳化液变得清澈透明，说明当往臭氧单独氧化体系中加入微量硫酸镁后，破乳效果有了提升，表面活性剂和油同时被去除，从而使得乳化液由浑浊变得清澈。与另外两种氧化方法相比，硫酸镁协同臭氧氧化极大缩短了破乳时间，减少了能源和药剂的消耗量[11, 12]。

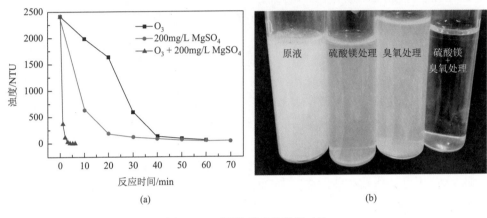

(a)　　　　　　　　　　　　　　　　　　　(b)

图 4.28　不同体系破乳效果对比

#### 2. 催化臭氧体系下的破乳实验

图 4.29（a）展示了随着臭氧投加量变化，硫酸镁投加量从 50mg/L 增加到 250mg/L 时乳化液的破乳效果。显然，随着硫酸镁投加量的增加，最终破乳效果提升，在硫酸镁投加量从 100mg/L 增加到 150mg/L 的过程中，浊度变化最为明显，可以认为 100～150mg/L 范围内某一个值是破乳率达到最大后的转折点，在实际应用中可参考该值，由此既能减少药剂投加量，又能在适宜的臭氧投加量范围内获得最好的破乳效果，使除浊率最终接近 100%。从 5 条曲线前 1min 的斜率看，随着硫酸镁投加量的增加，斜率迅速增大，表明破乳反应初始速率与硫酸镁投加量呈正相关关系，选取合适的臭氧曝气时间和硫酸镁投加量可以产生最佳协同效应。图 4.29（b）展示了硫酸铝在破乳过程中的贡献情况，臭氧氧化 6min（折合投加量约为 1000mg），随着硫酸铝投加量的增加，破乳效果很明显有了提升，虽然相比投加硫酸镁而言，稍微逊色一些，但仍取得了很好的除浊效果。pH 是废水的一个重要特征，图 4.29（c）展示了酸性、中性、碱性条件下硫酸镁与臭氧的协同破乳效果。可以看出，破乳除浊效果在酸性和碱性条件下有很大差异：当 pH<7 时，破乳过程进行得相对较慢，5min 之后浊度仍保持为 150～220NTU；当 pH>7 时，破乳除浊效果明显提升，1min 之内浊度即可降至 10NTU 以下，并且乳化液中出现白色絮体。这是由于在碱性条件下，镁离子生成氢氧化物絮体，在混凝作用下加快了表面活性剂的分离，残余的游离表面活性剂在臭氧作用下迅速分解，从而加快了破乳除浊过程。相反，在酸性条件下，镁离子的絮凝作用被大大抑制，同时酸性条件本身不利于自由基的产生，因此破乳除浊过程进行得相对较慢。

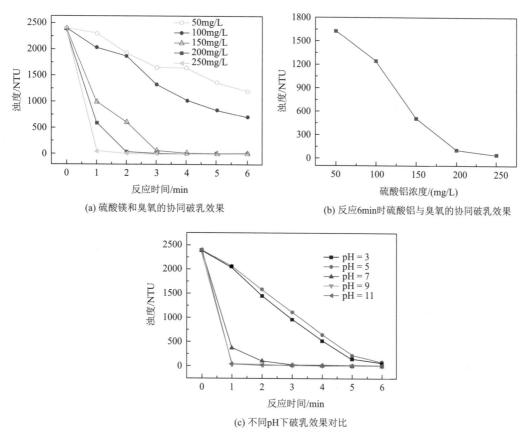

(a) 硫酸镁和臭氧的协同破乳效果　　　(b) 反应6min时硫酸铝与臭氧的协同破乳效果

(c) 不同pH下破乳效果对比

图 4.29　催化臭氧体系下的破乳反应

硫酸镁用量为 150mg/L；乳化液体积为 100mL；臭氧浓度为 166mg/min

3. 液相性质分析

1）乳化液中硫酸镁的浓度变化

图 4.30 展示了不同硫酸镁投加量下乳化液中镁离子浓度随时间的变化情况。可以看出在各个投加量下镁离子浓度随时间的推移基本保持不变，在反应 4～6min 时镁离子浓度略微上升，原因推测为后期随着曝气的持续进行，与表面活性剂形成絮体的少量镁离子随着絮体被破坏重新回到乳化液中，这反映出絮体不会被大规模破坏，从而影响了破乳效果。同时，对于投加量分别为 50mg/L 和 100mg/L 的体系，前者的镁离子浓度高于后者，推测原因在于在硫酸镁投加量较低时，硫酸镁与臭氧可能存在另一种相互作用，而当投加量相对较高后，镁离子表现出混凝性质，同时伴随着其他相互作用，实现高效破乳。

2）乳化液中臭氧浓度的变化

为了探究破乳过程中臭氧对破乳起到的实际作用以及臭氧和硫酸镁之间的相互作用，测定破乳过程中乳化液的臭氧含量。图 4.31 对比了分别在纯水中和在乳化液中模拟

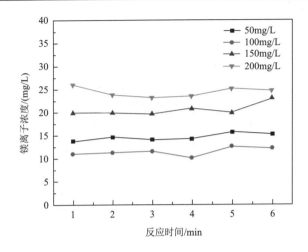

图 4.30　乳化液中镁离子浓度的变化

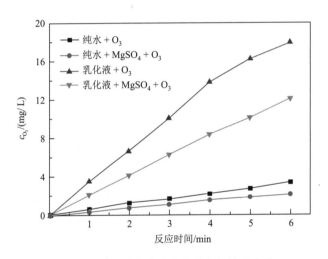

图 4.31　破乳过程中乳化液的臭氧浓度变化

破乳过程的结果。臭氧进入纯水后一部分溶解，另一部分从装置上端溢出，在曝气作用下难以大规模积累，当投加少量硫酸镁之后，纯水中的臭氧浓度有所下降，表明硫酸镁的投加可加速臭氧分解。值得注意的是，乳化液中的臭氧浓度大大高于纯水这是因为表面活性剂分子呈链状或网状，臭氧分子进入时会被捕集，从而使得一定时间内累积的臭氧增多。相比而言，投加了硫酸镁的乳化液中臭氧浓度有所下降。

3）乳化液中 COD 浓度的变化

O/W 乳化液的稳定性主要由表面活性剂与油形成的界面膜决定，破乳的关键就在于能否破坏油与表面活性剂的结合，降低处理水的 COD 浓度和浊度。图 4.32 展示了不同反应体系下臭氧氧化 6min 后液相的 COD 浓度变化情况。乳化液初始 COD 浓度高达1600mg/L，臭氧体系和臭氧-硫酸镁体系的 COD 去除率分别为 80% 和 92.9%，硫酸镁的投加使得表面活性剂进一步被去除。经空气处理后的乳化液其 COD 去除率也达到了 50%

左右，这是因为在曝气过程中，泡沫随着气流沿管壁上升并不断淬灭，导致表面活性剂聚合物沉积在管壁上，本底乳化液中的表面活性剂减少，COD 浓度降低。在空气氛围中加入硫酸镁之后，COD 浓度下降得并不明显，表明在该体系下，硫酸镁没有催化空气产生活性物质。

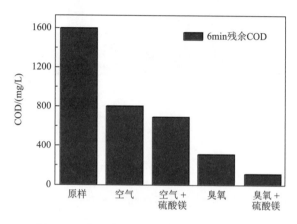

图 4.32  破乳过程中乳化液 COD 浓度的变化

4）·OH 检测

用高效液相色谱仪测定在臭氧和臭氧-硫酸镁两个体系中·OH 的产生情况。如图 4.33 所示，在液相色谱中依次出现三个峰，分别对应水杨酸的两种产物 2, 5-dHBA（二羟基苯甲酸）、2, 3-dHBA 和水杨酸，可以看出，在投加硫酸镁的反应中峰的强度明显强于单独投加臭氧的反应。结合·OH 的产量（图 4.34）来看，投加硫酸镁之后反应中产生大量·OH，而单独通入臭氧的反应中·OH 产量较少，表明硫酸镁的加入加速了臭氧转化为·OH，从而可以在很短的时间内降解表面活性剂，分离出油。这也是臭氧-硫酸镁体系破乳除浊速率远高于臭氧体系的原因。

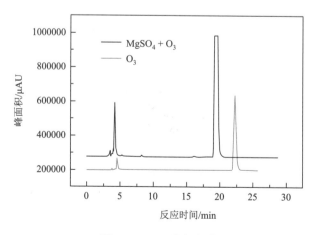

图 4.33  ·OH 液相色谱

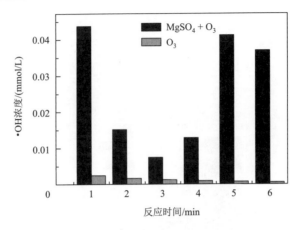

图 4.34　•OH 产量检测结果

### 4.3.3　破乳脱油技术机理分析

根据在臭氧、硫酸镁、臭氧-硫酸镁体系的破乳实验中，pH 对协同破乳的影响，破乳后乳化液中镁离子、臭氧浓度的变化情况，以及 COD 去除率及不同体系下•OH 的产量等得到整个破乳过程的机理，如图 4.35 所示。①当硫酸镁和臭氧同时加入乳化液中时，在气流推动下表面活性剂产生的泡沫沿管壁上升并破碎，破碎的泡沫一部分因直接附着在管壁上而与乳化液暂时分离，另一部分迅速回流到乳化液中。②镁离子在臭氧氛围中发挥混凝作用，由此起到消泡作用，被混凝的表面活性剂携带部分油粒沉积在管壁上（此时管壁成为亲油介质）。③当大量臭氧溶解于乳化液后，在镁离子的催化作用下，产生大量活性物质，乳化液中剩余的大部分表面活性剂氧化、断链、分解，丧失原有的功能，使得原本捕捉到的油粒脱落下来，实现破乳。在反应器处于湍流状态时，大量油粒碰撞聚结，形成油滴湿润管壁，实现油水分离。以上三个步骤几乎在同一时间内发生，导致原有的乳化液中表面活性剂被分离、分解，COD 被大规模去除，同时镁离子也大规模分离沉积到管壁上，从而大大降低了处理水中的镁离子浓度。

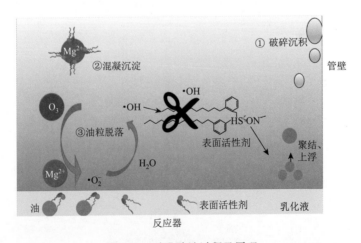

图 4.35　破乳除浊过程及原理

# 4.4 实际案例及结论

## 4.4.1 制药废水处理技术

1. 制药废水概况

某制药公司的产品有双酚 s、盐酸伊伐布雷定（用于治疗心绞痛）、盐酸伊伐布雷定中间体、恩替卡韦（用于治疗成人乙型肝炎）、氟达拉滨（用于治疗慢性淋巴细胞白血病）、托吡酯（用于抗癫痫）、解痉药（替喹溴铵中间体）、阿托伐他汀（用于治疗高血脂）等。

该制药公司的废水主要为高盐生产废水、高 COD 生产废水、其他生产废水。①高盐生产废水主要包括含酚的萃取酸水、苯酚废水和精母废水、33AC 酸析废水。其特点是盐度高、含有苯酚等难降解有机污染物。②高 COD 生产废水主要包括酰化物废水、亚胺物废水、还原废水和成盐废水。高 COD 生产废水的特点为水量较小、COD 浓度高、排放无规律。③其他生产废水主要包括车间杂用水、蒸汽冷凝水，特点为 COD 浓度低、水量较大。

2. 工艺流程选择

（1）高盐生产废水主要含高盐污染物，且因含硫酸盐，故宜采用脱硫酸盐工艺进行脱盐处理，然后再进行后续生化处理。

（2）高 COD 生产废水和其他生产废水主要含高 COD 污染物，宜采用物化处理和生化处理联合的处理工艺。

（3）生活污水主要含高 COD 污染物等，宜采用物化处理为主的处理工艺。

根据分析结果，结合工程实例，针对工业废水和生活污水决定采用预处理 + 物化处理 + 生化处理的处理工艺[13]。其中，高盐生产废水的物化预处理工艺为过滤 + 浓缩结晶；高 COD 生产废水的物化预处理工艺为调质 + 三维电解；其他生产废水的物化预处理工艺为混凝 + 气浮。综合废水生化处理工艺为高效厌氧 + 兼氧 + 接触氧化 + 二次沉淀。工艺流程图如图 4.36 所示。

3. 工艺流程说明

1）高盐生产废水物化预处理工艺

精母废水与 33AC 酸析废水经收集后，通过车间输送管网进入高盐综合废水调节池，而含酚的萃取酸水、苯酚废水经收集后进入含酚废水收集池，然后以稳定的小流量进入高盐综合废水调节池，在调节段通入低压空气并搅拌调匀，调匀均化的高盐生产废水被泵以 1t/h 的流量提升至精密过滤机，去除固体杂质后，进入三效蒸发浓缩机浓缩，浓缩倍数为 6，浓缩到设定的浓度后，进入结晶器结晶，析出固体硫酸钠，硫酸钠经分离脱水后成为副产品，蒸馏液及母液进入高 COD 废水调节池。

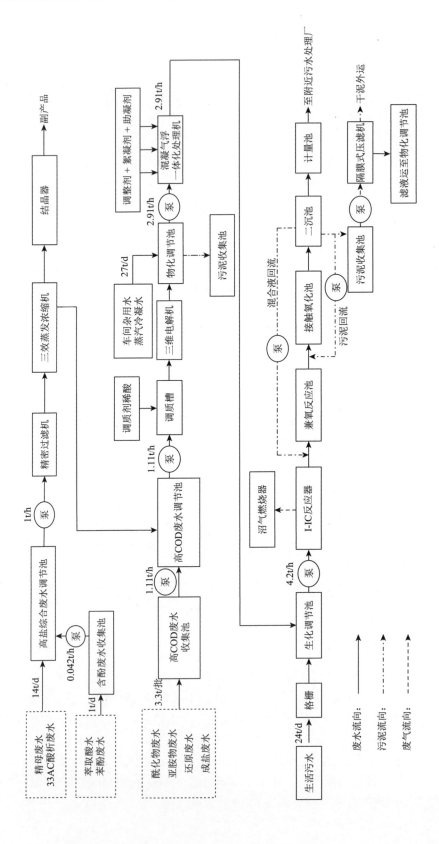

图 4.36　某制药公司废水处理站新建工程的工艺流程简图

2）高 COD 生产废水物化预处理工艺

酰化物废水、亚胺物废水、还原废水、成盐废水等高 COD 生产废水经收集后进入高 COD 废水收集池，然后经泵以稳定的小流量进入高 COD 废水调节池，在高 COD 废水调节池中通入低压空气并搅拌调匀，调匀均化的高 COD 生产废水被泵以 1.11t/h 的流量提升至调质槽，加入稀酸调好 pH 后，进入三维电解机，通过电解处理后进入物化调节池。

3）其他生产废水物化预处理工艺

其他生产废水（车间杂用水、蒸汽冷凝水）和经三维电解预处理的高 COD 生产废水进入物化调节池，在物化调节池中通入低压空气并搅拌调匀，调匀均化的废水用泵以 2.91t/h 的流量提升至混凝气浮一体化处理机，在混凝气浮一体化处理机中分别加入调整剂、絮凝剂、助凝剂等水处理药剂，通过混凝反应，生成矾花，并进行泥水分离，出水进入生化调节池，浮泥进入污泥收集池。

4）综合废水生化处理工艺

经物化处理的制药废水进入生化调节池，同时生活污水被格栅拦截杂质后进入生化调节池。向生化调节池中通入低压空气并搅拌调匀，调匀均化的综合废水进入 I-IC 反应器。在 I-IC 反应器中通过厌氧反应去除废水中的大部分有机污染物，出水进入兼氧反应池。在兼氧反应池，从接触氧化池回流的混合液中的硝态氮在缺氧菌的作用下发生反硝化反应后再次进入接触氧化池，通过好氧反应去除废水中的部分有机污染物，并通过接触氧化池后面的二沉池进行泥水分离，上清液进入计量池，通过流量计计量后，排入附近污水处理厂进行处理，处理达标后排放。二沉池的污泥用泵输送，一部分回流至接触氧化池以补充活性污泥，另一部分作为多余的污泥排至污泥收集池。

5）污泥的脱水处理

混凝气浮一体化处理机产生的浮渣自流进入污泥池，二沉池产生多余的生化污泥用回流泵输送至污泥收集池，通入空气并搅拌后用泵加压输送至隔膜式压滤机进行脱水处理，所有脱水后的污泥按国家法律法规进行外运处置。

6）各类污染物去除措施

各类污染物的去除措施如下：通过三效蒸发浓缩机蒸发结晶的方式去除高盐生产废水中的盐类污染物；通过混凝气浮去除非溶解性有机污染物，然后再通过高效厌氧、兼氧和接触氧化工艺去除溶解性有机污染物，最后通过物化和生化处理工艺去除大部分 COD。

4. 工艺性能分析

经过上述工艺的处理，废水中 COD 的去除率见表 4.1。

表 4.1　废水中 COD 的去除率

| | | 萃取酸水 | 2000 |
|---|---|---|---|
| 含酚废水收集池 | 进水 COD 浓度/(mg/L) | 苯酚废水 | 2000 |
| | 出水 COD 浓度/(mg/L) | 2000 | |
| | 去除率/% | — | |

| | | | |
|---|---|---|---|
| 高盐综合废水调节池 | 进水 COD 浓度/(mg/L) | 含酚废水收集池出水 | 16800 |
| | | 精母废水 | 16800 |
| | | 33AC 酸析废水 | 16800 |
| | 出水 COD 浓度/(mg/L) | 16800 | |
| | 去除率/% | — | |
| 三效蒸发浓缩机 | 进水 COD 浓度/(mg/L) | 16800 | |
| | 出水 COD 浓度/(mg/L) | 16800 | |
| | 去除率/% | — | |
| 高 COD 废水收集池 | 进水 COD 浓度/(mg/L) | 酰化物废水 | 140000 |
| | | 亚胺物废水 | 120000 |
| | | 还原废水 | 120000 |
| | | 成盐废水 | 170000 |
| | 出水 COD 浓度/(mg/L) | 138181.82 | |
| | 去除率/% | — | |
| 高 COD 废水调节池 | 进水 COD 浓度/(mg/L) | 高盐预处理水 | 16800 |
| | | 高 COD 废水收集池进水 | 138181.82 |
| | 出水 COD 浓度/(mg/L) | 28828.83 | |
| | 去除率/% | — | |
| 三维电解机 | 进水 COD 浓度/(mg/L) | 28828.83 | |
| | 出水 COD 浓度/(mg/L) | 23063.06 | |
| | 去除率/% | 20 | |
| 物化调节池 | 进水 COD 浓度/(mg/L) | 三维电解机出水 | 9415.81 |
| | | 其他生产废水 | 1000 |
| | 出水 COD 浓度/(mg/L) | 9415.81 | |
| | 去除率/% | — | |
| 混凝气浮一体化处理机 | 进水 COD 浓度/(mg/L) | 9415.81 | |
| | 出水 COD 浓度/(mg/L) | 7532.65 | |
| | 去除率/% | 20 | |
| 生化调节池 | 进水 COD 浓度/(mg/L) | 混凝气浮一体化处理机出水 | 7532.65 |
| | | 生活污水 | 350 |
| | 出水 COD 浓度/(mg/L) | 4984.48 | |
| | 去除率/% | — | |
| I-IC 反应器 | 进水 COD 浓度/(mg/L) | 4984.48 | |
| | 出水 COD 浓度/(mg/L) | 996.90 | |
| | 去除率/% | 80 | |

| | | |
|---|---|---|
| 兼氧反应池 | 进水 COD 浓度/(mg/L) | 996.90 |
| | 出水 COD 浓度/(mg/L) | 897.21 |
| | 去除率/% | 10 |
| 接触氧化池 | 进水 COD 浓度/(mg/L) | 897.21 |
| | 出水 COD 浓度/(mg/L) | 448.60 |
| | 去除率/% | 50 |
| 二沉池 | 进水 COD 浓度/(mg/L) | 448.60 |
| | 出水 COD 浓度/(mg/L) | 448.60 |
| | 去除率/% | — |
| 计量池 | 进水 COD 浓度/(mg/L) | 448.60 |
| | 出水 COD 浓度/(mg/L) | 448.60 |
| | 去除率/% | — |

### 4.4.2　结论

项目设计符合城市规划要求，严格执行国家环保部门制定的各项规定和环保标准。通过借鉴国内废水处理工程实例，结合废水处理方面的实际经验，并综合考虑项目的社会效益和经济效益，优化组合废水处理工艺，因地制宜地解决了目前污水处理厂存在的问题。以项目运营中的丰富经验为基础，充分考虑废水处理工艺在应用与管理方面的经济性，工艺流程合理流畅。

## 参 考 文 献

[1] 刘威. 基于多相界面反应的水包油乳化液破乳技术研究[D]. 重庆：重庆工商大学，2020.

[2] 范永平，王化军，张强. 油田沉降罐中间层复杂乳状液微波破乳-离心分离[J]. 过程工程学报，2007，7（2）：258-262.

[3] 丁艺，陈家庆. 高压脉冲 DC 电场破乳技术研究[J]. 北京石油化工学院学报，2010，18（2）：27-34.

[4] 高强，熊梅. 生物破乳剂的研究现状[J]. 农家参谋，2017，（12）：277.

[5] Kang W L，Jing G L，Zhang H Y，et al. Influence of demulsifier on interfacial film between oil and water[J]. Colloids and Surfaces A：Physicochemical and Engineering Aspects，2006，272（1/2）：27-31.

[6] Al-Shamrani A A，James A，Xiao H. Destabilisation of oil：water emulsions and separation by dissolved air flotation[J]. Water Research，2002，36（6）：1503-1512.

[7] Yu L S，Zhang Z M，Tang H D，et al. Fabrication of hydrophobic cellulosic materials via gas-solid silylation reaction for oil/water separation[J]. Cellulose，2019，26（6）：4021-4037.

[8] Qiu S，Yin H C，Zheng J T，et al. A biomimetic 3D ordered multimodal porous carbon with hydrophobicity for oil-water separation[J]. Materials Letters，2014，133：40-43.

[9] Pei Y，Han Q，Tang L，et al. Fabrication and characterisation of hydrophobic magnetite composite nanoparticles for oil/water separation[J]. Materials Technology，2016，31（1）：38-43.

[10] Matsaridou I，Barmpalexis P，Salis A，et al. The Influence of surfactant HLB and oil/surfactant ratio on the formation and

properties of self-emulsifying pellets and microemulsion reconstitution[J]. AAPS PharmSciTech，2012，13（4）：1319-1330.

[11]　Lehanine Z，Badache L. Effect of the molecular structure on the adsorption properties of cationic surfactants at the air—water interface[J]. Journal of Surfactants and Detergents，2016，19（2）：289-295.

[12]　Peng B，Li H Y，Li M Y，et al. Effect of surfactant on oil-water interfacial viscosity of vacuum residue fraction[J]. Acta Petrologica Sinica，2004，25（3）：115-119.

[13]　Reichert M D，Walker L M. Interfacial tension dynamics，interfacial mechanics，and response to rapid dilution of bulk surfactant of a model oil-water-dispersant system[J]. Langmuir，2013，29（6）：1857-1867.

# 第5章 制药废水处理技术及其应用

## 5.1 DBD 低温等离子体水处理系统的研究及应用

为了保护电极和实现均匀放电，选择能产生大面积低温等离子体的介质阻挡放电（dielectric barrier discharge，DBD）。在 DBD 体系中，介质的介电常数越高，越能产生较多的微放电，电场强度也越高，由此容易获得强烈、稳定和均匀的 DBD，而且介质厚度较厚时，会降低初始电压和增大放电功率。电介质能提高气隙的电场强度，有利于放电的发生，并能防止气隙被击穿，同时能减少电功率的消耗，使气隙的电场均匀。

### 5.1.1 气相沿面 DBD 反应器的构建

图 5.1 为实验装置示意图。该装置由曝气系统、废水冷却循环系统、沿面介质阻挡放电反应器、高压交流电源组成，其中放电反应器包括石英管（内径为 12mm，外径为 16mm，高度为 200mm）、螺旋高压电极（不锈钢弹簧，紧贴石英管内壁，线径为 0.9mm，外径为 12mm，平均螺距为 5mm，长度为 180mm）、微孔曝气器（连接石英管下部）和低压电极（盛装溶液，作为处理对象同时起降温作用）四部分。

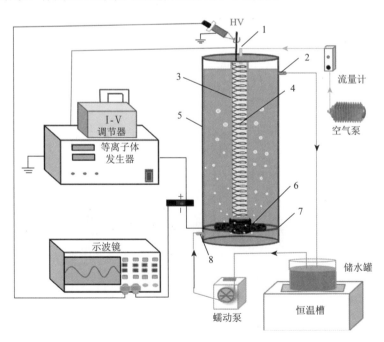

图 5.1　实验装置示意图

1 为进气口；2 为出水口；3 为石英管；4 为螺旋高压电极；5 为有机玻璃筒；6 为微孔曝气器；7 为地极；8 为进水口

　　装置的运行流程如下。将装有 2L 溶液的储水罐放入恒温槽（保持在 10℃）中，废水经蠕动泵从进水口进入有机玻璃筒（内径为 96mm，外径为 104mm，高度为 250mm），空气经空气泵和流量计从进气口通入石英管。废水冷却石英管，对整个装置起到很好的保护作用。高压电极呈螺旋状，由此可增大放电接触面积；以水为地极，且与介质充分接触，以保证均匀放电；在空气中放电，避免高压电极与水接触，防止电极被腐蚀，同时增大初始放电电压；石英管内产生的等离子体在空气的推动下以微气泡形式从曝气头鼓出，从而增大了活性物质与水的接触面积，提高了活性物质的传质效率。在放电过程中，产生的光辐照通过石英管促进放电产生的 $O_3$ 分解生成·OH。

　　本节将采用高压交流电源（放电频率保持在 7.67kHz），选取气相沿面 DBD 作为研究对象，以布洛芬和四环素为放电处理对象，设计气相沿面 DBD 反应器并研究装置的性能，包括放电特性、放电电压、曝气强度、污染物初始浓度、活性物质浓度等。同时，本节将根据放电原理和装置放大需求，科学合理地改进气相沿面 DBD 反应器，并根据高压放电等离子体水处理技术在实际应用中出现的问题（如电极被腐蚀、活性物质产量少、气液传质速率慢、水质适应性差和高压下安全性低等），从实际应用的角度研究等离子体水处理技术，构建大通量高压放电等离子体水处理装置，为该技术的工业化应用提供参考。

### 5.1.2　放电特性

　　气相沿面 DBD 典型放电电压和电流波形图如图 5.2 所示。由图可知，随着放电电压的增大，放电电流和光辐照强度增强。放电电压决定了高能电子的产生量，较高的放电电压能激发 $N_2$ 产生更多光子。而曝气强度越高，放电强度越强，这是因为曝气强度的增加会降低石英管内空间电荷的浓度，增大放电空间电阻，在同一输出电压下，电阻越大，电极两端的电压越大，放电强度增强。然而，随着曝气强度增加，光辐照强度略微减弱（图 5.3），这是因为较高的曝气强度会降低激发态和离子化的气体分子的浓度，而这些分子的浓度决定了光辐照强度。

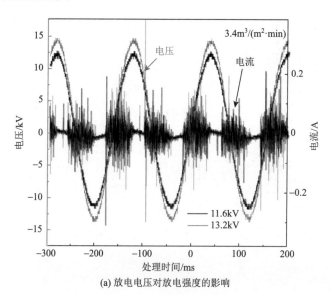

(a) 放电电压对放电强度的影响

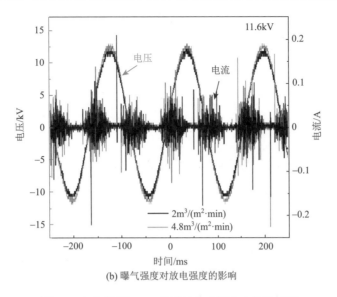

(b) 曝气强度对放电强度的影响

图 5.2　气相沿面 DBD 典型放电电压和电流波形图

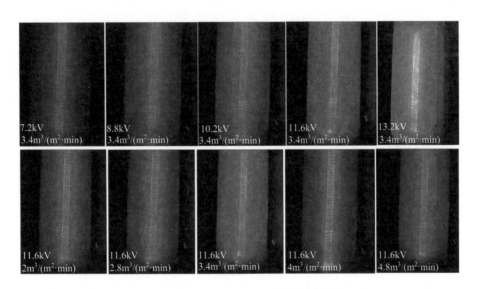

图 5.3　不同放电电压和曝气强度条件下的放电照片

## 5.1.3　气相沿面 DBD 反应器对布洛芬和四环素的降解

### 1. 药物初始浓度的影响

本节以布洛芬（IBP）和四环素（TC）为处理对象[1]，在药物不同初始浓度条件下研究气相沿面 DBD 反应器对制药废水的降解情况，如图 5.4 所示。由图 5.4 可知，与布洛芬相比，四环素更容易被低温等离子体氧化，因为四环素能被 $H_2O_2$ 和 $O_3$ 直接氧化，而布洛芬很难被 $H_2O_2$ 和 $O_3$ 直接降解，降解布洛芬的主要活性物质是·OH。当放电处理 25min 时，初始浓度为 60mg/L 的布洛芬可被降解 82%，初始浓度为 200mg/L 的四环素可被降解 100%，说明装有微孔曝气器的气相沿面 DBD 反应器能实现高效率的降解。

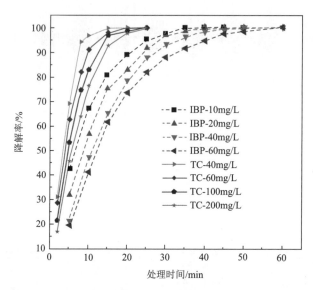

图 5.4　两种药物的初始浓度对降解率的影响

放电电压为 11.6kV；曝气强度为 3.4m³/(m²·min)

### 2. 放电电压的影响

污染物降解率取决于活性物质的量，降解四环素时较佳的放电电压与降解布洛芬时的一致。这里以 10mg/L 的布洛芬溶液为处理对象，通过改变放电电压，研究相对较佳的放电电压[2]，如图 5.5 所示。由图 5.5 可知，放电电压是影响降解率的主要因素，因为其决定了活性物质的量。随着放电电压从 7.2kV 增加到 11.6kV，降解率提升，说明活性物质的量增加，但是增加程度降低。当电压提升到 13.2kV 时，与 11.6kV 相比，处理 15min 时降解率降低了 9%，表明较高的电压对活性物质的生成起抑制作用，甚至破坏了活性物质[3]。由气相沿面 DBD 反应器的结构可知，石英管上部产生的活性物质会通过整个管道后从管底的曝气器鼓出，如果放电强度过强，则有可能会破坏石英管上部产生的活性物质，即使此时产生紫外光也不能补偿活性物质的损失，这将使有用的活性物质减少，造成气相沿面 DBD 反应器放电性能降低[4]。所以，应根据每个放电装置的性能，选择适宜的放电电压，以有效降解污染物和节约能源。

### 3. 曝气强度的影响

曝气强度决定了活性物质与污染物的接触时间，进而影响了布洛芬的降解率，如图 5.6 所示。随着曝气强度的增大，降解率提升，但是较高的曝气强度降低了去除率。

这是因为较高的曝气强度造成活性物质与污染物的接触时间缩短，进入反应器的空气来不及被激发就被鼓出。与 3.4m³/(m²·min)相比，在曝气强度为 4.8m³/(m²·min)条件下放电 15min 时降解率下降了 16%。另外，较高的曝气强度会降低紫外光辐照强度，抑制 $O_3$ 和 $H_2O_2$ 的光解作用，降低活性物质的浓度。因此，探究适宜的曝气强度也很有必要，使用适宜的曝气强度可以避免能源浪费并达到较好的降解效果。

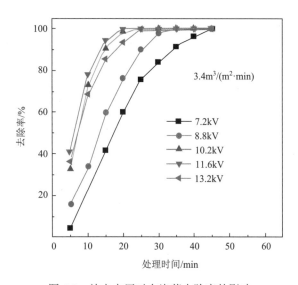

图 5.5　放电电压对布洛芬去除率的影响

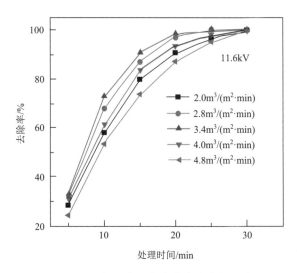

图 5.6　曝气强度对布洛芬去除率的影响

### 4. 矿化度

根据关于放电处理后布洛芬中间产物的研究，采用相同的方法测定放电处理后的布洛芬溶液，布洛芬中间产物出峰时间的 HPLC 图谱如图 5.7 所示。由于采用的色谱柱不同，中间产物出峰时间不一致，但是出峰顺序一致，根据液相色谱和质谱图的出峰顺序可以确定对应的中间产物。

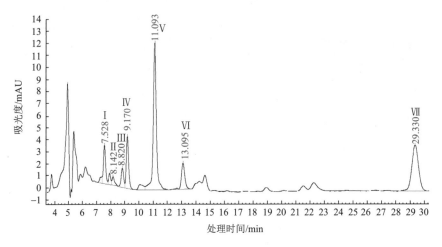

图 5.7　处理 20min 后布洛芬（60mg/L）溶液的 HPLC 图谱

低温等离子体处理布洛芬生成的主要中间产物有 2-(4-异丁基苯基)-2-羟基丙酸（Ⅰ）、1-(4-乙酰基)-2-甲基-1-丙酮（Ⅱ）、1-(4-乙酰基)-2-甲基-1-丙醇（Ⅲ）、1-乙烷基-4-(1-羟基)异丁苯（Ⅳ）、2-羟基-2-[4-(2-甲基丙基)苯基]过氧酸（Ⅴ）、2-[4-(1-羟基异丁酸)苯基]丙酸（Ⅵ）、1-[4-(2-甲基丙基)苯基]乙酰基（Ⅶ）和 2-甲基-1-苯基丙烷（由 Ⅴ 生成）。等离子体产生的·OH 首先替代布洛芬支链上的氢生成 Ⅰ 和 Ⅵ，然后脱羧和脱氢生成其他中间产物，并进一步生成 Ⅱ 和 Ⅵ。放电 80min 时最终的产物主要是 Ⅵ 和 2-甲基-1-苯基丙烷，其他中间产物都持续减少（图 5.8）。与其他放电类型的系统对布洛芬的处理效率相比，气相沿面 DBD 复合微气泡系统更适合用于难降解污染物的去除。

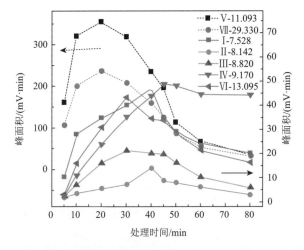

图 5.8　DBD 反应器降解布洛芬（60mg/L）产生的中间产物

放电电压为 11.6kV；曝气强度为 3.4m³/(m²·min)

根据标准的重铬酸钾法测定四环素溶液的 COD，测出四环素溶液初始 COD 浓度为142mg/L，经 30min 放电处理后，COD 去除率达到 21.31%（相当于 COD 为 30.31mg/L），高于其他放电类型，如图 5.9 所示。该测试结果表明，气相沿面 DBD 能有效降解难降解的有机废水。

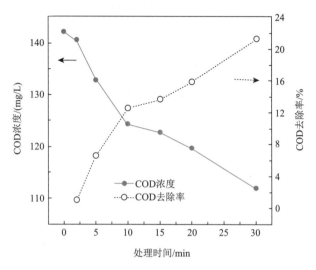

图 5.9  DBD 反应器降解四环素溶液

放电电压为 11.6kV；曝气强度为 3.4m³/(m²·min)

### 5. 液相中活性物质的检测

DBD 反应器产生的活性物质中最多的是 $O_3$，但也能产生·OH 和 $H_2O_2$。气相沿面 DBD 反应器的辐照面积大，紫外光能起到重要作用。由于 $O_3$、$H_2O_2$ 和·OH 是影响污染物降解的关键因素，其浓度可以反映出三种物质在溶液中的转化机理，所以浓度测定必不可少。虽然很多研究根据测定的 $H_2O_2$ 浓度来间接反映·OH 的浓度，但是用比较稳定的捕捉剂捕捉·OH 的方法更能体现在气相沿面 DBD 条件下·OH 生成能力的强弱。·OH 在气相沿面 DBD 体系中主要来源于 $O_3$ 和 $H_2O_2$ 的光解反应[式（5.1）、式（5.2）、式（5.7）]，而溶液中 $H_2O_2$ 的生成主要取决于反应式（5.6），生成速率为 $4×10^{10}$ mol/s。过多的 $H_2O_2$ 还可以作为·OH 捕捉剂，用于捕捉·OH[式（5.8）、式（5.9）]。

$$O_3 + h\nu \longrightarrow ·O_2 + ·O \tag{5.1}$$

$$·O + H_2O \longrightarrow 2·OH \tag{5.2}$$

$$OH^- + O_3 \longrightarrow O_2^- + HO_2· \tag{5.3}$$

$$O_2^- + O_3 + H^+ \longrightarrow O_2 + HO_3· \tag{5.4}$$

$$HO_3· \longrightarrow ·OH + O_2 \tag{5.5}$$

$$·OH + ·OH \longrightarrow 2H_2O_2 \tag{5.6}$$

$$H_2O_2 + h\nu \longrightarrow ·OH + ·OH \tag{5.7}$$

$$HO_2· + HO_2· \longrightarrow H_2O_2 + O_2 \tag{5.8}$$

$$·OH + 2H_2O_2 \longrightarrow H_2O + HO_2· \tag{5.9}$$

2, 5-dHBA、2, 3-dHBA 和水杨酸的羟基化反应速率常数分别为 $2.42 \times 10^{10}$mol/s、$1.32 \times 10^{10}$mol/s 和 $2.2 \times 10^{10}$mol/s。考虑到 2, 5-dHBA 的羟基化反应速率高于水杨酸的羟基化反应速率，为了保证水杨酸的羟基化反应为主要反应，选择合适的捕捉剂初始浓度，使测试值更接近真实值。实验选用 0.5～2.5g/L 的水杨酸捕捉·OH，·OH 生成速率如图 5.10（c）所示。由图 5.10（c）可知，在 2g/L 的水杨酸初始浓度下，DBD 反应器的·OH 生成速率可达 0.4191mol/(L·min)，当水杨酸浓度为 2.5g/L 时，·OH 生成速率为 0.4174mol/(L·min)，这是由于在 10℃的温度下，水中的部分水杨酸以晶体形成析出，导致·OH 生成速率降低，所以实验采用 2g/L 的水杨酸作为·OH 捕捉剂。

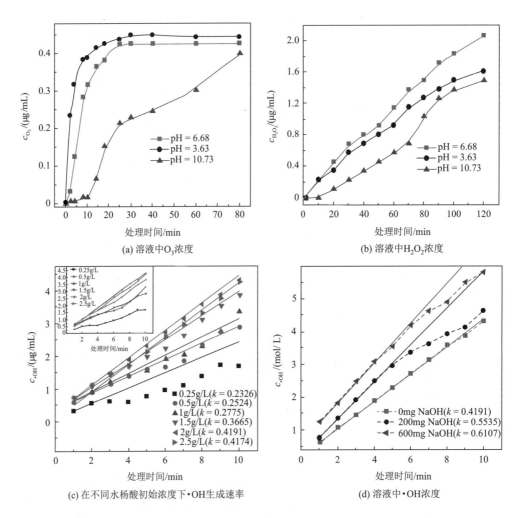

图 5.10　液相中活性物质的检测结果

放电电压为 11.6kV；曝气强度为 3.4m³/(m²·min)

溶液中 $O_3$、$H_2O_2$ 和·OH 浓度的检测结果分别如图 5.10（a）、图 5.10（b）、图 5.10（d）所示。可以看出，pH 对活性物质浓度的影响较大。当处理对象为清水时，放电 120min，溶液的 pH 从 6.8 降至 3.6，电导率从 2μS/cm 增至 892μS/cm。这是因为放电过程中产生 $NO_2$，其与 $H_2O$ 反应生成硝酸[式（5.10）～式（5.12）]，从而使溶液的 pH 减小，电导率增高。实验采用硫酸和氢氧化钠调节溶液的 pH，由于水杨酸本身的 pH 为 2.3，因此仅添加氢氧化钠改变溶液的 pH。当 pH 增高时，$O_3$ 和 $H_2O_2$ 的浓度降低而·OH 的浓度升高，这是因为碱性条件有助于 $O_3$ 和 $H_2O_2$ 分解为·OH[式（5.3）～式（5.5）]。而酸性条件会抑制 $O_3$ 分解为·OH，从而使得 $H_2O_2$ 的浓度降低，此时·OH 主要来自活性物质的光解反应，这也证明了放电产生的紫外光具有重要作用。不管初始 pH 条件如何，放电处理一定时间后，溶液都会呈酸性，溶液中 $O_3$ 会达到饱和，$H_2O_2$ 会不断积累，但是对于用气相沿面 DBD 反应器处理难降解污染物，若 $H_2O_2$ 含量过多，则会消耗·OH，不利于污染物的降解。

$$\cdot N + \cdot O \longrightarrow NO\cdot \tag{5.10}$$

$$2NO\cdot + O_2 \longrightarrow 2NO_2 \tag{5.11}$$

$$NO_2 + H_2O \longrightarrow NO_3^- + 2H^+ \tag{5.12}$$

### 5.1.4　DBD/g-C$_3$N$_4$ 系统对布洛芬和四环素的降解

1. 光催化剂添加量的影响

为了探讨最佳光催化剂添加量，研究不同 g-C$_3$N$_4$ 的添加量对气相沿面 DBD 反应器降解制药废水的影响（图 5.11）。在研究 g-C$_3$N$_4$ 的作用时，首先确认 DBD 反应器放电产生光辐照的重要性。在石英管外围紧紧覆盖一层锡箔纸，遮住放电产生的光[5]。经遮光和放电处理后，布洛芬的降解率明显降低，四环素的降解率也降低但不明显，表明紫外

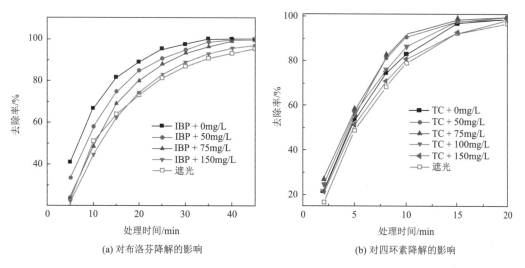

(a) 对布洛芬降解的影响　　　　　　　　(b) 对四环素降解的影响

图 5.11　不同 g-C$_3$N$_4$ 光催化剂添加量的影响

放电电压为 11.6kV；曝气强度为 3.4m$^3$/(m$^2$·min)

光对布洛芬的降解起重要作用。这是因为 $O_3$ 和 $H_2O_2$ 能直接氧化四环素却难以氧化布洛芬，降解布洛芬的活性物质的氧化性必须足够高，如 $O_3$ 和 $H_2O_2$ 光解产生的•OH。有研究表明，$O_3$ 和 $H_2O_2$ 光解时所需的最大激发波长分别为 330nm 和 400nm。所以紫外光是影响难降解有机污染物降解的重要因素。为了有效利用放电产生的光辐照，向制药废水中添加 $g\text{-}C_3N_4$，$g\text{-}C_3N_4$ 的激发波长为 200～550nm。由图 5.11 可知，放电 10min 时，适量添加光催化剂可以促进四环素的降解，其去除率最大可提升 10%，但是会抑制布洛芬的降解，其去除率降低了 18%。这是因为虽然 $g\text{-}C_3N_4$ 能通过与 $O_3$ 和 $H_2O_2$ 竞争 DBD 反应器产生的可见光和紫外光产生•OH，但是这并不能补偿 $O_3$ 和 $H_2O_2$ 光解产生的•OH，反而 $g\text{-}C_3N_4$ 的遮光影响了布洛芬的降解。然而，当 $g\text{-}C_3N_4$ 的浓度为 0～75mg/L 时，四环素的去除率不断提升，表明 $g\text{-}C_3N_4$ 的添加使溶液中活性物质的浓度增大，而这些增加的活性物质有利于四环素的降解。

**2. 矿化度**

由以上研究可知，投加 75mg/L 的 $g\text{-}C_3N_4$ 能提升四环素的去除率。为了验证光催化剂的作用，根据标准的重铬酸钾法测定 30min 内经放电处理的四环素溶液的 COD 浓度，以反映废水的矿化度（图 5.12）。由图 5.12 可知，光催化剂的添加降低了溶液的 COD 浓度，说明紫外光和可见光起到了重要作用，同时证实高压放电与光催化剂处理四环素溶液具有协同性。但是随着放电时间的延长，添加了 $g\text{-}C_3N_4$ 的溶液 COD 去除率增长趋势减缓。由研究结果可知，放电过程中，溶液中 $H_2O_2$ 不断积累，•OH 的浓度也不断上升，这对于 $g\text{-}C_3N_4$ 不利，因为溶液中的•OH 会氧化破坏 $g\text{-}C_3N_4$ 的化学结构，导致 COD 浓度降低速率减慢，而且产生的 $NO_3^-$ 会捕捉•OH，降低•OH 的浓度。

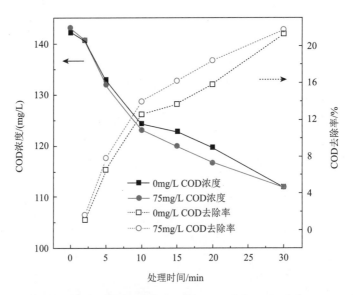

图 5.12　DBD 反应器处理四环素溶液（200mg/L）后的 COD 浓度和 COD 去除率

添加光催化剂 $g\text{-}C_3N_4$；放电电压为 11.6kV；曝气强度为 3.4m³/(m²·min)

3. 晶体结构的变化

放电处理前后 g-C₃N₄ 的 XRD 图如图 5.13 所示。处理前 g-C₃N₄ 的 XRD 图中在 13.0°和 27.5°处有两个特征衍射峰，分别代表(100)晶面和(002)晶面。(100)晶面是由晶面内重复的 3-s-三嗪单元结构构成的,(002)晶面是由共轭芳香环的层间堆叠形成的。所有 g-C₃N₄ 的 XRD 图相似，表明高压放电并没有改变 g-C₃N₄ 的晶相，但是 g-C₃N₄ 的结晶度增高，说明放电过程中水中的活性物质氧化了 g-C₃N₄ 表面的缺陷，使其表面平面化。而放电处理后，g-C₃N₄ 的特征峰位置向高衍射角方向偏移，表明层的平面尺寸减少，长程有序结构减少。当在放电过程中添加四环素时，g-C₃N₄ 结晶度和特征峰位置的变化程度低于清水中做放电处理的 g-C₃N₄。这可能是因为四环素与 g-C₃N₄ 竞争•OH 时，•OH 会优先与四环素发生反应，从而减弱•OH 对 g-C₃N₄ 结构的破坏。

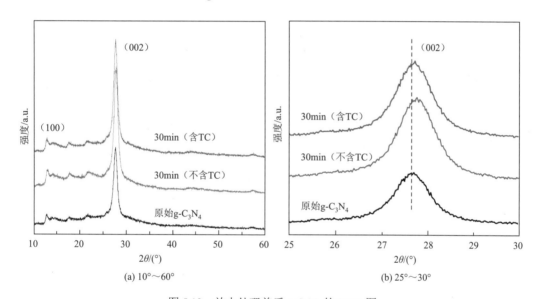

(a) 10°～60°　　　　　　(b) 25°～30°

图 5.13　放电处理前后 g-C₃N₄ 的 XRD 图

4. 表面化学官能团的变化

气相沿面 DBD 反应器能产生各种活性物质，如高能电子（e*）、•OH、H•、O•、•O₂⁻、O₃、NOₓ 等，这些物质可能会氧化光催化剂的缺陷。采用 XPS 表征 g-C₃N₄ 表面的化学结构状态，研究处理前后 g-C₃N₄ 的化学变化，如图 5.14 和表 5.1 所示。由图 5.14 （a）和表 5.1 可知，处理后 g-C₃N₄ 表面的 O 含量明显提升，说明高压放电会氧化 g-C₃N₄。g-C₃N₄ 被等离子体氧化的机理与被强氧化性溶剂氧化的机理相似，如 $H_2SO_4 + HNO_3$、$H_2SO_4 + KMnO_4$、$K_2Cr_2O_7 + H_2SO_4$、$H_2O_2$ 等。表 5.1 中，g-C₃N₄ 表面的 C/N 变化较大，当放电过程中不存在污染物时，C/N 值最大，说明 N 被氧化，这与 C＝N—C 键容易被氧化的研究结论一致。在图 5.14 （b）中，284.54eV、285.98eV 和 287.97eV 分别代表 C—C 键、C—O 键（包括 C—O—C 键、C—OH 键、C—O—N 键等）和 N sp² 杂化的 N—C＝N 键的结合能。289.20eV 左右处的峰代表 O—C＝O 键或 C＝O 键，含有该化学键可能是

因为在空气中烧制 $C_3N_4$ 时，空气中的氧与碳结合或者残留了 $CO_2$。在图 5.14（c）中，C—N＝C 键、N—$(C)_3$ 键、C—NH 键和电荷效应对应峰的结合能分别为 398.35eV、399.11eV、400.36eV 和 404.30eV。在图 5.14（d）中，吸附水出现在 532.85eV 处，C＝O 键和 C—OH 键分别出现在 531.74eV 和 533.63eV 处。在光催化剂表面没有检测出—COOH 键，这可能是因为处理时间不够长。根据以往的研究结果，强氧化性溶液中，•OH 能氧化 g-$C_3N_4$，形成 C—OH 键，然后再氧化生成 C＝O 键和—COOH 键。但是处理后的 g-$C_3N_4$ 的 C、N、O 结合能峰值向高结合能方向偏移，说明化学元素周围的环境发生改变，可能是由于活性物质的氧化使 g-$C_3N_4$ 表面掺入了 O 元素。

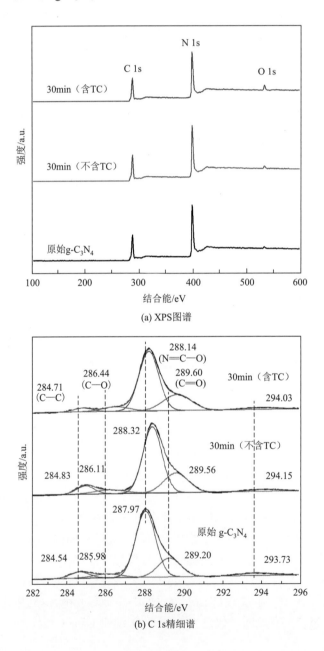

(a) XPS图谱

(b) C 1s精细谱

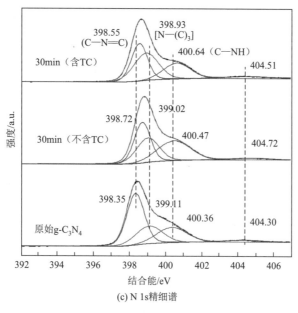

(c) N 1s 精细谱

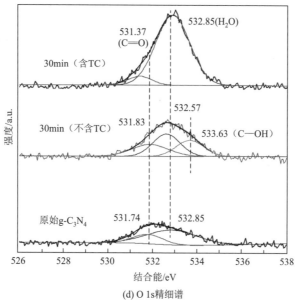

(d) O 1s 精细谱

图 5.14　放电处理前后的 g-C$_3$N$_4$

表 5.1　放电处理前后 g-C$_3$N$_4$ XPS 图中 C、N、O 相对峰强所占比例

| 样品 | C/% | N/% | O/% | C/N |
|------|------|------|------|------|
| 原始 g-C$_3$N$_4$ | 43.41 | 55.26 | 1.32 | 0.786 |
| 30min（不含 TC） | 44.11 | 53.89 | 2.01 | 0.819 |
| 30min（含 TC） | 42.61 | 53.83 | 3.56 | 0.792 |

使用后 g-$C_3N_4$ 表面的 C/N 值增加，N 元素和 C—N＝C 键相对峰强所占比例减小（表 5.2），说明溶液中的•OH 能够氧化 C—N＝C 键，产生的 $NO_3^-$ 溶解于溶液中。而 C—N＝C 键的断裂会引起亲电加成和氧化反应，产生 N—H 键、C—N 键、C＝O 键、C—OH 键等。这可以从表 5.2 中看出，当溶液中无污染物时，C＝O 键和—$NH_x$ 键的相对峰强所占比例升高，C—N＝C 键相对峰强所占比例明显降低，而且材料表面出现了 C—OH 键。这些都证明了 g-$C_3N_4$ 能被放电产生的活性物质氧化，而容易被氧化的键为 C＝N—C 键，而且•OH 优先与污染物发生反应，从而减弱了活性物质对 g-$C_3N_4$ 结构的破坏。在长时间放电的情况下，$H_2O_2$ 的浓度降低，这是因为 g-$C_3N_4$ 消耗了•OH 且 g-$C_3N_4$ 的结构被破坏。

**表 5.2　放电处理前后 g-$C_3N_4$ XPS 图中 C、N、O 在不同化学状态下的相对峰强所占比例**

| 样品 | C/% | | | | N/% | | | O/% | |
|---|---|---|---|---|---|---|---|---|---|
| | C—C | N—C＝N | C—O | C＝O | C＝N—C | N—(C)₃ | —$NH_x$ | C＝O | C—OH |
| 原始 g-$C_3N_4$ | 6.60 | 66.43 | 5.61 | 21.36 | 49.07 | 24.00 | 23.48 | 27.02 | 0 |
| 30min（不含 TC） | 7.39 | 60.54 | 5.53 | 23.03 | 34.98 | 28.62 | 32.72 | 29.19 | 29.77 |
| 30min（含 TC） | 3.92 | 62.12 | 6.68 | 23.68 | 34.39 | 37.63 | 23.08 | 8.17 | 0 |

### 5.1.5　气相沿面 DBD 反应器的改进

#### 1. 改进的气相沿面 DBD 反应器

根据实验结果，发现放电电压与曝气强度对活性物质产量的影响较大，放电电压和曝气强度决定了活性物质的产量和停留时间。在空气中容易发生放电，由于产生的等离子体通过的路径较长（图 5.1），因此会破坏活性物质的结构和降低能量效率。对气相沿面 DBD 反应器进行改进，如图 5.15 和图 5.16 所示。使用的材料与前述的反应器一致，在石英管面曝气，缩短活性物质在石英管内的停留时间，使石英管内的气体能迅速得到更新并从微孔曝气器（砂芯曝气）鼓出。

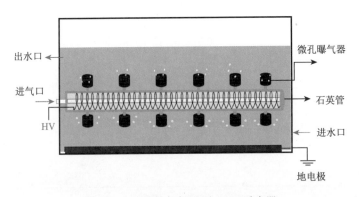

图 5.15　改进的气相沿面 DBD 反应器

图 5.16 反应器实物照片与放电形貌

该反应器每次能处理 4L 废水,石英管内径为 16mm,外径为 20mm,长度为 250mm,石英管壁上每两个气体出口对应的出气管相隔 50mm,一共 4 对出气管,出气管外径为 8mm,内径为 5mm,伸出长度为 10mm。由于石英管内非沿面部分对整个放电系统没有实际作用,所以在石英管内插入布气管,布气管上布气孔的位置与微孔曝气位置错开,由此既能有效利用空间,也能加快管内气体的更新,提升活性物质产量和能量效率。

**2. 改进的气相沿面 DBD 反应器对布洛芬和四环素的降解效果**

采用图 5.15 所示的反应器处理四环素制药废水,研究曝气强度和放电电压对污染物降解的影响,如图 5.17 所示。由图 5.17 可知,曝气强度对去除四环素的影响较大,放电电压对其影响较小。随着曝气强度的增大,去除率增大,表明曝气强度决定了活性物质的浓度。但是当气体流量过大时,活性物质与污染物的接触时间会缩短,从而降低污染物的去除率。放电电压对污染物的降解影响不大,放电产生的活性物质的结构不会被破坏,这意味着在低电压下也可以达到理想的降解效果,节约能量。

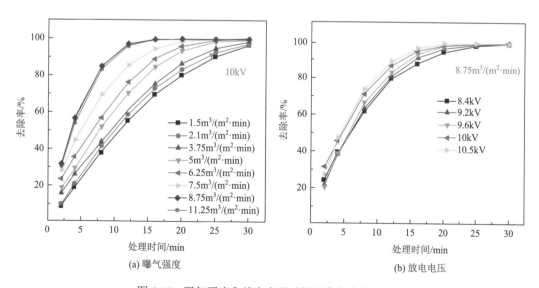

(a) 曝气强度  (b) 放电电压

图 5.17 曝气强度和放电电压对四环素去除率的影响

**3. 改进的气相沿面 DBD 反应器的放大可行性**

对比 DBD 反应器对布洛芬和四环素的降解率,如图 5.18 所示。由图 5.18 可知,改进的 DBD 反应器在放电 5min 时对布洛芬的降解率为 52%,比改进前的 DBD 反应器对布洛芬的降解率高 11%。放电处理四环素 8min 时,改进的 DBD 反应器将四环素降解了 85%,比改进前的反应器高 11%。由此可以看出,该装置可高效去除污染物,而且放电电压对污染物降解的影响不大,故应避免高电压下放电,这样既可以节约能源,又可以保证装置和人员的安全,有利于装置的放大。

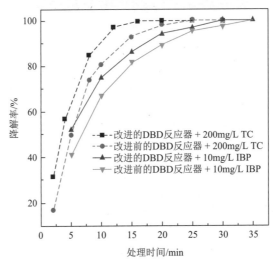

图 5.18 改进的 DBD 反应器与改进前的 DBD 反应器对布洛芬和四环素降解性能的对比

放电电压为 10kV;曝气强度为 8.75m³/(m²·min)

放电装置一般不易放大,延伸长度和增大管径都会造成能量的浪费。因为一般污水处理池延伸长度比增加高度容易,所以可通过延伸石英管与电极的长度和并联放电结构来解决装置放大问题。单层电极的结构和布置如图 5.19 所示,水平并联放电电极和介质,

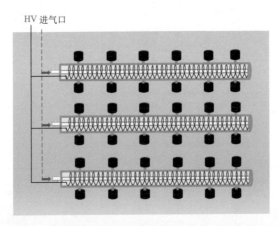

图 5.19 大通量并联式气相沿面 DBD 反应器示意图

废水作为地极，根据废水水量和池体，使放电电极排列为多层，同时让水体循环流动，使放电系统的温度保持在一定范围内，由此构建大通量沿面介质阻挡放电装置。另外，多通道均匀布气可提高空间利用率且保证管内的等离子体及时得到更新，应采用继电保护、水体接地、静电隔离等手段消除放电过程中的水流带电问题，以保护装置和人员的安全。

## 5.2　水滴诱导放电装置及其放电特性

液面上的大气放电（液面放电）是一种有效的水处理技术[6]。有学者比较了各种等离子体水处理反应的能量效率，发现液面放电的能量效率远高于液相放电的能量效率。尤其是在薄水膜上，脉冲放电和喷水脉冲放电的能量效率高达两个数量级。Stratton 等[7]测试了几种针板电极液面反应器，提出了液面放电反应器的设计原则，该设计原则对此类放电反应器的设计和应用具有一定的指导意义。传统液面放电反应器突出的结构特点是高压电极悬浮在水面上，并将接地极置于水中。放电发生在空气中，以及空气与水的接触面上。气相放电产生的活性物质（如 O•、•OH、O$_3$ 等）通过水-气界面溶解在水中，然后与水中的污染物或微生物发生反应。

### 5.2.1　水滴诱导放电装置的构建

为改善液面放电效果，本节实验对注水方式进行改变[8]。水滴诱导放电装置如图 5.20 所示。在此基础上，设计三种不同的放电反应器（反应器 a、反应器 b 和反应器 c）。

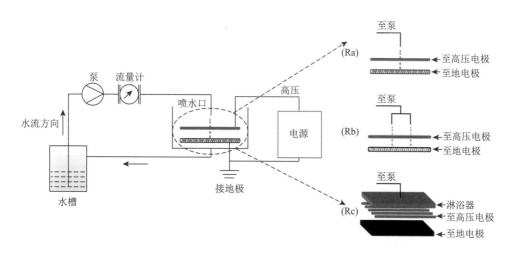

图 5.20　水滴诱导放电装置示意图

Ra 为反应器 a；Rb 为反应器 b；Rc 为反应器 c

整个装置分为三部分：水循环系统、放电系统、检测系统。水循环系统包括水槽、蠕动泵、流量计，实验中水槽通过软管与蠕动泵连接，蠕动泵通过软管与流量计连接，因为采用回流连续式处理方式，所以实验样液经反应器处理后通过软管回流到水槽中。放电系统由上至下依次为喷水口、反应室、收集室三个部分，实验过程中通过改变喷水口和反应室来改变反应器，收集室是由有机玻璃板组成的空腔。检测系统包含高压脉冲电源、数字示波器、高压探头、电流探头等部分，电源通过高压线连接反应器，反应器接地。数字示波器通过高压探头连接反应器的高压电极，电流探头连接反应器的接地电极。

在实验过程中，水槽中的待处理溶液经蠕动泵、流量计输送到反应器的进样器中，然后被进样器分散成小水滴后喷洒到反应室中的高压电极上，在管状高压电极周围流动并诱导放电，在完成诱导放电之后水滴离开高压电极，经低压电板进入收集室。进入收集室的废水在水压的作用下经软管回流到水槽中，实现回流连续处理的目的。

反应器 a（图 5.20 中的反应器 Ra）是一个单喷口放电反应器。在反应器 a 中，进样器是一根由玻璃烧制而成的锥形喷水管，其前端喷水处直径为 1.5mm，后端直径与软管直径相同。反应室由高压电极、地电极以及两个电极间的空隙组成。喷水管是一根直径为 1.5mm 的塑料管。高压电极是一根外径为 3mm、长度为 7cm 的不锈钢管，地电极是一块长 9cm、宽 6cm 的石墨板，其余部分由有机玻璃制成。这个反应器主要用于研究水滴诱导放电装置的放电形貌及放电特性，为了减少电极表面残留的水，使电极间距不发生改变，在石墨板上打几个小孔。当改变喷水速度时，高压电极和地电极之间的距离可以保持为常数（图 5.20 中 Ra 为 1cm）。

反应器 b（图 5.20 中的反应器 Rb）是一个双喷口放电反应器。反应器 a 与反应器 b 之间唯一不同的地方是喷口的数量不同。反应器 b 有两个喷口，两个喷口之间的距离为 2.5cm。

反应器 c（图 5.20 中的反应器 Rc）是一个多喷口放电反应器。采用淋浴喷头使水分散开来，具有多个分布均匀的喷口。高压电极由 15 根外径为 3mm、长度为 8cm 的不锈钢管组成，两个相邻不锈钢管之间的距离为 2mm，地电极是一块长 15cm、宽 8cm 的薄铝片，其余部分用有机玻璃制成。高压电极与地电极的距离可以在 0.5～3cm 范围内进行调节。多喷口放电反应器主要用于研究污染物的去除，因此将地电极的材料由打了许多小孔的石墨板替换为无孔的铝片。当水流到铝片上时，会短暂停留并形成一层薄水膜，水膜增加了污染物与活性物质的接触时间，从而提高了污染物的去除率。

反应器 a、反应器 b、反应器 c 的材料和组成对比见表 5.3。

表 5.3　反应器的材料和组成对比

| 结构名称 | 组成 | 反应器 a | 反应器 b | 反应器 c |
|---|---|---|---|---|
| 喷头 | 材料 | 玻璃管 | 玻璃管 | 淋浴喷头 |
| | 喷口数/个 | 1 | 2 | >2 |
| 反应室 | 高压电极/根 | 1 | 1 | 15 |
| | 地电极材料 | 石墨板 | 石墨板 | 铝片 |
| | 两极间距/cm | 1 | 1 | 0.5～3 |

高压电源由某电子技术有限公司提供，它可以输出正脉冲电压，最大峰值电压为
70kV，最大脉冲重复频率为 200pps。在考虑脉冲重复频率影响的基础上，将脉冲重复频
率保持为 100pps，并根据需要调整峰值电压。典型的电压和电流波形图如图 5.21 所示。
其中图 5.21（a）为发生流注放电时的电压和电流波形图，图 5.21（b）为发生火花放电时
的电压和电流波形图。当只有流注放电时，电流峰靠近电压上升沿。当发生火花放电时，
电流峰出现在电压的下降沿，这是火花放电的一个明显特征。

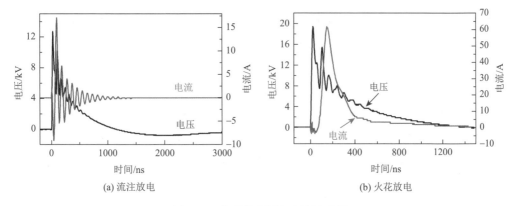

(a) 流注放电　　　　　　　　　　　　　(b) 火花放电

图 5.21　典型的电压和电流波形图

## 5.2.2　放电特性

### 1. 放电形貌

放电形貌如图 5.22～图 5.24 所示。图 5.22 比较了单喷口放电反应器在不同流量和不
同电压下的放电现象。当流量为 0mL/min 和 60mL/min 时，无明显的放电现象，所以在

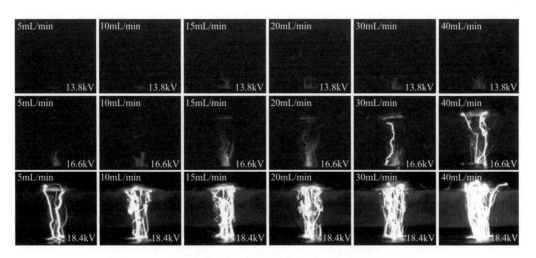

图 5.22　不同流量和不同电压下单喷口放电反应器的放电照片

光圈值：6.3；曝光时间：5s；快门速度：1/1600s

图 5.22 中没有流量为 0mL/min 和 60mL/min 时的放电照片。放电照片由数字单反射镜头（Canon EOS 70D，日本）和变焦镜头（Canon EF-S 18-135mm f/3.5-5.6 IS STM，日本）拍摄。

从图 5.22 中可以看出，随着流量增加，放电现象越来越明显。以峰值电压 16.6kV 为例，当流量从 5mL/min 增加到 40mL/min 时，放电区域和放电亮度明显逐渐增大，这可以作为放电强度增加的有力证据。当峰值电压调到 13.8～18.4kV 时，也出现了相似的现象。

从图 5.22 中还可以看出，峰值电压也会影响放电现象。以流量 20mL/min 为例，放电区域和放电亮度随着峰值电压的增加而逐渐增大。

应注意的是，随着流量和峰值电压的改变，不仅放电现象发生变化，放电形式也发生变化（图 5.22）。在流量和峰值电压比较小的情况下，会发生流注放电。随着流量和峰值电压的增加，放电形式从流注放电变为流注-火花混合放电，最终变为火花放电。需要特别说明的是，在流量为 0mL/min 和 60mL/min 的条件下，无明显的放电现象。这是因为当流量为 0mL/min 时，放电间隙没有水滴，在图 5.20 的反应器 Ra 中气体放电时的初始电压为 30kV，而 18.4kV 远低于气体放电时的初始电压；当流量为 60mL/min 时，高压电极与地电极之间形成连续的水柱，此时的放电属于液相放电，而液相放电所需电压较高。

由上述研究结果可知，水滴在放电间隙中起着诱导作用，使放电变得更加容易。这一结论表明，可以通过改变流量以改善和控制水处理系统。此外，水滴诱导放电还给水处理带来了另一个有利条件，放电通道只存在于有水滴的地方，因此放电过程中产生的活性物质集中在水中或者水面附近，活性物质的迁移减少，相应地，化学反应效率和能量效率提高。

图 5.23 展示了双喷口放电反应器的放电现象。因为很难确保两个喷口的流量一致，所以这两个喷口放电位置的放电强度不完全相同。但是，这两个喷口存在一个相同的现象，即当水滴从喷口中流出并滴落到高压电极上时，会产生放电现象。根据这一放电现象，可提出一个合理的假设，即当喷口增加时，所有滴水的地方都会产生放电现象。这一结论为设计多放电位置的水滴诱导放电提供了依据，对设计水滴诱导放电反应器至关重要。

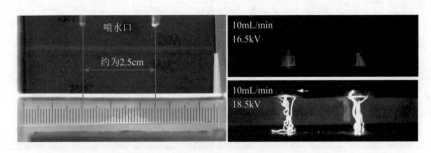

图 5.23 双喷口放电反应器的放电照片

光圈值：6.3；曝光时间：10s；快门速度：1/1600s

为了进一步证实水滴诱导放电在水处理中的可行性，使用淋浴喷头作为多喷口放电反应器（图 5.20 中的反应器 Rc）的喷水口。图 5.24 展示了在不同电压下多喷口放电反应器的放电现象。从图 5.24 中可以看出，多个滴水位置触发多个放电通道，其放电强度随着电压的增加而增强。多喷口放电反应器放电变化趋势与单喷口放电反应器和双喷口放电反应器相似，因此，多喷口放电反应器使用水滴诱导放电是可行的。

  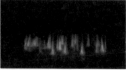 

(a) 10kV（曝光时间为5s） (b) 15kV（曝光时间为5s） (c) 20kV（曝光时间为5s） (d) 30kV（曝光时间为0.1s）

图 5.24 不同电压下多喷口放电反应器的放电照片

光圈值：6.3；快门速度：1/1600s

## 2. 电气特性

图 5.25 展示了单喷口放电反应器在不同流量条件下的电压-电流关系。从图 5.25 中可以看出，流量从 0mL/min 增加到 40mL/min 时峰值电流逐渐增大。然而，如果流量增加到 60mL/min，其峰值电流比流量为 0mL/min 时的略大，但小于流量为 10mL/min 时的峰值电流。这一结果与对单喷口放电反应器放电现象的分析结果一致。当流量为 0～40mL/min 时，放电强度随着电压的增加而增强。当流量为 60mL/min 时，放电间隙形成连续的水柱，而不是水滴。电极之间通过水柱连接，如果电压低于放电初始电压，则记

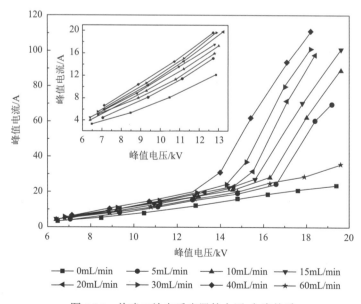

图 5.25 单喷口放电反应器的电压-电流关系

录的电流是泄漏电流。在实验中，水导电性的微小改变使峰值电流随峰值电压的增加而呈直线式上升。

根据电气特性可得出另一个结论，随着流量的增加，流注放电向火花放电转变时所需的电压降低。从图 5.25 中可以看出，当流量增加时，峰值电流随着峰值电压的增大而增大。这一结论表明，放电通道中的水滴越多，放电形式就越容易从流注放电转变为火花放电。

### 5.2.3　水滴诱导放电的机理

为了研究水滴诱导放电的机理，拍照时增强背景光。在这种情况下，水滴诱导放电现象可以很容易从照片中识别出来，如图 5.26 所示。可以从放电照片中看出放电通道的传播路径。当峰值电压为 16.6kV 时，仅触发流注放电。流注放电通道从水滴传播到地电极，高压电极与水滴之间不存在放电通道传播。当峰值电压增加到 17.6kV 时，触发流注放电和火花放电。火花放电通道从高压电极开始沿着水滴表面传播，最终到达地电极。

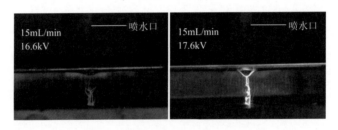

图 5.26　强背景光下的放电照片

光圈值：6.3；曝光时间：5s；快门速度：1/1500s

根据图 5.26，推测水滴诱导放电的机理为水滴导致电场扭曲，如图 5.27（a）和图 5.27（b）所示。如果忽视电极的边缘效应，则当电极间隙中没有水滴时，电场在电极之间均匀分布。在这种情况下，只有当电场强度超过气体放电的初始电场强度时，才会产生放电现象。一旦水滴滴入电极之间的空隙，水滴将自动将电场归拢并将水滴中的自由电荷分离到它的末端。随着水滴的滴落，水滴与地电极之间的距离逐渐减小，相应地，水滴与地电极之间的电场强度逐渐增大。当水滴滴落到一定高度时，水滴和地电极之间的电场强度可高至足以触发放电，此时会形成流注放电。

随着电压的增加，触发流注放电的水滴滴落的高度也增加。当电压上升到足够高时，放电现象发生在水滴离开高压电极之前并且产生火花放电。在这种情况下，水滴变成高压电极的一部分，电极之间的距离缩短。因此，与没有水滴的情况相比，火花放电可以在相对较低的电压下产生。

在实验过程中还发现，如果在水滴离开高压电极之前没有发生放电现象，那么随后就不会发生火花放电。由于在流柱放电中水滴具有较低的初始电场强度，水滴保持的能量在流柱放电过程中能优先得到释放。在这种情况下，水滴在能量输送过程中起着至关重要的作用，水滴能将能量从高压电极输送到合适的位置，触发放电。

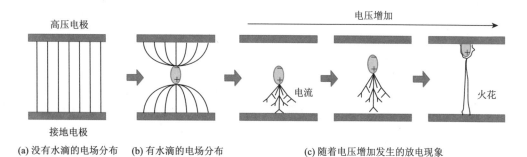

图 5.27　水滴诱导放电的机理

（a）和（b）中的线表示电场的分布

### 5.2.4　水滴诱导放电等离子体处理布洛芬废水①

#### 1. 单喷口放电反应器中布洛芬的降解

实验中，布洛芬溶液体积为 150mL。由实验结果可知，在单喷口放电反应器中，布洛芬去除率较低，这主要是由于单喷口放电反应器放电范围较小，导致产生的活性物质较少。

1）峰值电压对布洛芬降解的影响

峰值电压对布洛芬降解效果的影响如图 5.28 所示。实验中，流量为 25mL/min，布洛芬溶液电导率为 0.26mS/cm，选取的峰值电压分别为 14kV、15kV、16kV 和 17kV。从图 5.28 中可以看出，峰值电压对布洛芬的降解效果具有很大的影响，随着峰值电压的升高，布洛芬去除率升高，且布洛芬的去除量随着时间的推移而增加。当峰值电压为 14kV 时，处理 100min 后布洛芬去除率大约为 5%。当峰值电压为 15kV 时，处理 100min 后布洛芬去除率大约为 8%。当峰值电压为 16kV 时，处理 100min 后布洛芬去除率大约为 13%。

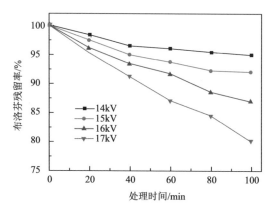

图 5.28　峰值电压对布洛芬降解效果的影响

① 此节内容参照文献[9]。

当峰值电压为 17kV 时，处理 100min 后布洛芬去除率大约为 20%。这主要是因为在较低的放电电压下，等离子体的放电还没有完全形成，产生的活性物质较少，不能对污染物进行良好的去除；当放电电压增加时，电场强度增强，放电现象明显，产生的活性物质增多，因此布洛芬的去除率大大提高[9]。

2）电导率对布洛芬降解的影响

电导率对布洛芬降解效果的影响如图 5.29 所示。在实验中，峰值电压为 17kV，流量为 25mL/min，通过往溶液里加入无水硫酸钠（$Na_2SO_4$）改变溶液的电导率。当布洛芬溶液中不加无水 $Na_2SO_4$ 时，溶液的电导率为 0.26mS/cm，经过 100min 的放电处理后，布洛芬的去除率为 20.89%。为了能更好地研究电导率对布洛芬降解的影响，把电导率分别控制为 0.26mS/cm、0.5mS/cm、1mS/cm、2mS/cm、5mS/cm 和 10mS/cm。

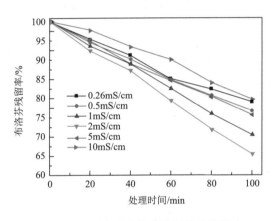

图 5.29　电导率对布洛芬降解效果的影响

由图 5.29 可知，当布洛芬溶液电导率从 0.26mS/cm 增加到 2mS/cm 时，布洛芬的去除率逐渐增加。可以看出，随着溶液电导率增加，放电强度增强，从而使得活性物质增加。然而，当布洛芬溶液电导率超过 2mS/cm 时，随着电导率的增加，布洛芬去除率降低，这可能是由于溶液中过量的无机盐会增加活性物质的消耗。因此，随着电导率的增加，布洛芬的去除率呈现先上升后下降的趋势。

3）流量对布洛芬降解的影响

流量对布洛芬降解效果的影响如图 5.30 所示。在实验中，峰值电压为 17kV，布洛芬溶液电导率为 0.26mS/cm，脉冲重复频率为 100pps，选取的流量分别为 8.5mL/min、17mL/min、25mL/min、33.5mL/min 和 42mL/min，对应的布洛芬去除率分别为 14%、17%、20%、27% 和 33%。由实验结果可知，随着流量的增加，布洛芬的降解效果变好（在这些流量下没有形成连续的水柱）。流量对布洛芬降解效果具有影响的原因如下：①随着流量的增加，水滴数量增加，水滴诱导放电强度增强，水滴与地电极间产生的活性物质增多，从而增加了污染物分子与活性物质碰撞的概率，使得布洛芬去除率升高；②较高的流量减少了水在放电区域的停留时间，使放电区域内活性物质及时得到更新，并被水滴带走，提高了活性物质的利用率，增强了布洛芬的降解效果。

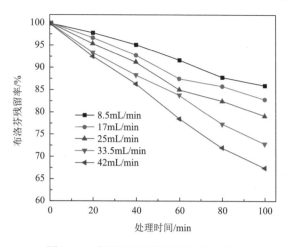

图 5.30　流量对布洛芬降解效果的影响

### 2. 多喷口放电反应器中布洛芬的降解

1）操作条件对布洛芬降解的影响

本实验研究峰值电压对布洛芬降解效果的影响、流量对布洛芬降解效果的影响、电极间距对布洛芬降解效果的影响和脉冲重复频率对布洛芬降解效果的影响。

（1）峰值电压对布洛芬降解效果的影响。峰值电压对布洛芬降解效果的影响如图 5.31 所示。实验中选取的实验参数如下：布洛芬溶液流量为 0.95L/min，溶液电导率为 0.26mS/cm，电极间距为 2cm，脉冲重复频率为 100pps。从图 5.31 中可以看出，水滴诱导放电对布洛芬具有较好的去除效果，而且增加峰值电压能明显提升布洛芬的降解效果。当峰值电压为 19kV 时，经过 100min 的放电处理后，布洛芬的去除率大约为 30%。当峰值电压为 22.5kV 时，经过 100min 的放电处理后，布洛芬的去除率大约为 63%。当峰值电压为 27kV 时，经过 100min 的放电处理后，布洛芬去除率达到 100%。当峰值电压为 31kV 时，只需放电处理 80min，布洛芬去除率就已经达到 100%。这主要是因为在较低的放电电压下，等

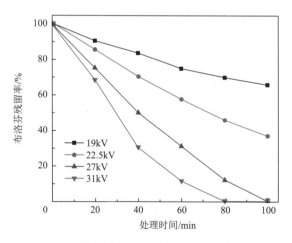

图 5.31　峰值电压对布洛芬降解效果的影响

离子体的放电还没有完全形成，产生的活性物质较少，不能对污染物进行良好的去除；当放电电压增加时，电场强度增强，放电现象明显[这与前面研究出的峰值电压对放电现象的影响一致（图 5.24）]，产生的活性物质较多，因此布洛芬的去除率大大提高。由此可知，在多喷口放电反应器中，随着峰值电压增加，布洛芬的去除率逐渐升高。

（2）流量对布洛芬降解效果的影响。流量对布洛芬降解效果的影响如图 5.32 所示。实验中选取的实验参数如下：峰值电压为 30kV，溶液电导率为 0.26mS/cm，电极间距为 2cm，脉冲重复频率为 100pps，流量分别为 0.95L/min、1.4L/min、2L/min、2.65L/min 和 2.8L/min。当流量为 0.95L/min 时，经过 100min 的放电处理后，布洛芬去除率达到 100%。当流量分别为 1.4L/min、2L/min、2.65L/min 和 2.8L/min 时，放电处理 80min 之后，布洛芬去除率达到 100%。由此得出结论，随着流量的增大，放电现象变得强烈[这与前面研究出的流量对放电现象的影响一致（图 5.22）]，并且布洛芬的去除效果变好。这主要是因为流量对反应器放电参数具有影响，根据相关学者的研究结果，流量的增加会在一定程度上增大峰值电流和单脉冲能量，提高活性物质的产量，从而使得布洛芬的降解效果有一定的提高。但是，单喷口放电反应器与多喷口放电反应器的流量产生的影响存在差别。在单喷口放电反应器中，无论流量发生什么变化，喷口处始终有水滴流出。但是在多喷口放电反应器中，当流量过小时，不是所有喷口都有水滴流出（这与日常生活中的淋浴情形一致）。在多喷口放电反应器中，对于某一喷口而言，随着流量的增加，喷口喷水速度加快，喷口与电极之间水滴增多，从而增加了活性物质的产量，活性物质与水滴的接触面积增大，布洛芬去除率增加。

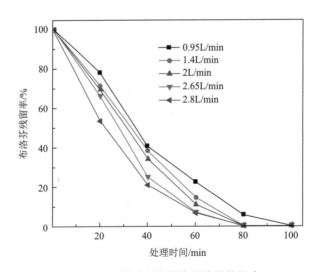

图 5.32　流量对布洛芬降解效果的影响

（3）电极间距对布洛芬降解效果的影响。电极间距对布洛芬降解效果的影响如图 5.33 所示。实验中选取的实验参数如下：峰值电压为 30kV，布洛芬溶液流量为 1.4L/min，溶液电导率为 0.26mS/cm，脉冲重复频率为 100pps，电极间距分别为 1.5cm、2cm、2.5cm。当电极间距为 1.5cm 时，经过 60min 的放电处理后，布洛芬的去除率达到 100%。当电极间距为 2cm 和 2.5cm 时，经过 80min 的放电处理后，布洛芬的去除率达到 100%。由此得出结论：电极间距越小，布洛芬的去除效果越好。这是因为当电极间距缩小时，电场增强，放电强度增高，高能电子与物质的碰撞次数增多，活性物质的产量提高，布洛芬去除率提高。

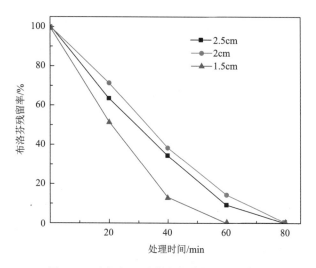

图 5.33　电极间距对布洛芬降解效果的影响

（4）脉冲重复频率对布洛芬降解效果的影响。脉冲重复频率对布洛芬降解效果的影响如图 5.34 所示。实验中选取的实验参数如下：峰值电压为 30kV，布洛芬溶液流量为 1.4L/min，溶液电导率为 0.26mS/cm，电极间距为 2cm，脉冲重复频率分别为 60pps、80pps、100pps 和 120pps。其中，当脉冲重复频率为 120pps 时，经过 60min 的放电处理后，布洛芬去除率达到 100%；当脉冲重复频率为 80pps 和 100pps 时，经过 80min 的放电处理后，布洛芬去除率达到 100%；当脉冲重复频率为 60pps 时，需要经过 100min 的放电处理，

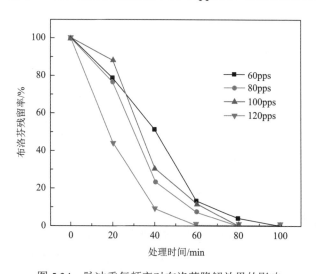

图 5.34　脉冲重复频率对布洛芬降解效果的影响

布洛芬的去除率才能达到100%。由图5.34可以看出，大体趋势为随着脉冲重复频率的增加，布洛芬去除率增加。这可能是因为当峰值电压一定时，电源的放电功率会随着脉冲频率的增加而增大。由于放电功率增加，产生的活性物质增多，从而加速了布洛芬的去除。

2）水质参数对布洛芬降解效果的影响

在本实验中改变的水质参数有电导率、初始浓度和过氧化氢投加量。

（1）电导率对布洛芬降解效果的影响。电导率对布洛芬降解效果的影响如图5.35所示。实验条件：峰值电压为30kV，布洛芬溶液流量为1.4L/min，电极间距为2cm，脉冲重复频率为100pps，选取的电导率分别为0.26mS/cm、0.5mS/cm、1mS/cm、2mS/cm、5mS/cm和10mS/cm。当电导率为0.26～2mS/cm时，随着溶液电导率的增加，布洛芬去除效果变好，并且经过80min的放电处理后，布洛芬去除率达到100%。这是因为随着溶液电导率增加，放电强度增强，活性物质的产量增加；当电导率超过2mS/cm时，随着溶液电导率的增加，布洛芬去除率降低，当溶液电导率为10mS/cm时，经过80min的放电处理后，布洛芬去除率仅为88.99%，这是因为溶液中过量的无机盐增加了活性物质的消耗。因此，随着电导率的增加，布洛芬的去除率呈现先上升后下降的趋势。

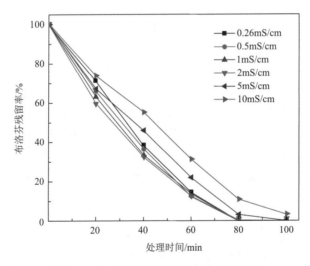

图5.35　电导率对布洛芬降解效果的影响

（2）初始浓度对布洛芬降解效果的影响。初始浓度对布洛芬降解效果的影响如图5.36所示。实验条件：峰值电压为30kV，布洛芬溶液流量为1.4L/min，电极间距为2cm，溶液电导率为0.26mS/cm，脉冲重复频率为100pps，选取的初始浓度分别为5mg/L、10mg/L、30mg/L和50mg/L，经过100min的放电处理后，布洛芬去除率分别为100%、100%、85.52%和43.36%。从图5.36中可以看出，随着处理时间的增加，布洛芬的去除率提高，表明处理时间是影响去除率的一个重要因素。这主要是因为随着处理时间的提高，反应器内产生的活性物质增多，污染物分子与活性物质碰撞的机会增加，从而提高了去除率。当布洛芬溶液初始浓度为5mg/L和10mg/L时，只需经过80min的放电处理，布洛芬去除率就能达到100%。

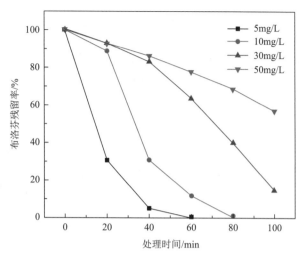

图 5.36　初始浓度对布洛芬降解效果的影响

实验结果表明，随着布洛芬溶液的初始浓度增加，布洛芬的去除率降低。这是因为当布洛芬溶液初始浓度增加时，在同样大小的反应区域内，反应器内产生的活性物质数量不变。而布洛芬分子与活性物质的碰撞概率取决于布洛芬分子的数量，当布洛芬溶液初始浓度过低时，造成活性物质被浪费；当布洛芬溶液初始浓度增加时，溶液中布洛芬分子增多，导致一部分布洛芬分子不能与活性物质发生碰撞，布洛芬去除率降低。布洛芬溶液的初始浓度越高，去除率越低，但处理过程稳定。若处理较高浓度的布洛芬溶液，可延长处理时间，以获得较高的去除率。

（3）过氧化氢投加量对布洛芬降解效果的影响。过氧化氢投加量对布洛芬降解效果的影响如图 5.37 所示。实验条件：峰值电压为 30kV，布洛芬溶液流量为 1.4L/min，电极间距为 2cm，溶液电导率为 0.26mS/cm，脉冲重复频率为 100pps，过氧化氢（浓度为 30%）投加量分别为 0mL/L、0.5mL/L、1mL/L 和 3mL/L。当溶液中不投加过氧化氢时，经过

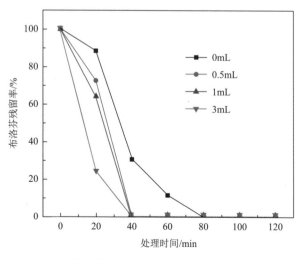

图 5.37　过氧化氢投加量对布洛芬降解效果的影响

80min 的放电处理后，布洛芬去除率达到 100%；当溶液中投加过氧化氢时，布洛芬去除速率加快，处理 40min 之后，布洛芬的去除率就已经达到 100%。因此，由实验结果可知，溶液中过氧化氢的投加会影响布洛芬的去除效果，投加过氧化氢后布洛芬去除时间缩短。这可能是因为投加过氧化氢后，通过分解过氧化氢增加了反应器中·OH 的浓度，从而增强了布洛芬的去除效果。$H_2O_2$ 的分解反应式如下：

$$H_2O_2 + h\nu \longrightarrow 2 \cdot OH \qquad (5.13)$$

从图 5.37 中可以看出，当过氧化氢投加量为 0.5～3mL/L 时，随着投加量的增加，布洛芬的去除速率加快。

### 5.2.5 布洛芬的矿化度与能量输出

1. 布洛芬的矿化度

TOC 去除率由式（5.14）计算，布洛芬去除率与 TOC 去除率的比较结果如图 5.38 所示。从图 5.38 中可以看出，TOC 的去除效果明显低于布洛芬的去除效果。经过 80min 的放电处理后，布洛芬去除率达到 100%。但是经过 100min 的放电处理后，TOC 去除率仅为 46%。这个结果表明，经过放电处理后，溶液中存在布洛芬副产物。使用其他高级氧化技术时也产生了相似的结果。

$$\eta = \frac{(C_0 - C_t)}{C_0} \times 100\% \qquad (5.14)$$

式中， $\eta$ ——TOC 去除率；

$C_0$ ——布洛芬溶液处理之前的浓度；

$C_t$ ——布洛芬溶液处理之后的浓度。

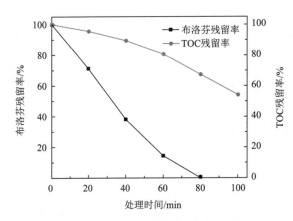

图 5.38 布洛芬去除率与 TOC 去除率的比较结果

峰值电压为 30kV；流量为 1.4L/min；电极间距为 2cm；电导率为 0.26mS/cm

2. 布洛芬能量输出

能量输出的计算公式如下：

$$G = \frac{V(C_0 - C_t)}{\left(\int_0^T UI\mathrm{d}t\right)ft} \times (1000 \times 3600) \tag{5.15}$$

式中，$V$——待处理溶液的体积；

　　　　$C_0$——布洛芬溶液处理之前的浓度；

　　　　$C_t$——布洛芬溶液处理之后的浓度；

　　　　$U$——电压；

　　　　$I$——电流；

　　　　$T$——脉冲持续时间；

　　　　$f$——脉冲重复频率；

　　　　$t$——水处理时间。

峰值电压与布洛芬能量输出的关系如图 5.39 所示。由前文的讨论结果可知，随着峰值电压的增加，布洛芬的去除率提高。但是，随着峰值电压的增加，布洛芬能量输出降低。

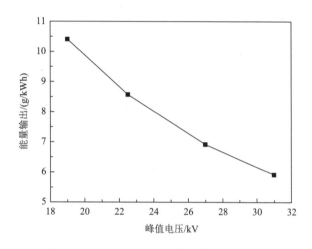

图 5.39　峰值电压与布洛芬能量输出的关系
流量为 0.95L/min；溶液电导率为 0.26mS/cm；电极间距为 2cm

## 5.3　泡-膜式混合放电等离子体反应器处理 TBBPS 废水

介质阻挡放电处理技术兼具活性基团、高能电子以及多种物理效应的优势，可有效降解污染物，是一种新兴的高级氧化技术，有着良好的工业化应用前景。研究结果表明，液膜的存在有利于放电强度的增强和气相与液相之间的传质过程，能有效地提高活性物质的产量和利用率。本节以四溴双酚 S（TBBPS）为目标污染物来验证泡-膜式混合放电等离子体反应器对污染物的降解效率[10]，研究电源和反应器参数（放电电压、放电电极）、溶液参数（初始浓度、水气流速、溶液盐度）对体系中 TBBPS 降解的影响，并对降解过程中相关活性物质的作用进行一定的研究。同时，本节对四溴双酚 S 降解过程中的中间产物进行分析讨论，对处理后溶液的 pH、电导率、TOC、生物毒性和全波扫描波长的变化进行分析，此外还使用液相色谱-质谱仪（liquid chromatograph-mass spectrometer，LC-MS）对 TBBPS 的中间产物进行分析，并以此初步推导 TBBPS 的降解途径，据此探讨泡-膜式混合放电等离子体反应器对 TBBPS 的降解效果，并优化反应器关键的运行参数。

### 5.3.1　TBBPS 降解影响因素

1. 放电电压

为了考察放电电压对 TBBPS 降解效果的影响，在不改变其他条件的情况下，实验将电压分别设置为 7.2kV、8.6kV、12.8kV、14.2kV、16.6kV，计算 TBBPS 的去除率。图 5.40 展示了在泡-膜式混合放电等离子体反应器中放电电压对 TBBPS 去除率的影响。TBBPS 的去除率随放电电压的增加而增加，当电压为 7.2kV 和 8.6kV 时，去除率较低，处理时间为 9min 时，去除率分别为 50% 和 76%。在 12.8kV 时达到峰值，处理时间为 9min 时，去除率接近 100%，之后降低。在电压为 16.6kV 时，相同处理时间内，去除率只有 90% 左右。TBBPS 去除率随放电电压增加而增加可以用输入能量和活性物质产量之间呈正相关关系来解释。然而，放电区域的温度也随着放电电压的升高而升高，导致活性物质的淬灭率增加。此外，在低放电电压下，内部流注放电和外表面沿面介质阻挡可以同时发生。但在高放电电压下，由于内部放电转变为火花放电或类放电，污染物的去除率降低，活性物质的生成速率低于流光放电状态下活性物质的生成速率。总的来说，当放电电压增加到 12.8kV 以上时，TBBPS 的去除率下降，这是由于温度升高导致活性物质的淬灭率增加，而放电类型的改变导致活性物质的生成速率降低。

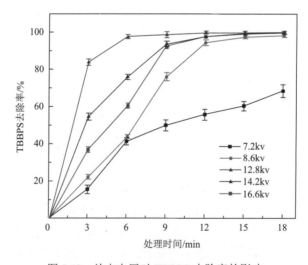

图 5.40　放电电压对 TBBPS 去除率的影响

2. 放电电极

反应器中电极的设置对反应器的效能有很大的影响，目前反应器中电极的结构主要有针-板结构、线-板结构、棒-棒结构、针-筒结构、线-筒结构、环-筒结构等。电极的结构不同导致放电区域电场的分布不同，进而影响反应器对污染物的降解效果。本书通过大量的前期实验发现，在内部高压电极底部设置不同类型的不锈钢丝，放电现象和污染物的处理效果均不同。这里在高压电极底部分别设置无尖端的钢丝、有尖端的钢丝和无钢丝，在只改变电极设置方式的情况下，计算 TBBPS 的去除率，其他条件均不变。图 5.41 展示了电极有无尖端对 TBBPS 去除率的影响，可以看出，在无尖端的条件下，相同去除时间内 TBBPS 的去除率最高，这是因为无尖端时，高压电极与接地电极间的距离缩短，初始电压降低，在输入能量相同的情况下，更易于放电，从而产生更多的活性物质，使得 TBBPS 的去除效果显著提升。而在有尖端的条件下，去除率降低可能是因为尖端的存在导致高压电极在放电区域的放电不均匀并形成液膜，其放电效果低于无尖端的情况。此外，从图 5.41 中可以看出，无钢丝的放电效果最差，不利于 TBBPS 的有效去除。

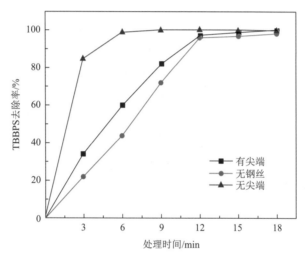

图 5.41　电极有无尖端对 TBBPS 去除率的影响

### 3. 空气流量

为了考察空气流量对 TBBPS 降解效果的影响，设置流量分别为 1.0L/min、1.5L/min、1.7L/min、2.0L/min、2.4L/min、2.7L/min，在不改变其他相关参数的条件下，对 TBBPS 进行去除处理，计算 TBBPS 的去除率。

图 5.42 展示了空气流量对 TBBPS 去除率的影响。当空气流量为 1.0L/min 和 1.5L/min 时，去除率很低，处理时间为 9min 时，TBBPS 去除率未达到 10%。造成这种现象的原因是没有形成液膜，内部只有流注放电。当空气流量增加到 1.7L/min 和 2.0L/min 时，TBBPS 的去除率急剧增加，在 9min 内几乎达到 100%，而当空气流量增加到 2.4L/min 时，TBBPS 的去除率下降。这是因为在较低的空气流量下，外表面沿面介质阻挡放电不会发生，在鼓泡过程开始之前不会产生活性物质，TBBPS 的去除仅依靠内部流注放电产生的活性物质。当空气流量增加到 1.7L/min 时，形成液膜，TBBPS 去除率也随之提高。在这个阶段，在鼓泡过程开始之前，外部沿面介质阻挡放电发生并产生活性物质，从而提高

了 TBBPS 的去除率。当空气流量进一步增加到 2.4L/min 时，液膜的稳定性受到干扰，影响了放电的均匀性，TBBPS 的去除率降低。

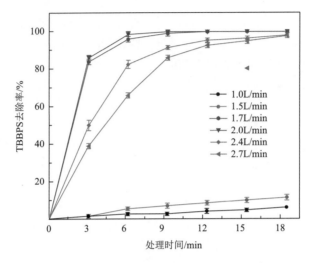

图 5.42　空气流量对 TBBPS 去除率的影响

### 4. 液体流量

为了考察液体流量对 TBBPS 去除效果的影响，设置流量分别为 90mL/min、120mL/min、160mL/min、180mL/min，在不改变其他相关参数的条件下，对 TBBPS 进行去除处理，计算 TBBPS 的去除率。

图 5.43 反映了液体流量对 TBBPS 去除率的影响。可以看出，TBBPS 去除率随液体流量的增加而上升，在液体流量为 90mL/min 和 120mL/min 时，处理 9min 时其去除率分别为 32% 和 67%。在 160mL/min 时其去除率达到峰值，上升趋势显著，之后去除率略下降。

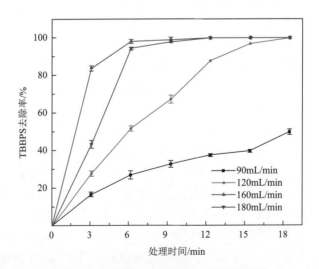

图 5.43　液体流量对 TBBPS 去除率的影响

与空气流量类似，液体流量也会影响液膜。在低流量下，进水不能维持液膜。增大流量有利于形成液膜，促进 $H_2O_2$、$O_3$、$\cdot OH$ 等活性物质的生成和利用。但当液体流量过大（如 200mL/min）时，内部高压电极与外部石英管的间隙内不会形成液膜，而是形成气泡-水混合流动，导致放电强度和活性物质的生成率下降。同时，较高的液体流速会使得单位时间内液体在反应器中的循环次数增加，加强等离子体对污染物的作用，提高污染物与活性物质的反应效率。

### 5. 盐度

为了考察溶液盐度对 TBBPS 降解效果的影响，设置盐度分别为 0mmol/L、2mmol/L、20mmol/L、200mmol/L，在不改变其他相关参数的条件下，对 TBBPS 进行降解处理，计算 TBBPS 的降解率。

溶液盐度对 TBBPS 降解率的影响如图 5.44 所示。通过改变 $Na_2SO_4$ 的浓度来调节盐度，TBBPS 的转化率随着 $Na_2SO_4$ 浓度的增加而降低，当 $Na_2SO_4$ 浓度从 0mmol/L 增加到 2mmol/L、20mmol/L 和 200mmol/L 时，处理 9min 后 TBBPS 的转化率从 100% 分别下降到 90%、29% 和 25%。这一结果可归因于以下几个方面：①溶液盐度的增加会增加溶液的黏度和表面张力，减小液膜的扩散面积；②高浓度的离子溶液会导致溶液溶解度下降，造成分子状态下溶解的气态活性物质减少；③ $SO_4^{2-}$ 是 $\cdot OH$ 的清除剂。尽管 $\cdot OH$ 与 $SO_4^{2-}$ 之间的反应能产生硫酸根自由基，但反应速率常数为 $3.5\times10^5 mol/(L\cdot s)$，表明硫酸根自由基的实际浓度很低，其对去除污染物的贡献很小；④产生的硫酸根自由基可以捕获放电产生的电子，这将降低放电产生 $\cdot OH$ 的效率。

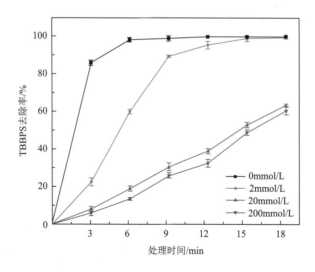

图 5.44　$Na_2SO_4$ 浓度对 TBBPS 降解率的影响

### 6. 初始浓度

为了考察溶液初始浓度对 TBBPS 降解效果的影响，设置浓度分别为 0.5mg/L、1mg/L、

5mg/L、10mg/L、50mg/L，在不改变其他相关参数的条件下，对 TBBPS 进行降解处理，计算 TBBPS 的去除率。

初始浓度对 TBBPS 去除率的影响如图 5.45 所示。在初始浓度为 0.5mg/L 和 50mg/L 的条件下，处理时间为 1min 时，去除率分别为 100%和 40%。随着初始浓度的增加，TBBPS 的去除率逐渐降低，这是因为在输入能量一定的情况下，活性物质的种类和生成量相同，当溶液初始浓度较低时，TBBPS 分子在活性物质的作用下快速分解，溶液中 TBBPS 的浓度降低，而当初始浓度较高时，由于只存在部分短寿命活性物质，随着处理时间的增加，可作用于 TBBPS 分子的高能电子和活性物质浓度降低，导致 TBBPS 的降解率降低。同时，TBBPS 在处理过程中会产生中间产物，随着处理时间的延长，中间产物增多，而中间产物也会消耗活性物质，从而降低了 TBBPS 去除率。但随着 TBBPS 初始浓度的增加，平均降解速率增加。

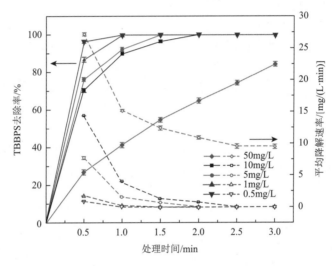

图 5.45　初始浓度对 TBBPS 去除率的影响

## 5.3.2　活性物质的作用

### 1. 羟基自由基

在介质阻挡放电反应体系中，臭氧是主要产物，起着至关重要的作用。在碱性条件下，臭氧易被分解为•OH，其氧化性强于臭氧，所以•OH 的数量对污染物的去除率起着决定性作用。采用异丙醇作为•OH 抑制剂，评估•OH 在反应体系中起到的作用。

当•OH 存在于溶液中时，其与大多数有机物的反应速率常数通常能达到 $10^{-6} \sim 10^{10}$ mol/(L·s)。异丙醇、正丁醇等常被作为有效的•OH 抑制剂来验证•OH 的主要作用。从图 5.46 中可以看出，在相同条件下，添加的异丙醇消耗了反应体系中的•OH，当异丙醇的浓度从 1mmol/L 增至 5mmol/L 时，处理 6min 后，TBBPS 的去除率由 85%降至 65%，去除率显著降低，由此可以看出•OH 对去除 TBBPS 具有重要作用。

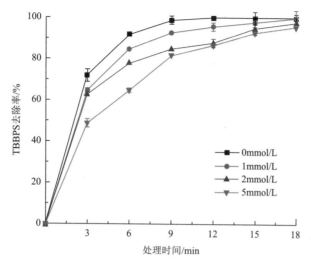

**图 5.46　异丙醇对 TBBPS 去除率的影响**

初始浓度：50mg/L；液体流量：150mL/min；空气流量：1.8L/min

#### 2. 超氧自由基

$O_3$ 是一类氧化能力仅次于氟和·OH 的强氧化性物质，也是放电过程中生成的一类氧化性较高的活性物质，当其溶解在水中时，会生成大量的 $·O_2^-$ 参与降解反应。$·O_2^-$ 在溶液中的反应类似于酸碱反应，它可以捕捉水中存在的 $H^+$ 而质子化，在水中的存活时间很短（仅为 1s）。为了验证 $·O_2^-$ 在 TBBPS 去除处理中的作用，选用对苯醌作为抑制剂，在空气流量为 1.82L/min、液体流量为 150mL/min、TBBPS 初始浓度为 50mg/L 的条件下进行实验，实验结果如图 5.47 所示。

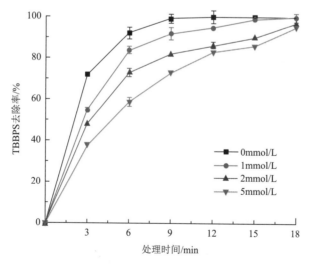

**图 5.47　对苯醌对 TBBPS 去除率的影响**

初始浓度：50mg/L；液体流量：150mL/min；空气流量：1.8L/min

图 5.47 反映了不同浓度的对苯醌对 TBBPS 去除率的影响,从图中可以看出,当对苯醌浓度从 0mmol/L 增至 1mmol/L 时,处理 6min 后,TBBPS 去除率由 92%降至 84%,当对苯醌浓度增至 5mmol/L 时,处理 6min 后,TBBPS 去除率降至 57%。由此可以看出,$\cdot O_2^-$ 在 TBBPS 的处理过程中起着重要作用,添加的对苯醌消耗了反应体系中大量的 $\cdot O_2^-$,以至于体系中的 $\cdot O_2^-$ 不足以降解过量的 TBBPS,从而导致 TBBPS 去除率显著降低。此外,当处理时间为 18min 时,TBBPS 的去除率达到 100%,说明反应体系中 $\cdot O_2^-$ 并不是唯一的活性物质。

### 3. 激发态氧分子

为了进一步研究 TBBPS 去除过程中活性物质的作用,使用三乙烯二胺作为溶液中激发态氧分子 $^1O_2$ 的抑制剂,它是一种结构非常紧密且对称的物质。通过抑制 $^1O_2$ 在降解过程中的作用,比较其在反应体系中的作用。图 5.48 反映了不同浓度的三乙烯二胺对 TBBPS 去除率的影响,从图中可以看出,当三乙烯二胺的浓度从 1mmol/L 增至 5mmol/L 时,处理 6min 后,TBBPS 的去除率由 86%降至 63%。由此可以看出,$^1O_2$ 对溶液中 TBBPS 的去除具有重要作用,而三乙烯二胺不仅可以抑制 $^1O_2$,还可以抑制其他活性物质。

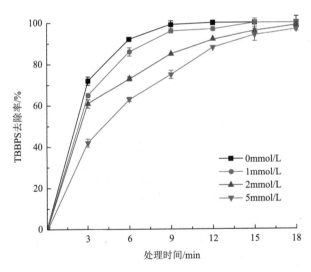

图 5.48　三乙烯二胺对 TBBPS 去除率的影响

初始浓度:50mg/L;液体流量:150mL/min;空气流量:1.8L/min

## 5.3.3　TBBPS 降解过程与机理

### 1. pH 和电导率的变化

在处理过程中,随着去除时间的延长,TBBPS 的物质组成和性质发生变化,研究不同处理时间下 TBBPS 溶液中 pH 和电导率的变化。图 5.49 反映了一定条件下 TBBPS 溶液的 pH 和电导率随处理时间的变化。

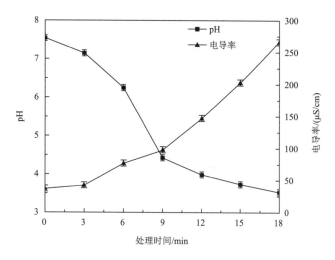

图 5.49　TBBPS 溶液的 pH 和电导率随处理时间的变化

初始电导率：37μS/cm；初始 pH：7.5；空气流量：1.8L/min；放电电压：12.5kV

从图 5.49 中可以看出，溶液的 pH 和电导率变化趋势不同，pH 随着处理时间的延长而下降，电导率随着处理时间的延长而上升，说明放电处理过程中，伴随着放电等离子体的产生和活性物质的生成，不断有带电粒子和酸性物质生成。其中，pH 在处理时间为 3~9min 时迅速下降，在此处理时间内 TBBPS 的去除速率最高，随后二者变化缓慢，这是因为实验中通入空气的氮在放电等离子体的作用下反应生成的硝酸（酸度系数为-1.3）、亚硝酸（酸度系数为 3.3）以及 TBBPS 降解后产生的酸性中间产物（$BrO^-$、$BrO_3^-$ 等）导致溶液的 pH 快速降低。而随着处理时间的延长，TBBPS 降解生成的酸性中间产物与·OH 发生中和反应，pH 变化缓慢。溶液电导率增加是因为在处理过程中，溶液中不断产生硝酸、亚硝酸等活性物质，从而使得溶液中的离子浓度随之增加。另外，随着处理时间的延长，TBBPS 降解产生的小分子中间产物也使得溶液中的离子浓度上升，因此电导率增加。

### 2. 生物毒性分析

有研究发现，微量的 TBBPS 具有内分泌干扰活性，具有毒性损伤肝脏，且易致癌，对人体的危害很大。测试不同处理时间下 TBBPS 溶液的生物毒性，测试结果如图 5.50 所示。其抑制率随着处理时间的增加而降低，经过放电处理后，抑制率从 83%（未处理时）降低至 63%（处理 24min 后），说明放电等离子体氧化破坏了 TBBPS 的结构，降低了其生物毒性。所以，放电等离子体可以有效地降解 TBBPS，而降解产生的中间产物仍然具有毒性，需要进行进一步的降解处理。

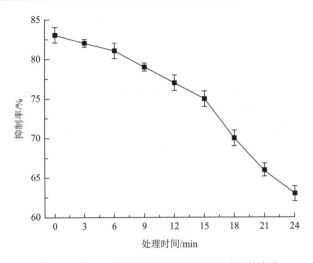

图 5.50　TBBPS 溶液生物毒性随处理时间的变化

初始浓度：50mg/L；液体流量：150mL/min；空气流量：1.8L/min

### 3. 紫外-可见吸收光谱的变化

图 5.51 展示了经放电处理后水样的光谱扫描结果，扫描用样通过将处理后的水样稀释 10 倍得到。对其进行全波长扫描，可以看到在可见光区存在两个特征吸收峰，分别位于 227nm 和 310nm 处。随着处理时间的增加，可以看到两个特征峰的吸光度都逐渐降低。其中，227nm 处的特征峰在处理 9min 后其波峰逐渐消失，这与前面关于 TBBPS 去除率的实验结果一致；310nm 处的吸收峰伴有明显的蓝移现象，说明有物质在处理 3min 后就开始发生主链的断裂，导致其分子结构受到破坏，推测该物质为双酚 S。

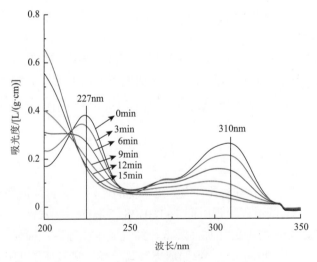

图 5.51　放电处理后水样光谱扫描结果

初始浓度：50mg/L；液体流量：150mL/min；空气流量：1.8L/min

## 4. 中间产物和降解机理

高效液相色谱-质谱法是测定中间体的有效方法。从图 5.52 中的对比分析可以看出，处理 9min 的 TBBPS 的浓度明显下降，这与同一时间内 TBBPS 的降解率达到 100%是一致的。同时，溶液中双酚 S（BPS）的浓度呈上升趋势。图 5.53 展示了处理 0min、6min、9min 和 15min 后中间体的 LC-MS 图，确定了中间产物的峰，表 5.4 中列出了这些中间体的详细信息，包括分子式、结构、保留时间和分子离子。检测到 TBBPS 等 12 种中间体。目前，相关领域的研究者报道了用其他氧化方法降解 BPS 时得到的类似的中间体：在热活化过硫酸盐降解 BPS 的过程中检测到 1, 3-二氧基-1, 3-二氢异苯并呋喃-5-磺酸；在光化学氧化降解 BPS 的过程中检测到对羟基苯磺酸；在电化学氧化降解 BPS 的过程中检测到正己烷-1-磺酸和 5-磺酰环己-1, 3-二烯。

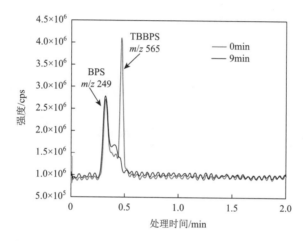

图 5.52　不同处理时间下 TBBPS 样品的 LC-MS 分析结果

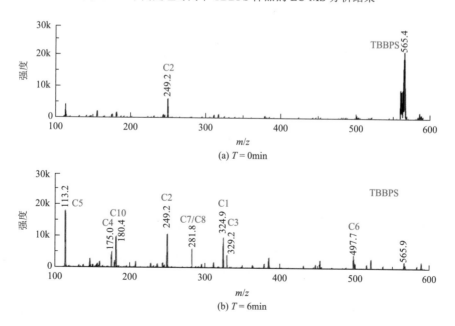

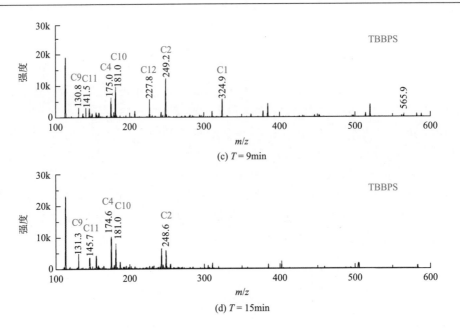

图 5.53　不同处理时间下放电等离子体降解 TBBPS 过程中副产物的分析结果

**表 5.4　高效液相色谱-质谱法测定的处理 18min 后 TBBPS 降解得到的中间体**

| | 分子式 | 结构 | 保留时间/min | 分子离子（m/z） |
|---|---|---|---|---|
| TBBPS | $C_{12}H_6Br_4O_4S$ | | 0.470 | 565 |
| C1 | $C_{12}H_{10}O_4S$ | | 0.298 | 249 |
| C2 | $C_6H_4Br_2O_4S$ | | 0.404 | 329 |
| C3 | $C_6H_6O_4S$ | | 0.642 | 174 |
| C4 | $C_6H_6O_2$ | | 0.480 | 110 |
| C5 | $C_{24}H_{18}O_8S_2$ | | 0.303 | 497 |

续表

| | 分子式 | 结构 | 保留时间/min | 分子离子（$m/z$） |
|---|---|---|---|---|
| C6 | $C_{12}H_{10}O_6S$ | 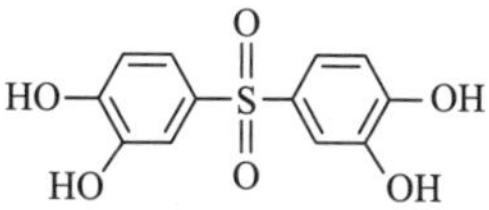 | 0.344 | 282 |
| C7 | $C_{12}H_{10}O_6S$ | 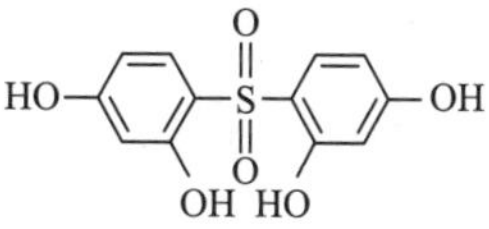 | 0.344 | 282 |
| C8 | $C_5H_6O_4$ | 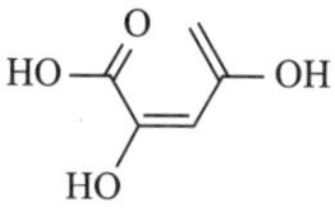 | 0.622 | 130 |
| C9 | $C_6H_{12}O_4S$ | 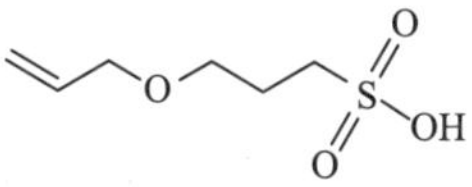 | 0.288 | 181 |
| C10 | $C_6H_6O_2S$ | 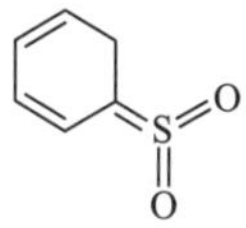 | 0.642 | 142 |
| C11 | $C_8H_4O_6S$ | 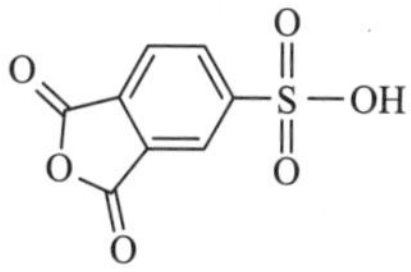 | 0.298 | 227 |

　　根据以上分析结果，泡-膜式混合放电体系中 TBBPS 可能的降解途径如图 5.54 所示。首先，生成的活性物质（如羟基自由基、臭氧、超氧自由基等）可能会攻击 TBBPS 的 C—Br 键，导致 TBBPS 发生脱溴反应，产生一系列脱溴副产物，如双酚 S （BPS）、三溴双酚 S（TRIBBPS）、二溴双酚 S（DIBBPS，两种异构体）和单溴双酚 S （MONOBBPS）。其次，路径 1 和路径 3 表明，BPS 在进一步的氧化反应下转化为苯氧基，对位电子密度高的自由基会发生 S—C 键断裂，生成对羟基苯磺酸和苯酚，邻位电子密度高的自由基会通过氧转移过程与活性物质发生反应，生成羟基化副产物。同时，路径 2 表明 BPS 在反应过程中被自由基萃取电子后转化为苯氧自由基，发生碳—碳（C—C）和碳—氧（C—O）偶联反应并生成二聚体，二聚体再被氧化成小分子中间体。再次，TBBPS 还可能直接发生氧化反应，生成 S—C 键断裂产物（如 2,6-二溴苯酚和 3,5-二溴-4-羟基苯磺酸），然后再生成其他羟基化副产物（如对苯二酚和邻苯二酚）。最后，这些中间产物会被活性物质进一步攻击，生成开环副产物（有机酸）、$SO_4^{2-}$、$CO_2$ 和 $H_2O$。

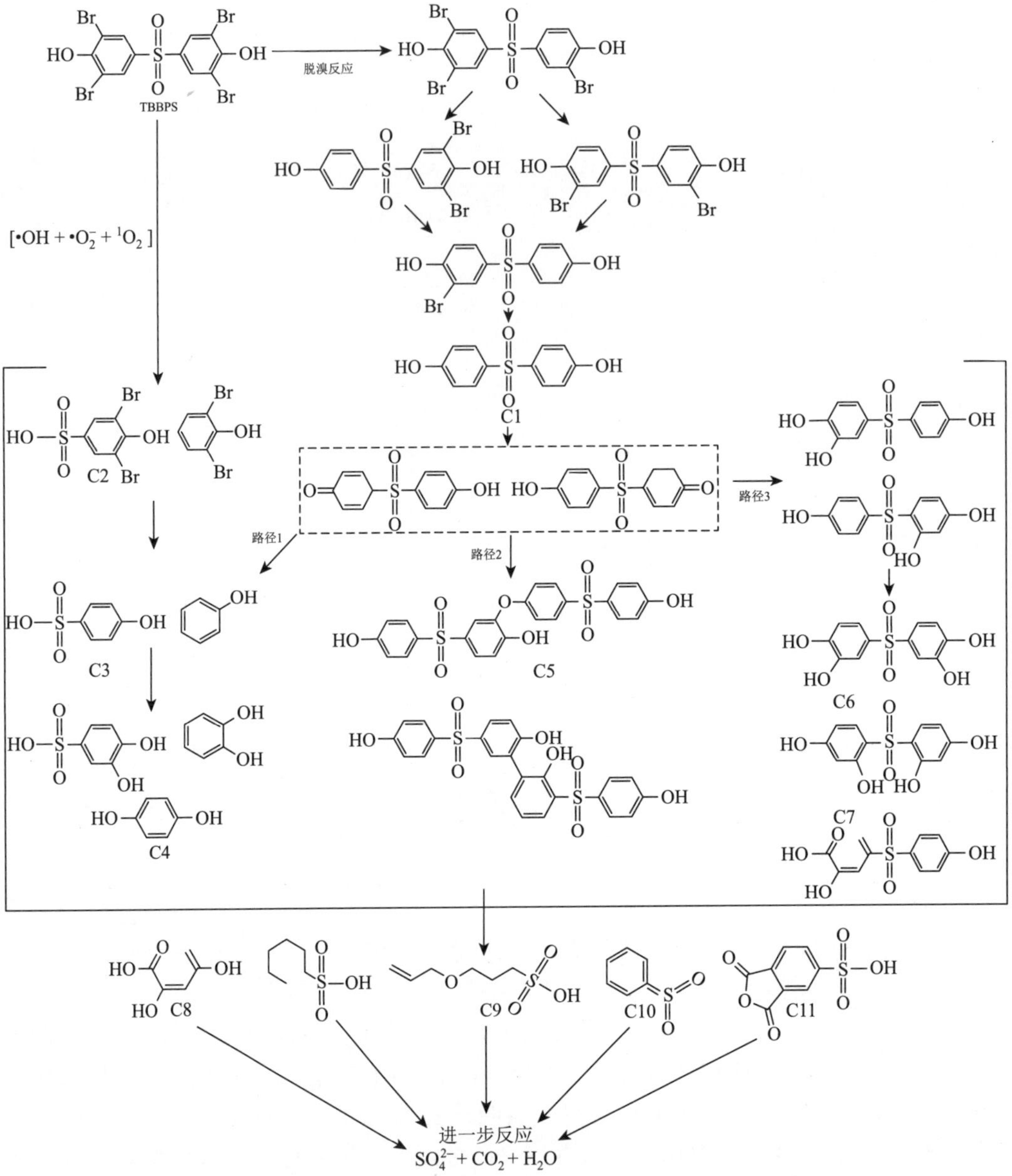

图 5.54　降解过程中 TBBPS 可能的降解途径

# 5.4　实际案例及结论

## 5.4.1　医疗废水处理技术

### 1. 工艺选择

通常情况下，医疗废水的 $BOD_5$ 与 COD 的比值较高（一般为 0.4），易实现生物降解，另外废水中含有的充足的 N、P 等营养物质可供微生物生长和繁殖。工程实践表明,好氧生物处理工艺是处理此类废水最有效和最经济的方法。成熟的好氧生物处理工艺有活性污泥法[如普通活性污泥法、氧化沟、序批式活性污泥法（SBR）等]以及生物膜法[如接触氧化法、曝气生物滤池（BAF）等]等。

常用的几种好氧生物处理工艺的特点对比如下[11]。

（1）普通活性污泥法。普通活性污泥法是一种应用广泛的好氧生物处理技术,主要涉及曝气池、二沉池、曝气系统及污泥回流系统。废水中的有机物被活性污泥中的微生物用于自身的繁殖,并氧化成为最终产物（主要为 $CO_2$）,废水由此得到净化。该方法适用于各种废水处理厂,处理成本低,但占地面积较大。

（2）SBR。SBR 是一种间歇曝气、间歇排水的改良的活性污泥法,其主要特征是周期性间歇运行。SBR 反应池的运行包括五个阶段,即进水、曝气、沉淀、排水（排泥）及闲置阶段,这五个阶段组成一个工作周期。水量调节、生化反应和泥水分离在同一个 SBR 反应池中完成,可对多组 SBR 反应池的不同阶段进行组合,出水水质较好,但对自控程度要求高。SBR 反应池的进水和排水阀门切换频繁,操作复杂,设备闲置率高,曝气量高,能耗高,总体上运行成本高,投资高。

（3）BAF。BAF 是普通生物滤池的一种变体,由缓冲配水区、承托层及滤料层、出水区及出水槽组成,通过废水与滤料的接触氧化和滤料对污染物的截留作用来达到净化废水的目的。其占地面积较小,无污泥膨胀现象,出水水质较好,但投资高于普通活性污泥法,特别是在填料的设置方面。

（4）接触氧化法。接触氧化法是一种兼具活性污泥法和生物膜法特点的新型废水生化处理方法。这种方法涉及的主要设施为生物接触氧化池。曝气池装有塑料蜂窝等填料,填料被水浸没,用鼓风机在填料底部曝气充氧,即鼓风曝气;空气自下而上流动,夹带待处理的废水自由通过滤料后部分到达地面,空气逸走后,废水则在滤料间自上而下流动并返回至池底。活性污泥附着在填料表面,不随水流动,生物膜因直接受到上升气流的强烈扰动而不断更新,从而提升了净化效果。而微生物主要以生物膜的状态固定在填料上,同时有部分絮体或碎裂生物膜悬浮于处理水中,生物膜上的生物相非常丰富,有细菌、真菌、原生动物和后生动物等,组成了一个比较稳定的生态系统。在水温、溶解氧浓度和 pH 适宜的条件下,这个稳定的生物群能充分利用污水中的有机物作为营养源,一方面维持自身的生长和繁殖,另一方面使污水得到充分的净化。接触氧化法工艺成熟,运行和操作管理简便,并有处理时间短、占地面积小、净化效果好、出水水质好且稳定、污泥不膨胀、耗电量低等优点;但在填料的设置方面,投资略高于活性污泥法。

普通活性污泥法、SBR、BAF 和接触氧化法的比较结果见表 5.5。

表 5.5　工艺比较

| 对比项目 | 普通活性污泥法 | SBR | BAF | 接触氧化法 |
| --- | --- | --- | --- | --- |
| 污泥负荷 | 较低 | 高 | 较高 | 高 |
| 出水稳定性 | 较好 | 好 | 好 | 好 |

| 对比项目 | 普通活性污泥法 | SBR | BAF | 接触氧化法 |
|---|---|---|---|---|
| 占地面积 | 较大 | 较大 | 小 | 较小 |
| 投资费用 | 较高 | 高 | 高 | 较高 |
| 运行费用 | 低 | 高 | 高 | 较低 |
| 运行管理 | 较方便 | 不方便 | 方便 | 方便 |

### 2. 工艺流程

由于具有放射性的废水对后续处理工艺有影响,因此放射性废水应先在衰变池中完成衰变后再进入污水处理系统。污水进入处理站前应进行化粪处理,化粪池合建于污水处理站内。污水进入处理站时夹带漂浮物、大块渣物,为保障后续处理工艺,应用粗细两档格栅对这些漂浮物和渣物进行拦截。粗格栅为人工清理格栅,细格栅为机械格栅。由于污水水量具有时段变化性,为了保证水量均匀,应进行水量和水质调节。

污水中有机物的去除主要依靠生物膜活性污泥工艺单元。由于用接触氧化法处理后的出水含有一定的活性污泥,因此,须将这些污泥与处理水分离,选用竖流沉淀法进行泥水分离,分离后的上清水排入消毒接触池。为了防止接触氧化池中悬浮性活性污泥流失,使沉淀的污泥通过泵回流到曝气池进水端,同时根据污泥产生情况向污泥池排放剩余的污泥,污泥的回流和排放都用泵完成。

由于医疗废水中含有一定的有害细菌,甚至可能含有致病病毒,因此,在消毒接触池中投加次氯酸钠杀菌剂进行杀菌消毒,次氯酸钠为强氧化性消毒剂,能有效杀灭绝大多数细菌和病毒,其投加方式简单可靠,可确保处理水稳定达标,并且不会造成二次污染。为了便于监测采样,设置采样排放池,检测合格的处理水排入环境水体。

根据上述分析,采用成熟的污水处理工艺流程,即衰变→化粪池分解→格栅拦截→调节均化→接触氧化→竖流沉淀→接触消毒→计量排放,作为新建工程的废水处理工艺流程,同时采取废气治理、污泥消毒等环保措施,并设事故池作为应急设施。具体的工艺流程如图 5.55 所示。整个处理工艺分为五部分:①放射性废水的衰变和污水的分解;②污水中漂浮物和渣物的拦截与调节;③接触氧化处理和沉淀,该部分为工艺的主要组成部分;④消毒及检测排放;⑤废气、沉渣和污泥的处理。

### 3. 工艺流程描述

(1)医院的放射性废水进入衰变池,衰变后进入化粪池。

(2)医院的事故污水进入事故池。在院区污水管路中设置一个事故闸门,当有事故污水产生时,开启该闸门使事故污水进入事故池,再经泵提升至化粪池。正常情况下,事故闸门关闭,污水进入化粪池,经化粪池分解处理后进入格栅池。

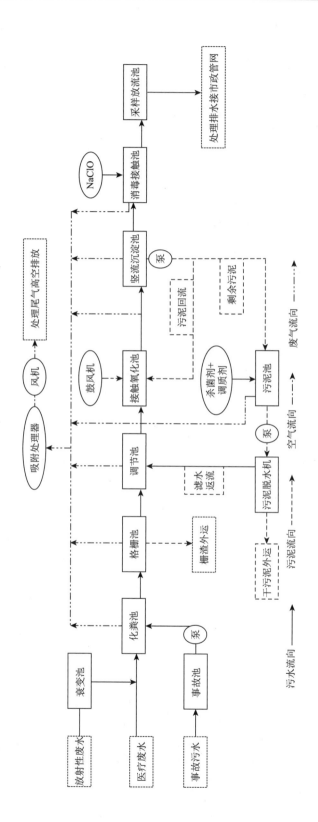

图 5.55　某医院污水处理站新建工程的工艺流程方框图

（3）化粪池的污水自流入格栅池中，拦截漂浮物和渣物后，由调节池调节水质和水量，再用潜水排污泵以 12.5t/h 的流量将污水提升至接触氧化池，经生化处理后的污水进入竖流沉淀池进行泥水分离，上清水进入消毒接触池中，经次氯酸钠消毒剂处理并经计量池计量后排入市政管道。

（4）竖流沉淀池的污泥通过污泥泵回流到接触氧化池，剩余的污泥通过污泥泵排放至污泥池，在污泥池中人工定期加入杀菌药剂和污泥调质药剂，然后用污泥加压泵泵入污泥脱水机，脱水后干污泥外运处置，压滤水回流到调节池中进行处理。

4. 工艺性能分析

污水经过上述各处理单元的处理后，经测算主要污染物的去除率见表 5.6。

表 5.6　主要污染物 COD 和 SS 的去除率

| 处理单元 | | 污染物名称 | |
|---|---|---|---|
| | | COD | SS |
| 调节池 | 进水浓度/(mg/L) | 350 | 120 |
| | 去除率/% | — | — |
| | 出水浓度/(mg/L) | 350 | 120 |
| 接触氧化池 | 进水浓度/(mg/L) | 350 | 120 |
| | 去除率/% | 40 | — |
| | 出水浓度/(mg/L) | 210 | 2000 |
| 竖流沉淀池 | 进水浓度/(mg/L) | 210 | 2000 |
| | 去除率/% | — | 97.5 |
| | 出水浓度/(mg/L) | 210 | 50 |
| 消毒池 | 进水浓度/(mg/L) | 210 | 50 |
| | 去除率/% | — | — |
| | 出水浓度/(mg/L) | 210 | 50 |
| 计量池 | 出水浓度/(mg/L) | 210 | 50 |

当污水进水 COD 浓度在 350mg/L 以下时，使用该工艺处理后，出水 COD 浓度为 210mg/L，去除率达到 40%，此时可保证水处理达到预处理标准。

5. 工艺单元设计

1）污水的预处理

（1）事故分水井：对正常污水和事故污水进行分流，使事故污水进入事故池，正常污水进入化粪池。

（2）事故池：对事故污水进行收集，防止事故污水对污水处理站造成不利影响。事故污水提升泵采用自耦合安装方式，以便于以后进行维修和维护。

（3）衰变池：对放射性废水进行放射性衰变处理，避免其对生化系统造成不利影响。放射性废水水量为 3.0m³/d，暂按半衰期为 10 天考虑，衰变池有效容积为 30m³。

（4）化粪池：对污水中的粪便进行分解，以利于后续处理。化粪时间为一天，化粪池有效容积为 300m³。

（5）格栅池：对污水中的渣物和漂浮物进行拦截处理，良好的拦截效果能有效保证后续工序中各水泵的运行。

（6）调节池：对污水进行水质和水量调节，以利于生化系统对污水的后续处理，调节时间为 6h。

2）污水的生化处理

（1）接触氧化池：微生物主要以生物膜的状态固定在填料上，同时有部分絮体或碎裂生物膜悬浮于处理水中，在水温、溶解氧浓度和 pH 适宜的条件下，这个稳定的生物群能充分利用污水中的有机物作为营养源，一方面维持自身的生长和繁殖；另一方面使污水得到充分的净化。

（2）竖流沉淀池：将经生化反应后的处理水中的活性污泥分离出来，并使其回流至接触氧化池，以保持活性污泥浓度，同时将剩余的污泥排出。

3）污水的消毒处理

（1）消毒接触池：使消毒杀菌药剂与处理水充分接触，在足够长的时间内，使水中的细菌和病毒被灭活，消毒杀菌药剂有效停留时间为 1h。

（2）计量池：用于处理水的计量排放。

4）污泥收集与处理

污泥池：对系统内由生化处理产生的污泥进行收集储存，杀菌后进行外运处置。根据环评数据，每年产生含水污泥 29.2t，每半年外运处置一次，半年的污泥储存量为 15t。

5）电气和自动控制系统

电气和自动控制系统是污水处理站的指挥协调中心。本案例中 PLC（programmable logic controller，可编程逻辑控制器）为控制中心，按设定的工作时段，接收浮球液位计信号或手动强制工作信号，控制污水提升泵、鼓风机、污泥回流泵、次氯酸钠加药机等的启动与停止。整个系统的用电情况见表 5.7。

表 5.7　用电情况

| 设备 | 单台功率/kW | 数量/台 | 装机功率/kW | 工作数量/台 | 实际运行功率/kW | 运行时间/h | 日用电量/kWh |
| --- | --- | --- | --- | --- | --- | --- | --- |
| 事故污水泵 | 0.75 | 1 | 0.75 | 1 | 0.75 | 0 | 0 |
| 污水提升泵 | 0.75 | 2 | 1.50 | 1 | 0.75 | 24 | 18.00 |
| 污泥回流泵 | 0.75 | 2 | 1.50 | 1 | 0.75 | 2 | 1.50 |
| 次氯酸钠加药机 | 0.25 | 1 | 0.25 | 1 | 0.25 | 24 | 6.00 |
| 废气处理机 | 2.20 | 1 | 2.20 | 1 | 2.20 | 24 | 52.80 |
| 鼓风机 | 5.50 | 2 | 11.00 | 1 | 5.50 | 24 | 132.00 |
| 轴流风机 | 0.37 | 2 | 0.74 | 2 | 0.74 | 24 | 17.76 |
| 合计 | | | 17.94 | | 10.94 | | 228.06 |

正常运行情况下，污水处理站每日用电 228kW·h，每吨污水平均用电 0.76kW·h。

6）环境保护

本项目作为一个环境治理项目，对环境保护有着重要的意义。对于污水处理站内生产环节的环境与卫生，按照有关规定做妥善考虑（如噪声、站内污水、废气、固体废弃物等），以满足有关要求。

（1）噪声：水泵主要为潜水泵，无较大噪声，因此，噪声可以被控制在国家标准规定的范围内。

（2）站内污水：污水处理站为地埋式，站内无冲洗点、清洗点等用水点，无污水产生。设备位于医院提供的房间内，所产生的污水通过室内排水管网进入污水处理站进行处理。因此，站内无污水。

（3）固体废弃物：污水处理站产生的半固性废弃物主要为栅渣、沉渣污泥、生化剩余污泥，污泥作为危险废弃物外运后单独处置。

（4）废气：在污水处理区域很常见，由格栅池、初沉池、接触氧化池等产生，既含有一定的飞散性有害细菌和病毒，还有一定的臭味，不但影响站内工作人员的身心健康，而且会对周边环境造成不良影响。因此，废气处理是站内环境保护工作的重点内容。

## 5.4.2　结论

人们应根据实际情况，本着"保护生态环境，造福子孙后代"的思想，以"发展绿色经济、提高企业效益、治理污染、保护环境"为目的，并按照环境保护的要求，建立污水处理站，对医院的医疗废水进行处理，废水在达到《医疗机构水污染物排放标准》（GB 18466—2005）的预处理标准限值后排入城市污水管网，经污水处理站处理后排入环境水体。

## 参 考 文 献

[1]　崔运秋，程久珊，籍海峰，等. 大气压降膜 DBD 等离子体去除废水中四环素[J]. 环境工程学报，2020，14（2）：359-371.

[2]　何东，孙亚兵，冯景伟，等. 电晕放电等离子体技术处理水中四环素的研究[J]. 环境科学学报，2014，34（9）：2219-2225.

[3]　陈银生. 高压脉冲放电等离子体降解酚类废水的研究[D]. 上海：华东理工大学，2003.

[4]　Hoeben W M，van Veldhuizen E M，Rutgers W R，et al. The degradation of aqueous phenol solutions by pulsed positive corona discharges[J]. Plasma Sources Science and Technology，2000，9（3）：361-369.

[5]　Vanraes P，Ghodbane H，Davister D，et al. Removal of several pesticides in a falling water film DBD reactor with activated carbon textile：energy efficiency[J]. Water Research，2017，116：1-12.

[6]　张鹤楠，韩萍芳，徐宁. 超临界水氧化技术研究进展[J]. 环境工程，2014，32（S1）：9-11.

[7]　Stratton G R，Bellona C L，Dai F，et al. Plasma-based water treatment：conception and application of a new general principle for reactor design[J]. Chem. Eng. J. ，2015，273：543-550.

[8]　Li Y H，Wang S Z，Xu T T，et al. Novel designs for the reliability and safety of supercritical water oxidation process for sludge treatment[J]. Process Safety and Environmental Protection，2021，149：385-398.

[9]　Locke B R，Sato M，Sunka P，et al. Electrohydraulic discharge and nonthermal plasma for water treatment[J]. Industrial & Engineering Chemistry Research，2006，45（3）：882-905.

[10]　梅洁. 泡-膜式混合放电等离子体强化去除四溴双酚 S 的研究[D]. 重庆：重庆工商大学，2021.

[11]　Hassan M F，Shareefdeen Z. Recent developments in sustainable management of healthcare waste and treatment technologies[J]. Journal of Sustainable Development of Energy，Water and Environment Systems，2022，10（2）：1-21.